自然资源卫星遥感智能解译技术与应用

尤淑撑　刘　克　王艳东　等 著

地质出版社

·北　京·

图书在版编目（CIP）数据

自然资源卫星遥感智能解译技术与应用 / 尤淑撑 等著. — 北京 : 地质出版社, 2022.11

ISBN 978-7-116-13433-1

Ⅰ. ①自… Ⅱ. ①尤… Ⅲ. ①地球资源卫星—卫星遥感—研究 Ⅳ. ①V474.2

中国版本图书馆CIP数据核字(2022)第207948号

ZIRAN ZIYUAN WEIXING YAOGAN ZHINENG JIEYI JISHU YU YINGYONG

责任编辑：蔡　莹
责任校对：李　玫
出版发行：地质出版社
社址邮编：北京市海淀区学院路31号，100083
电　　话：(010) 66554649（邮购部）；(010) 66554604 (编辑部)
网　　址：https://www.gph.clmpg.com
传　　真：(010) 66554607
印　　刷：北京地大彩印有限公司
开　　本：787mm×1092mm　1/16
印　　张：17
字　　数：350千字
版　　次：2022年11月北京第1版
印　　次：2022年11月北京第1次印刷
定　　价：86.00元
书　　号：ISBN 978-7-116-13433-1

前言

自然资源遥感监测是国土空间优化、自然资源可持续利用和应对气候变化的重要工作内容。随着卫星遥感技术的快速发展，大范围、高频次的自然资源利用及其变化状况监测成为可能。但长期以来自然资源遥感监测以人机交互为主，不仅工作量大、效率低，且易受人为主观因素影响，难以适应我国卫星遥感技术快速发展的现状和新时期自然资源管理需求。近年来，遥感智能解译技术成为研究热点，并在自然资源遥感调查监测中得到了初步应用，在提升自然资源调查监测水平方面发挥了重要的作用。

在科技部“十三五”重点研发计划“典型地形要素自动识别与快速提取技术”（2016YFB0501403）的支持下，典型地形要素自动识别与快速提取技术课题组开展了全球典型地形要素提取指标关键技术研究，探索了典型地形要素智能提取技术方法，提出了水系、交通、居民地、植被、裸露土壤等典型地形要素智能解译方案。2018年机构改革后，自然资源部开展了自然资源常态化卫星遥感监测，建立了业务化运行流程，实现了全国2m级地表覆盖季度监测能力，较好地满足了自然资源管理对大区域、高频次、多元遥感信息的需求。

本书是典型地形要素自动识别与快速提取技术课题组和自然资源卫星常态化遥感监测团队集体智慧的结晶，包含了自然资源调查监测技术体系构建中协同式数据获取研究成果。本书主要内容包括自然资源卫星遥感监测发展现状、自然资源卫星遥感智能解译技术体系、典型自然资源要素遥感智能解译技术和自然资源卫星遥感监测应用案例等，主要编写人员包括尤淑撑、刘克、王艳东、詹总谦、胡翔云、黄昕、甘宇航、王忠武、刘力荣、罗征宇、杜磊、何芸、张锐、王志盼、雷帆、曹里、杨凯钧等，其中第一章由尤淑撑、刘克主笔，第二章由尤淑撑、刘力荣主笔，第三章由甘宇航、胡翔云主笔，第四章、第五章由胡翔云主笔，第六章由黄昕主笔，第七章、第八章由詹总谦主笔，第九章由甘宇航、王忠武主笔，第十章由刘克、王忠武主笔，最后尤淑撑、刘克、王艳东进行了统稿。

本书在编写和出版过程中，得到了“基于国产遥感卫星的典型要素提取技术”项目组及“典型地形要素自动识别与快速提取技术”课题依托单位领导的支持和指导，在此一并表示感谢。本书可为自然资源调查监测领域同行交流提供参考借鉴，也可为科研院所自然资源调查监测和遥感应用相关专业学生提供辅助资料。鉴于作者水平有限，书中错误在所难免，敬请各位专家、同行批评指正。

目录

第一章

自然资源卫星遥感调查监测发展现状

1.1 自然资源调查监测内涵

自然资源泛指存在于自然界，能为人类利用的自然条件（自然环境要素）。联合国环境规划署将自然资源定义为："在一定的时间和技术条件下，能够产生经济价值，提高人类当前和未来福利的自然环境因素的总称。"2018年机构改革后，新组建的自然资源部的主要职责为统一行使全民所有自然资源资产所有者职责，统一行使所有国土空间用途管制和生态保护修复职责。而支撑自然资源部"两统一"职责履行，需要依托调查监测技术手段对山水湖林草沙冰等资源进行综合调查监测，在摸清家底的基础上开展动态监测，对各类变化进行持续跟踪监测和全生命周期管理，形成全面完备的自然资源管理基础数据，为生态资源保护修复监管、国土用途管制、督查执法等工作提供数据支撑。

自然资源调查监测包括基础调查、常规监测，耕地、森林、草原、湿地、水资源、地表基质、地下空间、海洋资源等专项调查及应急监测等。其中，基础调查和常规监测、耕地调查监测等业务要求2m级数据全国月度覆盖和重点区域1m级数据月度或季度覆盖；森林、湿地、草原和水资源等专项调查要求对植被生长季森林类型、树种郁闭度/覆盖度、森林健康等级、土壤厚度等林分参数，以及生物多样性、林种、固碳量、释氧量、涵养水土量、固土量、保肥量等森林功能指标，草原盖度、生物量和类型等指标进行定期观测；对降水量和蒸发量进行月度监测，对土地利用和下垫面状况进行年度监测等。此外，需要对自然资源地表覆盖类型、属性、利用状况等进行现场采集与核实核查，包括理化参数、生物信息等地表参量高精度采集，以及水质、水量、温度和生物多样性等地面信息实时采集和持续观测等。

随着自然资源管理不断精细化和调查监测技术手段的不断提升，自然资源遥感监测呈现出三个主要特点：一是从单要素向全要素转变，不仅要对地类及其变化情况进行监测，还要对耕地非粮化和种植属性等地表覆盖及其变化状况进行监测，同时对大棚、高尔夫球场、违建别墅等特定目标进行监测，在此基础上对各类要素耦合分析；二是监测频次需求持续提升，基于自然资源监管"早发现，早制止"要求，监测频次由年度转变为"月清、季核、年度评估"，并逐步转为当天数据当天处理和当天信息提取的自然资源常态化监测，不断满足自然资源管理、生态保护和修复、督查执法等工作对现势性信息的需求；三是由数量监测为主向数量、质量和生态一体化综合监测转变，包括对各类地区自然本底状况进行遥感调查，获取植被长势、水体富营养化、悬浮物浓度以及土壤有机质含量等各类自然资源要素质量信息；四是从二维平面监测向三维立体监测转变。对冰川、河流、湖泊等要素监测在数量、面积、分布分析的基础上，进一步监测其储量变化。

1.2 自然资源观测技术

针对自然资源基础调查、专项调查、常规监测、专题监测、应急监测等一体化调查监测需求，以自然资源多要素高精度、高频率、多层次综合调查为目标，综合利用卫星观测、航空摄影、地面采集、网络数据挖掘等“空天地网”数据获取手段，通过协同任务规划、多源卫星联合拍摄、航空组网观测、地面一体化采集以及众源数据智能发现等技术方法，将卫星观测平台、航空观测平台、地面观测平台、海洋观测平台和计算机网络平台有效协同起来，构建内外业一体、点面结合、综合集成的多层次动态协同式数据获取系统。该系统包括多源卫星数据协同获取，航空数据协同观测，地面实时采集与智能测量及众源信息协同获取等技术系统，形成自然资源调查监测全天候、全天时、全要素、全尺度数据协同获取能力。

1.2.1　总体技术框架

针对自然资源基础调查和常规监测，耕地、森林、草原、湿地、水资源、地表基质、地下空间及海洋资源等专项调查和专题监测以及应急监测的多样化主体业务需求，按照“全域覆盖、时相适宜、计划统筹、以需定取”要求，构建光学、高光谱、SAR、激光测高及重力等5类卫星系列卫星遥感监测体系；利用多载荷航空协同、高空系留气球/平流层飞机（艇）及无人机组网构建航空传感网；利用车载测量、移动终端、观测台站、专项装备及定点观测传感网构建地面观测网；利用海洋站、海上固定平台、岸基雷达及海底观测系统构建海洋信息观测网；利用互联网+大数据、手机信令以及数据挖掘等构建多维度、多视角的众源信息和社会动态感知大数据采集网；通过整合遥感卫星网、航空/无人机多源多视感知网、地面实时观测网、海洋信息综合监测网及众源社会动态感知大数据采集网，构建“空天地海网”数据保障体系，满足全覆盖、高可靠信息提取、高精度参数反演、高时效数据获取及多维度信息获取等观测需求，实现国土空间全时、全域、立体实时感知。总体技术框架如图1.1所示。

1.2.2　多源卫星数据协同获取

采用虚拟组网、星群协同、多源卫星协同智能规划等星座观测技术，通过“光学多分辨率组网”“多星统一规划与时相互补”“平面+立体协同”“光学+SAR协同”等模式动态构建虚拟卫星星座，联合多维立体观测、军民商卫星联合调度以及敏捷机动应急数据保障等观测模式，实现不同尺度、不同时相、不同类型卫星高效编排和联合观测，形成全方位、高精度、高时间分辨率、高空间分辨率的影像和技术保障能力，满足大区域覆盖类型、质量信息、生态参数和地形要素等观测要素年度、季度、月度和即时观测需求，保障不同用户群体、不同业务场景的按需服务能力。总体设计路线如图1.2所示。

针对基础调查和常规监测、耕地调查监测等业务对2m级数据全国月度覆盖和重点区域1m级数据月度或季度覆盖需求，分别构建2m级和亚米级虚拟卫星星座，对光学卫星获取困难区，通过同级别的雷达卫星星座和空天协同方式实现全国全覆盖。

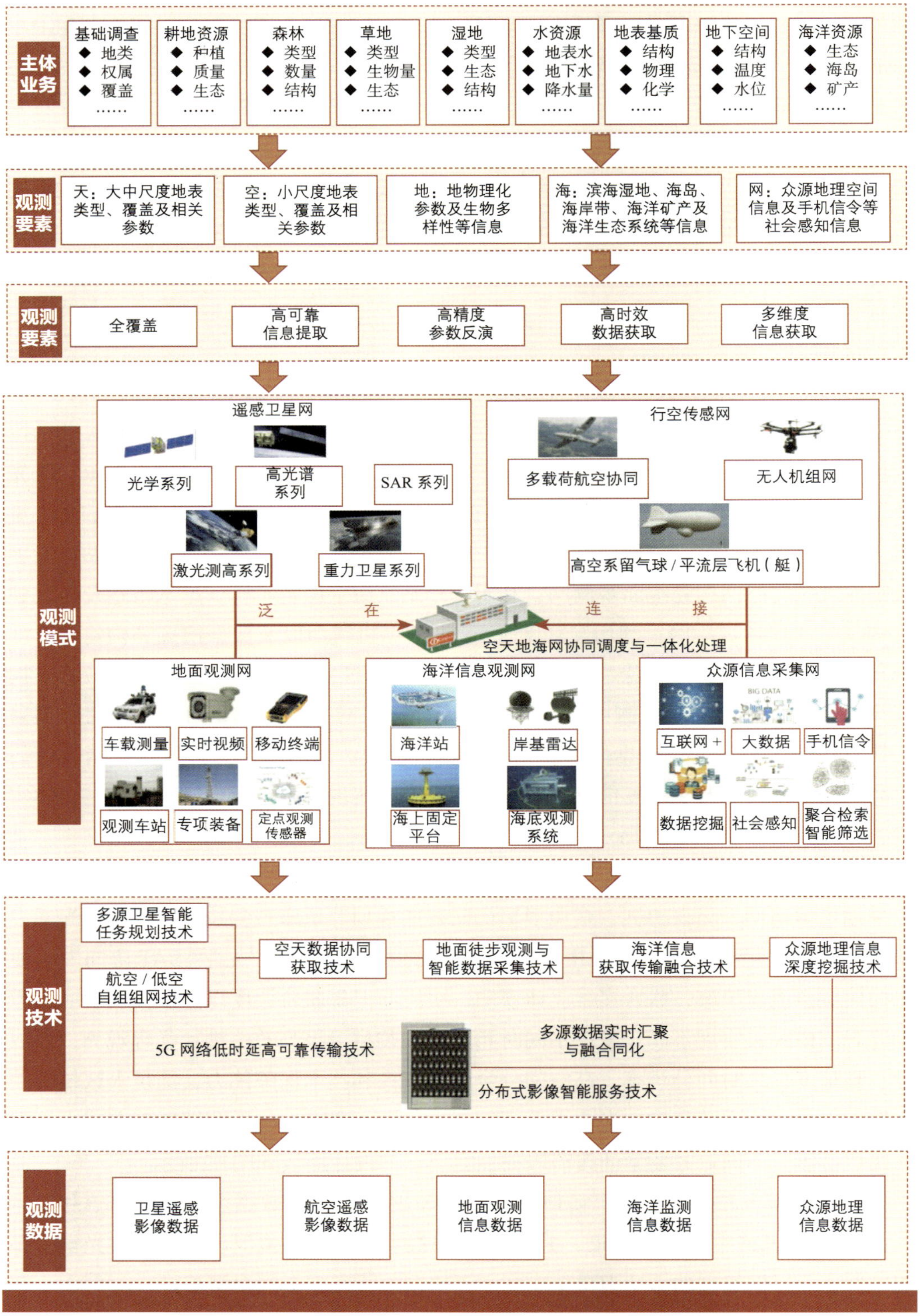
主体业务
基础调查 ◆地类 ◆权属 ◆覆盖 ……
耕地资源 ◆种植 ◆质量 ◆生态 ……
森林 ◆类型 ◆数量 ◆结构 ……
草地 ◆类型 ◆生物量 ◆生态 ……
湿地 ◆类型 ◆生态 ◆结构 ……
水资源 ◆地表水 ◆地下水 ◆降水量 ……
地表基质 ◆结构 ◆物理 ◆化学 ……
地下空间 ◆结构 ◆温度 ◆水位 ……
海洋资源 ◆生态 ◆海岛 ◆矿产 ……
观测要素
天：大中尺度地表类型、覆盖及相关参数
空：小尺度地表类型、覆盖及相关参数
地：地物理化参数及生物多样性等信息
海：滨海湿地、海岛、海岸带、海洋矿产及海洋生态系统等信息
网：众源地理空间信息及手机信令等社会感知信息
观测要素
全覆盖
高可靠信息提取
高精度参数反演
高时效数据获取
多维度信息获取
观测模式
遥感卫星网
光学系列
高光谱系列
SAR 系列
激光测高系列
重力卫星系列
行空传感网
多载荷航空协同
无人机组网
高空系留气球 / 平流层飞机（艇）
泛 在 连 接
空天地海网协同调度与一体化处理
地面观测网
车载测量
实时视频
移动终端
观测车站
专项装备
定点观测传感器
海洋信息观测网
海洋站
岸基雷达
海上固定平台
海底观测系统
众源信息采集网
互联网 +
大数据
手机信令
数据挖掘
社会感知
聚合检索智能筛选
观测技术
多源卫星智能任务规划技术
航空 / 低空自组组网技术
空天数据协同获取技术
地面徒步观测与智能数据采集技术
海洋信息获取传输融合技术
众源地理信息深度挖掘技术
5G 网络低时延高可靠传输技术
多源数据实时汇聚与融合同化
分布式影像智能服务技术
观测数据
卫星遥感影像数据
航空遥感影像数据
地面观测信息数据
海洋监测信息数据
众源地理信息数据

图 1.1　总体技术框架图

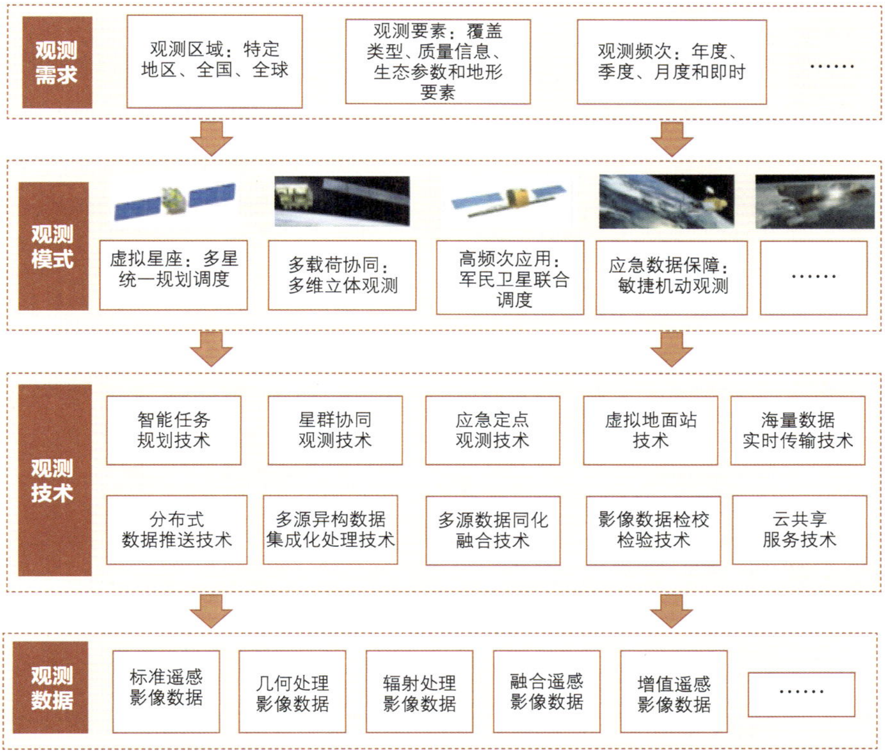

图 1.2　多源卫星数据协同获取技术路线图

森林、湿地、草原和水资源等专项调查内容广泛，对卫星遥感技术提出了更高要求。专项调查需要开展森林类型、树种郁闭度/覆盖度、森林健康等级、土壤厚度等林分参数，生物多样性、林种、固碳量、释氧量、涵养水土量、固土量、保肥量等森林功能指标，草原盖度、生物量、类型，以及流域土地利用、下垫面状况、降水量、蒸发量、生态耗水量、水资源储量的持续监测。针对以上监测需求，构建光学、SAR和高光谱等多型谱虚拟卫星星座，通过统一的任务规划和调度，实现多载荷卫星数据的综合观测。

1.2.3　多维度多层次航空数据协同观测

针对航天数据覆盖困难、精度不够、分辨率不足以及时效性弱等缺陷和多维度信息应用需求，基于空天数据联合覆盖、航空多视立体观测、无人机倾斜摄影、平流层飞机（艇）驻留观测、多尺度同步观测以及协同信息获取等模式，通过安全管控与实时调度、数据在线远程快速传输、影像快速摄影测量处理以及高精度三维重建与智能监测等技术，形成多种光学分辨率、高光谱、红外、Lidar、SAR、倾斜摄影等各种遥感数据快速获取能力，弥补航天数据采集周期长，以及在观测波段、空间分辨率、时间分辨率及成像方式等方面的不足，为自然资源管理提供更精准、更强时效和更高维度信息的影像，以及更完善的技术保障体系。总体技术路线如图1.3所示。

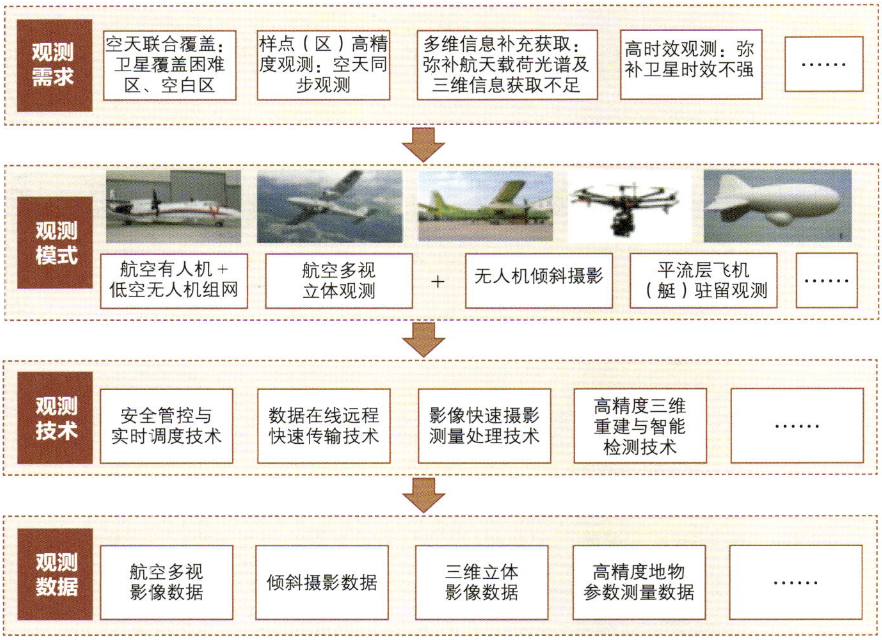

图 1.3　航空数据协同观测技术路线图

针对基础调查和耕地调查等对更高精度的数据需求，采用无人机、系留气球等航空平台，获取高分航空遥感影像和高精度地形坡度信息。

针对森林、湿地、草原和水资源等专项调查对重点区域高时空分辨率调查及样方高精度观测需求，通过航空器+无人机组网观测模式，满足重点流域重点下垫面类型10~50cm遥感调查能力；点上利用激光雷达、数码相机、视频等航空多视立体数据获取技术，获取森林的垂直结构信息，通过空天协同、点面结合实现对林木树冠、树高、生物量、蓄积量、树种组成等森林参数估测。

针对地表基质等特定调查需求，通过航空无人机协同观测，辅以野外补充验证调查的模式进行地球浅表数据采集，实现对地表基质类型、空间分布、面积大小、景观属性（地貌景观、生态景观、水文景观、地质景观）等的调查监测。

针对地下空间监测，利用航空机载InSAR、高光谱探测、高精度激光扫描三维重建、无人机实景三维自动化建模等技术，建立智能监测、实时预警、高效防控为一体的探测预警智防体系。

1.2.4　地面实时观测与智能调查

针对自然资源地表覆盖类型、属性、利用状况等现场采集与核实核查，理化参数、生物信息等地表参量高精度采集，以及水质、水量、温度和生物多样性等地面信息实时采集和持续观测等需求，通过车载测量、船载平台、手持移动调查，样地、样点、样方定点观测和观测台站实时采集等方式，采用通导遥一体化移动终端、互联网+外业采集设备、多参数一体化集成观测装备，利用AR增强现实、多参数一体化采集以及5G NR数据实时传输等技术，实现对自然资源类型及地物理化参数和生物多样性等信息的高精度持续实时采集和外业智能调查；使用移动街景技术对道路两侧、建（构）筑物密集区三维场景进行实时采集，实现对重点区域的全程、全方位测绘监测。总体技术路线如图1.4所示。

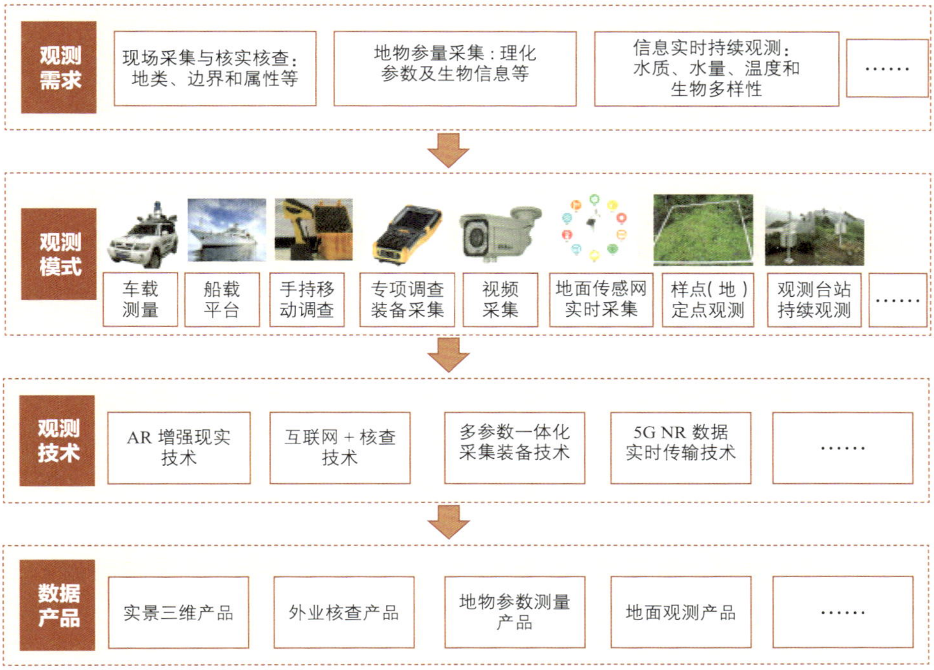

图 1.4　地面实时观测与智能调查技术路线图

针对基础调查和耕地调查等对地类及属性调查核实、图斑边界调绘、地物补测以及图斑实地举证等需求，通过车载+手持移动终端的一体化调查模式，利用互联网+核查、5G NR数据实时传输技术对内业预判地类和权属等属性信息进行实地调查，逐图斑核实确认图斑地类、权属及标注信息，调绘图斑边界。

针对森林、湿地、草原和水资源等专项调查对抽样调查与图斑调查技术需求，利用RTK、精准测高仪等专项装备集成，集成“3S”技术和地面一体化智能观测等技术，实现森林资源内外业一体、点面结合、互为补充的多层次立体森林资源动态调查监测。针对降水、积雪、蒸散发、径流、陆地水储量等水文状态和通量从点到面的高效精准估算，通过新建测流装置、监测井，并结合蒸渗仪、涡度相关仪、激光闪烁仪、通量塔等获取地面观测数据，获取格网蒸散发量，辅以开展农作物野外调查，获取水资源下垫面状况。

针对地表基质地下结构状态观测，充分运用磁法、电法、电磁法等地球物理的技术和方法，通过高密度电阻力法、面波勘探探地雷达、浅钻、背包钻、浅槽等物探、钻探手段，形成对地表基质垂向结构调查能力。在物理状态、物质成分调查方面，采用分析测试、野外解译仪器获取等技术手段，形成对岩石、裸露土壤、砾质、泥质等基质的物理/化学特征及微生物多样性、群落、酶活性等生物特征的调查监测能力。

针对地下空间全要素探测需求，采用布设分布式光纤声波传感器（DAS）、绿色气枪及其他热敏电阻温度传感器等专项装备，通过钻探、物探等方式获取岩土体类型、地质结构特征、关键参数及物理场属性，利用钻探、地球物理探测、分析测试实验及地下空间资源“空—地—井”地球物理立体探测等装备与技术，监测波速、温度、水位等指标，实现矿山遗留地下空间数据、城市人防工程、已利用地下空间地下构筑物信息等地下信息协同获取。

1.2.5 海洋信息协同获取

针对海洋自然资源调查、监测、评价和开发利用管理，海洋生态资源管理及海洋权益维护等工作需要，同时考虑到海域海岛资源保护与开发利用的特殊性，为满足海洋科学调查测量、灾害预警监测、整治修复等工作的迫切需求，综合利用卫星、航空、无人机等观测手段，采用多层次立体海洋动态监测技术，海洋水下探测、视频、原位在线观测技术，高精度重、磁、浅地层剖面和地震联合采集技术、地面一体化智能观测以及数据实时传输等技术，结合地面现场调查的方式，构建“空天岸海”点面结合、互为补充、综合协同的多层次立体海洋动态数据协同获取体系，支撑构建国家全球海洋立体观测网，全面掌握海洋自然资源在范围、数量、质量等方面的现状和变化。总体技术路线如图1.5所示。

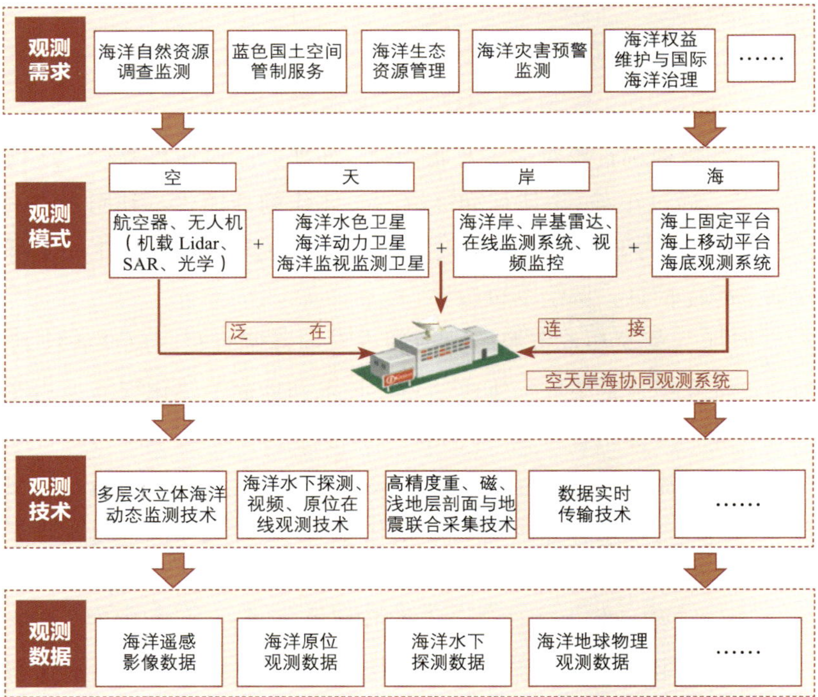

图 1.5　海洋信息协同获取技术路线图

针对海岸线、海岛、滨海湿地、沿海滩涂和海域等资源调查监测，发挥海洋监视监测卫星高分辨率、高频次SAR数据和海洋水色卫星高频次、大覆盖光学遥感优势，通过海洋水色卫星双星组网、光学和微波遥感观测互补模式，对卫星覆盖不到的区域补充获取无人机数据，满足我国海岛海岸带重复覆盖周期小于1.5天的时效需求，健全海洋资源调查监测业务能力。

针对海洋生态典型环境要素监测，发挥海洋水色卫星高覆盖性、高精度光学数据、水色反演产品和海洋监视监测卫星高时效、高精度SAR数据优势，集成应用卫星遥感、水下探测、视频、原位在线等技术手段，健全生态系统结构、功能和退化问题调查监测能力。

针对海洋矿产资源调查监测，为提高深海调查船装备能力，发展高精度重、磁、浅地层剖面与地震联合采集技术，采用共享导航数据，各采集系统相对独立，同步获得地层的浅部和深部地震数据以及重力和磁力等不同地球物理数据。

1.3 遥感解译技术研究现状

1.3.1 基于人工特征设计的遥感影像解译国内外研究现状

遥感影像提供大量的空间结构信息，能够对地物进行细致的描述。但是，遥感影像中的同物异谱和异物同谱现象，使得单纯地依靠光谱信息进行分类难以获得较高的精度。因此，学者们通常从像素间的空间联系中提取新的特征，增强地物在光谱空间中的可分性。该方法的核心在于如何从影像中挖掘空间信息，以获取准确可靠的特征对影像进行描述。

当前的主流特征提取算法根据其原理的不同，可以分为以下几种：

（1）基于统计的方法。该方法通过统计影像中像素的空间分布特点描述局部结构纹理特性。其中，灰度直方图体现了局部区域内各个灰度级的出现频率，灰度共生矩阵代表了影像中具有不同灰度级的像素对的共生情况，局部二值模式对邻域像素进行二值编码，具有旋转不变性及灰度不变性、而像素形状指数描述了每个像元与周边像素的相似性与差异性特征。

（2）基于结构的方法。该方法旨在提取影像的结构特性，通常使用数学形态学对目标进行描述，并提出了形态学轮廓的概念。研究者将其扩展至高维遥感影像，形成了增强型形态学轮廓，在此基础上，考虑了对象的面积等，提出了形态学属性滤波并在遥感影像分类中获得了很好的效果。

（3）基于模型的方法。该方法结合影像空间光谱特征建立纹理模型，并通过优化模型参数对原始影像的空间信息进行描述，例如，Tarabalka 等（2010）利用马尔科夫随机场模拟像素的空间联系并优化分类结果。另有学者在进行二元势能优化时，考虑了像素光谱间的相似性，使用条件随机场融合影像的空间及光谱信息。

（4）基于频谱的方法。该方法通过域变换算法将影像映射至频率域，并在频率域上以统计影像的特性来描述影像的空间特征。基于小波变换，研究者提出了局部小波纹理，并考虑了波段间的联系，采用三维小波纹理描述影像的空间纹理，在遥感影像分类中获得了不错的效果；同时，基于Gabor变换，Bovik 等（1990）和Bau 等（2010）分别讨论了Gabor纹理和三维Gabor纹理在遥感影像分类中的应用。而由于单一空间特征提取算法的局限性，只能反映影像某一方面的特性，对影像空间信息的描述能力有限，难以对影像进行全面而准确的描述。例如，灰度共生纹理反映了影像局部灰度级的差异性及同质性，而差分形态学轮廓只能揭示目标在不同尺度中的响应。

1.3.2 基于样本的遥感影像解译国内外研究现状

对于典型自然资源要素的提取和分类而言，解译结果的好坏不仅仅依赖于特征表达的优劣，也依赖于训练样本是否能真实地代表不同地物类别的特性。如果样本在特征空间中的分布不能真实地反映各个类别的情况，则分类器将无法构建出准确的分类平面，使得位于分类边界的点发生误判，导致分类结果中存在大量的错分。因此，选择具有代表性的样本进行标记从而形成训练集，对于构建更可靠的训练模型具有十分重要的意义。但是，盲目地进行样本获取很难得到一个满足类别多样性的训练样本集，同时也是一件耗时耗力的工作。此外，由于相邻像素间通常会具有相类似的光谱和空间信息，使得盲目获得的样本间往往会存在着极大的冗余性，会降低分类模型训练的效率，不利于遥感影像的实时解译。

因此，为了使用尽量少的样本使分类器达到最佳的效果，可以使用主动学习的方式不断地更新训练样本集。基于不同的样本不确定性衡量方式，主动学习包括以下几种策略：

（1）基于委员会的主动学习算法。该算法是基于多个分类器的共同决策，用分类器的分类结果去衡量每个待标记样本的不确定性。其基本思路是，根据训练好的委员会中的分类器预测待标记样本的标记，选择多个分类器中预测标记分歧最大的样本交与专家进行标记，标记完成后，将其加入训练样本集。

（2）基于边界最大化的主动学习算法。该算法是基于支持向量机模型而提出的，它考虑了样本在高维特征空间中与分类超平面的空间位置关系。在高维特征空间中，离分类超平面较远的点更容易被划分到正确的类别中。对于靠近超平面点的判别相对困难，而将这些样本加入训练集，能够在一定程度上影响超平面的构造。通过人机的不断交互，分类超平面可以在不断调整的过程中达到最优。因此，该方法将在特征空间中最靠近超平面的点视为最不确定的样本进行标记。

（3）基于后验概率的主动学习算法。该算法立足于概率空间，使用样本属于各个类别的后验概率来衡量样本的不确定性。其基本思路是，结合先验信息及给定的分类器将样本从特征空间转换到概率空间，通过分析样本在概率空间中的分布情况选择样本进行标记。在概率空间中，后验概率的大小表示属于该类别的确定度。对于一个样本，当两个最大概率的差异很小时，代表该样本的不确定性大。Tuia 等（2011）分别对主动学习在遥感影像分类中的作用进行了系统的讨论，从多个方面分析了主动学习在遥感领域的价值。同时，研究者针对遥感影像的特点展开了多项研究，促进了主动学习与遥感影像分类的结合。

1.3.3 基于神经网络模型的遥感影像解译国内外研究现状

自2012年在ImageNet图像识别大赛上，AlexNet架构的神经网络模型以极大的优势获得图像分类的冠军后，CNN模型开始受到计算机视觉领域的广泛关注。CNN能够从大量的图像样本中自动学习到由底层视觉特征到高层语义特征的层次化特征表达，避免了人工特征设计的盲目性，泛化能力强，已经在遥感图像分析领域取得了巨大的突破。

针对高分辨率遥感影像自动解译，基于深度神经网络的模型主要可以划分为两种分析框架，即场景分类框架和语义分割框架。

基于场景分类框架的方法主要通过图片分类技术来实现图片层次类别的判定，这也是CNN早期的主要目标之一。由于自然图片内容较遥感影像简单，在进行场景分类时，单张自然图片可以直接视作分析的基元，而即使是单景高分辨率遥感影像也往往覆盖较大的地理区域且影像上的地物要素分布复杂，因此，需要对大场景的高分辨率遥感影像进行合理的划分，以形成一系列的子影像块单元，适应CNN模型的建模。总体而言，基于场景分类的高分辨率遥感影像自动解译方法对训练样本标注的要求相对较低，适用于灾情要素提取的应急需求，但是难以直接获得像素级的解译结果。

基于语义分割框架的方法，主要是通过修改CNN网络结构实现端到端、像素到像素的训练和预测。Long 等（2015）将CNN中的全连接层全部替换为卷积层，提出了一种全卷积神经网络（Fully convolutional networks, FCN）模型，能够实现像素级的类别解译。但是同时该模型也存在两个问题：

（1）在利用池化等下采样步骤对特征图处理以提取深层次语义特征时，易显著降低特征图的分辨率，从而导致最终通过上采样得到的预测结果严重损失局部细节，因此不能对地物边缘轮廓等细节作出精细化的解译。

（2）卷积通过一定大小的感受野只能利用较为局部的信息，通常并不能有效地利用全部上下文信息辅助预测，从而易造成局部地物预测混淆，结果中地物较为破碎且包含有大量的椒盐噪声的问题。

针对以上问题，很多学者提出了相应的改善性策略模型，如金字塔场景解析网络（Pyramid scene parsing network, PSPNet）模型、SegNet模型、DeepLab系列模型等。总体而言，基于语义分割框架的解译方法旨在探索底层视觉特征到高层语义特征的层次化特征协同利用方式，综合利用高层语义特征的抽象能力和底层视觉特征的细节定位能力，从而实现像素级的解译结果。但是，由于该类方法对于大量精细化标注样本的依赖，一定程度上制约了其在特定任务上的应用，比如在灾害应急方面的应用。

因此，如何结合场景分类和语义分割两种分析框架的特点，基于影像块层次的样本标注，实现图像块场景解译向像素级精细化标注的转换，是一项值得探索的工作。例如在场景分类框架下，可以借助于重叠的影像块划分方式，保证原始遥感影像中每一个像素都隶属于多个场景的影像块，从而通过众数投票规则实现像素级标注结果的生成。此外，基于弱监督学习的神经网络模型也受到越来越多的关注，相关研究主要基于CNN模型的潜在定位能力，即能够生成所谓的类别热力图，从而提供目标的粗略位置信息，为后续精细化优化目标边界奠定基础。但是，该类方法往往基于目标具备明显边界信息的内在假设，可能并不适应于边界模糊地物（如损毁建筑物）的提取。

1.3.4 交互式特征提取国内外研究现状

遥感影像地物提取是遥感影像解译的一个基本问题。随着影像空间分辨率、光谱分辨率、时间分辨率、辐射分辨率的提高，遥感影像的数据量急剧增长，高效的地物提取方法已经成为实际应用中一个亟待解决的问题。遥感影像解译研究的最终目标是实现全自动计算机解译，完全把人从高强度作业中解放出来，但由于遥感影像的复杂性和相关技术特别是人工智能的限制，短期内自动解译方法很难取得突破，实际作业以目视解译为主，采用人海战术手工采集，劳动强度大，效率低下。这种背景下，交互式解译是目前一个可行的替代方案。

近年来，许多学者对兴趣目标的交互式提取进行了深入的研究，尤其是在计算机视觉领域，各种各样的交互式分割算法层出不穷，在遥感图像交互式信息提取方面同样发挥着重要作用。Grote 等（2007）提出了一种使用图论中归一化割来提取道路的方法，加入了道路形状约束，在实验影像上取得了可靠结果。Fazan 等（2011）提出了一种联合Snake和动态规划的房屋提取算法，用户只需要在房角处指定数个种子点将建筑物大概位置标记出来，该算法就可以提取出建筑物精确轮廓。Sahar 等（1999）提出了一种先提取轮廓线然后利用立体视觉获取建筑物轮廓的方法。部分商业软件开发了自己的交互式提取工具，并取得了一定成功。例如，PhotoShop软件中魔棒工具和快速选择工具利用用户指定的种子点来提取目标，属于基于区域的方法；磁性套索工具则是一种基于边界的方法，鼠标沿着目标轮廓移动一圈便自动跟踪出精确边界。PhotoShop中的这些工具主要是针对近景影像，在颜色较为单一的情况下效果较好，对于遥感影像这类颜色复杂、纹理丰富、数据量巨大的数据效果并不好，而且反应速度较慢。Erdas软件中的Imagine Easytrace模块提供了一种智能矢量化功能，鼠标在目标附近点击确定少量点即可完成地物的自动提取，如道路提取，通过这种半自动方式在保证精度的同时减少了用户的工作量。ENVI软件中也提供了类似的智能数字化工具，通过选择部分特征点实现道路、河流等线状地物的快速数字化。

在国内，交互式地物提取同样受到广泛关注。早在2000年，张煜等（2000）就提出了将几何约束和影像分割相结合的直角平顶房屋半自动提取方法。张祖勋等（2001）提出了一种基于物方空间几何约束最小二乘匹配的建筑物半自动提取方法，用户指定房屋初始位置，经算法处理最终得到建筑物边缘和物方几何模型的最优匹配。胡翔云等（2002）利用人工指定的两个初始点，通过最小二乘模板匹配来提取两点间的线状地物。李燕等（2002）将启发式图搜索应用到遥感影像道路半自动提取方法中，在实验中取得了较好的效果。国内一些遥感解译软件也集成了部分交互式提取工具。例如，适普公司的VirtuoZo是功能齐全、高度自动化的摄影测量系统，其内部也有人机交互测图功能，提供了建筑物、道路和湖泊等线画要素的半自动提取；吉威数源公司开发的Geoway中矢量采集模块提供交互式线跟踪功能，有效加快了采集速度；中国测绘科学研究院开发的地理国情要素提取与解译系统FeatureStation中提供了道路半自动提取工具和建筑物半自动提取工具，但是需要人工设置阈值。

由于遥感影像地物提取较为复杂，现有的交互式提取算法多停留在实验阶段，一些商业遥感解译软件虽然提供了部分交互式工具并且发挥了积极作用，但是在功能上并不完善，实际应用中仍然以人工手绘为主，严重影响了解译的效率。

1.4　自然资源调查监测应用现状

1.4.1　全球地表覆盖制图

近年来，随着遥感和计算机技术的发展以及卫星数据的陆续免费共享，全球尺度地表覆盖产品也经历了由粗分辨率到中高分辨率、单期到连续多期的过渡。具体而言，早期全球地表覆盖制图研究主要集聚于时序AVHRR遥感数据，例如，Loveland 等（2000）利用非监督聚类算法对1992—1993年AVHRR数据进行了分类处理，生产了包含17个地类（IGBP分类体系）的全球1km地表覆盖产品IGBP-DISCover；Hansen 等（2000）采用决策树分类算法对AVHRR数据进行监督分类，生产了包含12种地类（简化的IGBP分类体系）的全球1km地表覆盖产品UMD。其后，随着MODIS，SPOT和MERIS等中低分辨率卫星的陆续发射，全球300m、500m地表覆盖产品也被陆续生产和发布出来。例如，欧洲联合研究中心（JRC）采用分区分类思路对1999—2000年SPOT VEGETATION数据进行监督分类制图，生产了包含22个地类（FAO LCCS分类体系）的全球1km地表覆盖产品GLC2000；欧洲太空局（ESA）将全球按照地理分区划分为22个独立区块，并采用监督分类+非监督分类算法相结合的方式对时序MERIS数据进行分类处理，生产了包含22个地类（FAO LCCS分类体系）的2005年和2009年两个基准年份全球300m地表覆盖产品GlobCover；美国国家航空航天局（NASA）采用决策树分类器对时序MODIS数据和地表温度等辅助数据集进行分类制图，生产了自2001年起逐年的全球500m地表覆盖产品MCD12Q1，该数据集采用了IGBP分类体系，共包含17种地表覆盖类型；全球测图国际指导委员会（ISCGM）利用分层分类（决策树）算法对MODIS数据进行处理，生产了2003年和2008年两个基准年份的全球地表覆盖产品GLCNMO，在分类体系上对FAO LCCS分类体系进行了简化并最终保留了20个地表覆盖类型；中国科学院采用随机森林分类模型对250m MODIS数据进行分类制图，生产了2001年和2010年两个基准年份的全球250m地表覆盖产品GLC250-N，其采用了包含11个地类的自定义分类体系（主要为一级类）；近年来，为了解决全球地表覆盖产品在年际间过渡性不好的问题（无法支持地表变化检测研究），欧洲太空局（ESA）结合变化检测算法和决策树分类模型对多源遥感数据（MERIS+SPOT VEGETATION+PROBA-V）均进行了逐期变化检测和分类更新，生产了逐年的全球300m地表覆盖产品CCI_ LC，采用了包含22个地类的FAO-LCCS分类体系（其中还包含了14个精细亚类，但不具备全球覆盖能力）。

近年来，随着遥感和计算机技术的进一步发展以及中高分辨率遥感数据的陆续免费共享，全球中高分辨率地表覆盖产品的研发工作也取得了许多阶段性的成果。我国原国家测绘地理信息局采用多种分类策略相结合的算法（POK，面向对象+基于像素分类+专家先验知识）对时序Landsat和国产环境HJ数据进行逐景分类制图，生产了2000年和2010年两个基准年份的全球30m地表覆盖产品G1obeLand30，在分类体系方面采用了包含10种一级类的分类体系，并且经过定量化验证总体精度达到了80.3%；清华大学宫鹏研究团队通过专家目视解释在全球选取了91433个训练样本，然后利用多种监督分类模型（最大似然、支持向量机、神经网络和随机森林）生产了2010年单时相和2015年、2017年多时相的全球30m地表覆盖产品FROM GLC，在分类体系上采用了包含9个一级类的自定义分类体系；之后有学者利用时序PROBA-V遥感数据集生产了2015年全球100m地表覆盖产品CGLS LC100，且该产品采用了包含22个地类的FAO-LCCS分类体系。随着Google Earth Engine（GEE）云计算平台对用户的免费开放，基于GEE云计算平台的地表覆盖制图受到越来越多的关注。清华大学宫鹏研究团队利用全球先验训练样本集和时序Sentinel-2反射率数据在GEE云平台成功地生产2017年全球10m地表覆盖产品FROM GLC10，采用了包含10个地类的分类体系且总体精度经验证达到了72.76%。

随着全球产品种类和数量的不断积累，众多科研工作者提出整合不同来源的产品生产新的全球地表覆盖产品，例如，Jung 等（2006）综合IGBP_ DISCover, GLC2000和MCD 12Q1三种全球先验地表覆盖产品生成了新的2000年全球lkm地表覆盖产品SYNMAP，该产品相对于三种先验产品在分类体系方面更加精细，共包含44种地类；See 等（2015）组合G1obCover, MCD12Q1和GLC2000先验产品生成了一套2005年高精度全球300m地表覆盖产品Hybrid_GLC，经验证其总体精度高达87.9%；Yu 等（2013）合成不同分辨率层次的三种全球产品（FROM_GLC_agg, MCD12Q1和GlobCover），生产了2010年全球地表盖产品FROM_ GLC-Hierarchy，区别于前面两种研究合成单一分辨率的新产品，该合成算法生产了一套不同分辨率的全球地表覆盖产品（30~100km）。

1.4.2 自然资源调查监测

在自然资源调查方面，20 世纪 70 年代，美国最先将以遥感技术为代表的“3S”技术引入到土地资源调查中，不仅推动了行业技术的升级，也加快了土地资源调查工作从土地清查向土地评价方面拓展的步伐。在我国，2007 年 7 月，第二次全国土地调查全面启动。利用第一次全国土地调查的经验结合当时的现状，确定了调查的主要任务为城镇土地调查、农村土地调查和基本农田调查。为提高此次土地调查的质量和效率，引入“3S”技术手段，使用遥感技术为 GIS 系统提供了可靠的数据源，卫星定位系统技术（GPS）在外业调查中获取更新数据，而地理信息系统则对 GPS 获取的数据和遥感技术提供的数据源进行了详细的信息分析与应用。在自2017年起开展的第三次全国国土调查中，根据国家下发的调查底图和疑问图斑数据，结合日常自然资源管理相关资料，采用“3S”一体化技术和综合调绘方法（即内业判读、外业调查补测和内业上图相结合），逐图斑开展实地调查，细化调查图斑的地类、范围、权属、耕种情况等信息。

在自然资源监测方面，2002年，美国的地质勘探局（USGS）开展了地理分析和监测计划，该计划通过卫星影像及遥感数据，借助功能强大的计算机技术，从空间分布和时间变化上，充分研究了当时美国的地表覆盖、地形地貌、人文社会、经济发展和气候变化等方面的情况。与此同时，加拿大、澳大利亚等许多发达国家也陆续进行了本国地理国情普查工作，对地表覆盖相关数据进行采集。国内外很多研究机构和专家均认为进行地理国情普查工作是必要和急需的，因为通过地理国情相关信息，尤其是采集的地表覆盖分类数据，能够为国家和相关部门的规划管理、经济决策等提供强有力的信息支持。2010 年底，时任国务院副总理李克强作出重要批示，强调要加强基础测绘与地理国情监测工作，正式吹响了我国全面开展地理国情监测的号角。全国范围内的地理国情普查项目于2013年3月启动，为期两年，其间取得了一系列令人瞩目的成果，各种地理国情普查软件在监测项目中也得到了广泛应用；同时，不断总结以往国情监测的经验与教训，进一步推动了全国地理国情普查工作的稳步有序开展。2019 年自然资源部办公厅印发《关于开展 2019 年全国地理国情监测工作的通知》（自然资办函〔2019〕986 号），为持续掌握我国陆地国土（不含香港、澳门特别行政区和台湾地区）范围内地理国情信息变化情况，依据《中华人民共和国测绘法》《中华人民共和国国民经济和社会发展第十三个五年规划纲要》，决定继续开展 2019 年全国地理国情监测工作。地理国情监测要求采用最新的高分辨率航空航天遥感影像，整合已有的基础测绘数据成果和专题数据，对全国范围内的地表覆盖、地形地貌、人工设施等地理要素进行普查，掌握31个省、自治区和直辖市的自然社会地理要素现状及变化情况，建立全面准确的地理国情空间数据库，为加强自然资源合理开发利用和环境生态服务奠定基础。

第二章

自然资源卫星遥感智能解译技术体系

2.1 自然资源卫星遥感监测技术框架

针对我国自然资源保护、国土空间规划实施监督、生态修复及全球变化研究等对土地利用/土地覆盖及其相关地表参数指标动态变化信息的需求，根据当前我国陆地卫星数据覆盖及监测能力，陆地卫星遥感监测体系包括全球宏观尺度监测和我国陆域范围季度监测、重点区域月度监测及重大事件的即时应急监测，陆地卫星遥感监测体系总体框架包括全区域监测、全尺度监测、全要素解译、全流程控制和全生命周期管理等核心内容，如图2.1所示。

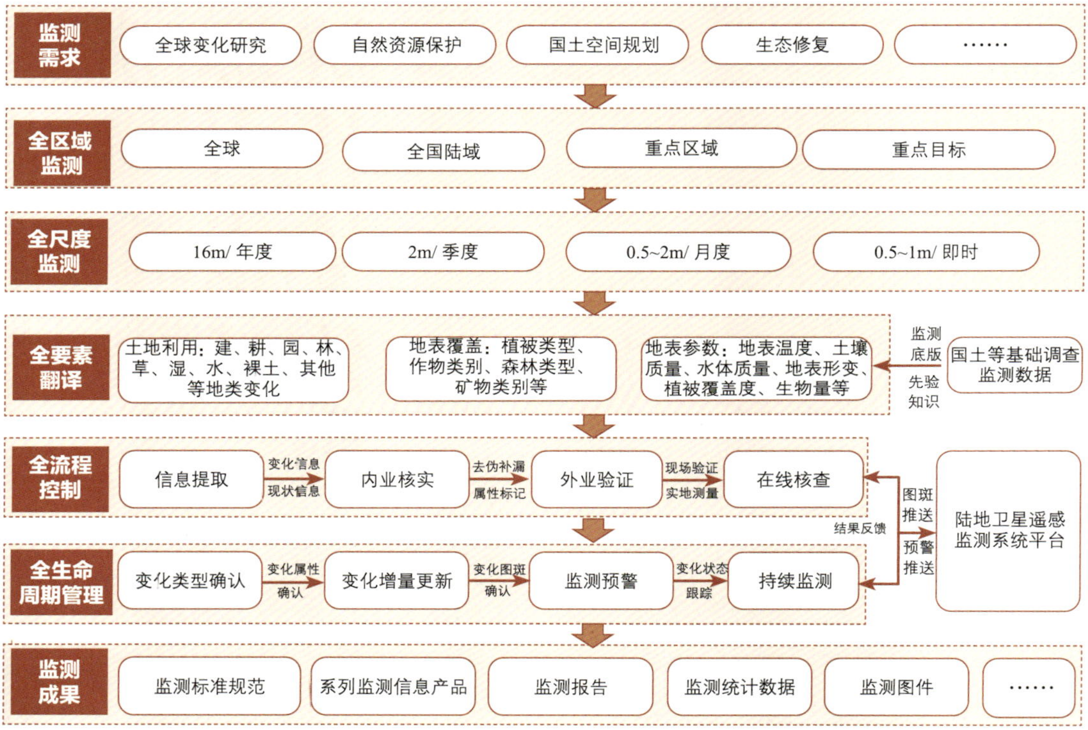

图 2.1 陆地卫星遥感监测体系总体框架图

2.1.1 全区域监测

针对全球范围，利用我国陆地卫星全球覆盖及高分一号16m等中分辨率卫星可年度覆盖全球主要陆域的能力，开展建设用地、农用地、林地、草地、水体、湿地等土地利用/土地覆盖类型宏观变化监测。针对我国陆域范围，按区域分类型按需开展自然资源保护、国土空间规划实施监督、生态修复等专题监测。

2.1.2 全尺度监测

针对不同监测频次要求，综合应用亚米、2m、10m、16m等多尺度卫星数据开展多尺度监测，形成月度、季度、年度序列化监测产品。利用2m级国产卫星全国季度覆盖能力，开展全国陆域范围内400m^{2}以上土地利用/土地覆盖等要素变化监测；利用亚米级卫星数据开展重点区域精细化监测，并采用多尺度卫星协同开展月度或更高频次变化监测和自然资源典型要素参数的定量反演；发挥陆地卫星虚拟星座和敏捷卫星灵活机动等优势开展即时监测，对重大违法事件和重大自然灾害等开展应急监测，实现7×24即时响应；通过光学和雷达的协同应用，有效保证多云多雨多雾地区的数据覆盖，实现全天候观测；通过热红外、夜光等数据高频次覆盖和兼具白天、夜间成像能力，实现对森林火灾等全天时观测。

2.1.3 全要素解译

充分利用可见光、高光谱、激光测高、热红外、雷达和重力等多型谱卫星数据，开展全要素变化监测，核心要素指标见表2.1。其中，数量指标包括土地利用/土地覆盖等要素类型的空间分布、边界、范围和面积，质量指标包括耕地种植状况、植被长势、水质、土壤状况等信息，生态指标包括生态系统服务功能相关的各类地表参数。

2.1.4 全流程控制

建立监测图斑全流程处理模式，实现信息提取、内业核实、外业验证和在线核查等应用处理环节有效衔接，采用区块链等技术实现监测图斑处理过程的安全可控，确保监测信息产品流转过程可追踪、可回溯和责任可追究，保证监测成果质量可靠。

2.1.5 全生命周期管理

采用面向对象方法和UML统一建模语言，对各类监测信息产品进行自动化质量检查、对象化处理、数据入库以及关联关系建立等处理，构建统一存储管理的监测成果数据库，包括月度/季度/半年/年度等序列影像产品数据、多源多载荷数据协同定量反演参数指标集、全要素地类样本数据和知识图谱，以及自然资源全要素、全尺度和即时监测信息产品。在此基础上，针对自然资源业务应用需求建立监测信息管理模型，对监测图斑的发生和演变情况进行全生命周期管理，支撑事前预警、事中跟踪和事后评估等监测预警及监管等应用。

2.2 自然资源卫星遥感监测技术流程

基于大数据、人工智能、云计算等新技术建立遥感监测业务化流程，总体技术思路如下：采用虚拟卫星星座技术，对同类型卫星资源进行整合，通过成像任务统筹和成像任务智能规划，保障监测的所需的影像数据；集成多源多载荷卫星数据处理模型算法，建立遥感影像数据自动化生产体系，实现在轨陆地卫星数据的当天数据、当天处理和当天质检；通过深度学习等人工智能技术和专家知识的融合，实现变化信息的主动发现和快速提取；采用云服务技术和大数据用户画像构建技术，实现各类监测信息的主动推送和精准服务，为自然资源管理和全社会提供在线共享服务。

具体技术流程包括影像获取、传感器校正、正射校正、信息提取、信息处理、成果建库和应用服务等环节，技术流程如图2.2所示。根据需求编制卫星任务规划，统筹获取多源卫星数据；每日对接收的原始影像进行正射处理、有效进行数据筛选、色彩增强、缓存

表2.1　陆地监测核心指标一览表

监测类型	1	2	3	4	5	6	7	8	9	10	11	12	13	14	15	16	17	18	19	20
	土地利用							土地覆盖				地表参数								
	建设用地	耕地	园林地	草地	湿地	水域	其他	植被类型	作物类型	森林类型	矿物类型	蓄积量/水量/储量	覆盖度	高程/水位	温度异常	地表形变	水体质量	土壤质量	叶面积指数	净初级生产力
土地利用	√	√	√	√	√	√	√													
自然资源执法督察	√	√																		
耕地非农化非粮化监测	√	√	√	√	√	√	√	√	√									√	√	√
地表水资源					√	√						√		√			√			
国土空间规划	√	√	√	√	√	√	√								√	√	√			
国土整治与生态修复	√	√	√	√	√	√	√						√		√	√	√	√	√	√
国土空间用途管制	√	√	√	√	√	√	√	√		√	√				√	√				
自然资源开发利用	√	√	√	√	√	√	√	√		√	√					√	√	√		
自然资源权益监管	√	√	√	√	√	√	√	√		√	√		√			√	√		√	√
海岛海域	√				√	√		√		√				√			√			

处理、数据服务发布以及增量式更新等处理，制作符合监测要求的监测底图；应用深度学习技术构建变化图斑及特定目标信息自动提取技术流程，开展信息自动提取，通过人机交互方式逐图斑核实，对自动提取的监测图斑进行复核编辑，剔除伪图斑、补充遗漏图斑、标记图斑属性和修正图斑边界；通过集中式自动质检和分布式人机交互质量检查相结合方式，完成监测成果质检、汇交、归档与建库；将监测图斑与永久基本农田、城市开发边界、生态保护红线等数据进行套合分析，形成专题统计分析成果。

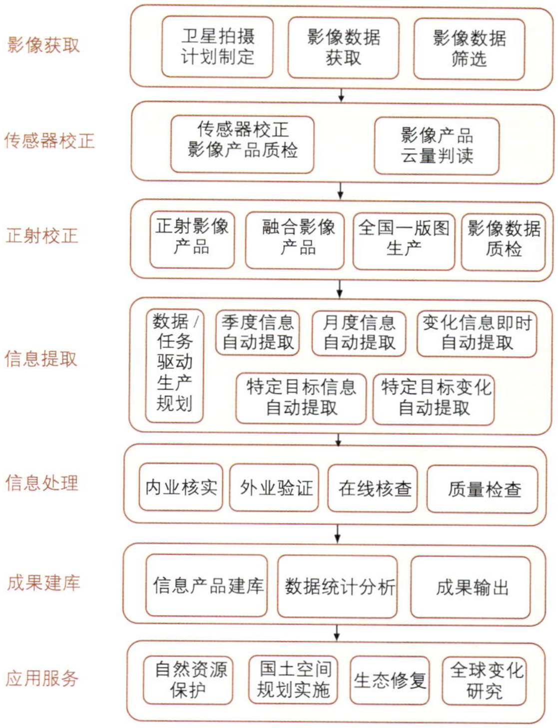

图 2.2　自然资源卫星遥感监测技术流程图

自然资源卫星遥感监测技术体系构建关键是实现卫星数据自动处理、信息智能提取和在线应用服务。针对自然资源卫星遥感监测，重点突破基于工作流的监测生产线智能流转与可插拔模块调度控制、遥感影像样本知识库构建、复杂场景自然资源变化自动提取、自然资源特定目标自动提取和自然资源变化图斑全生命周期管理等技术。

2.3　自然资源卫星遥感智能解译监测关键技术

自然资源卫星遥感监测技术体系构建关键是实现卫星数据自动处理、信息智能提取和在线应用服务。针对自然资源卫星遥感监测，重点突破基于工作流的监测生产线智能流转与可插拔模块调度控制、遥感影像样本知识库构建、复杂场景自然资源变化自动提取、自然资源特定目标自动提取和自然资源变化图斑全生命周期管理等技术。

2.3.1 基于工作流的监测生产线智能流转与可插拔模块调度控制技术

要实现在轨陆地卫星当天数据、当天处理，每日数据处理量大，如仅2m级影像每日数据处理量近600景，约$200 \times 10^4 km^2$，需要建立高度集成化的影像处理生产线。为实现监测信息产品批量化、自动化和定制化生产，采用基于工作流的监测生产线构建技术，即根据陆地卫星遥感监测技术流程将数据处理过程划分为5个大流程、25个小环节，针对每个环节进行模型算法封装，形成相对独立的处理单元，通过可插拔模块调度控制技术实现灵活可控的调度机制，建立集卫星数据预处理、自动信息提取、人机协同编辑、成果建库以及应用服务于一体的卫星遥感监测全链条生产线，达到整个生产线的自动化运行、积木式组装、多点并行和多终端调度，满足各类陆地遥感监测的定制化应用需求。总体技术流程如图2.3所示。

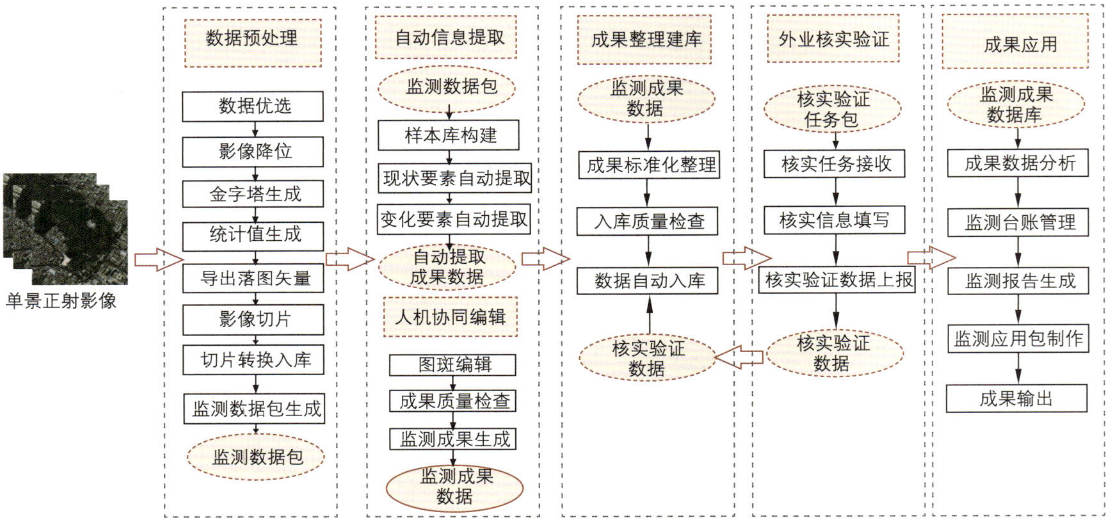

图 2.3 可插拔式模块调度控制技术流程图

2.3.2 遥感影像样本知识库构建技术

我国幅员辽阔，自然资源种类多样，不同自然资源类型影像特征存在时空差异，为保证自动信息提取结果的高精度和高可靠性，需要采用深度学习等高鲁棒性智能解译技术，构建高质量遥感影像样本知识库。为了保证样本质量，一是按全国自然地理分区、遥感卫星载荷类型和各种自然资源类型影像时空变化特征，按遥感卫星载荷类型进行分区域、分类型样本采集；二是采用深度对抗网络（GAN）、迁移学习等技术，对遥感影像进行云、雾消除和辐射一致性处理，减少不同来源卫星影像数据差异；三是按照统一技术标准进行样本采集，要求样本图斑影像纹理清晰、特征明显，采集的图斑边界与对应影像套合精度小于2个像素，要求不同样本图斑无重叠；四是采用已有国土调查数据及众源语义知识等数据进行补充；五是在样本数量不足的情况下，为提高模型的可推广性，以高质量样本为基础进行适度样本增广。同时，应用地物知识库进行辅助推理，解决极个别地区的样本缺乏问题。

2.3.2.1 样本采集

在分析典型自然资源地类目标在不同时相、尺度、类型遥感图像上的光谱、纹理、形状、几何拓扑、空间上下文关系等特征信息的基础上，建立样本采集标准。变化检测样本包括前时相、后时相影像数据和对应变化类型数据，2m级变化检测样本影像行列数采用512×512，要素分割样本行列数采用1024×1024。

2.3.2.2 样本增广

针对采集样本，也可通过平移、旋转、翻转、缩放、增加噪声、亮度拉伸、色彩变换、拼接、填充、叠置等处理，以及训练具有自组织、自生成能力的模拟样本生成模型，获得多样化学习样本，为提升模型泛化能力奠定基础。增广比例一般不大于50%。

2.3.2.3 地物知识库构建

通过对已有土地利用/土地覆盖产品、地学知识文档的知识抽取、知识表示、知识融合等处理形成知识库，实现对深度学习网络地物智能解译的辅助推理。

2.3.3 复杂场景自然资源变化自动提取技术

自然资源变化信息提取主要针对新增建（构）筑物、新增推堆土、新增线性地物、新增高尔夫球场、新增光伏用地等建设用地变化，以及耕地、园地、林地、草地、水域、湿地等变化状况，应用场景相对复杂，大区域范围提取结果存在大量伪变化。主要技术解决方案为：一是针对复杂应用场景中变化目标尺度多变，部分变化目标较小且表现为数据稀疏问题，采用深度学习卷积神经网络按照不同地物特征分别构建变化提取模型；二是以任务需求和应用目标为导向，建立业务化应用技术流程，充分利用业务数据和先验知识去除伪变化，包括任务规划、影像镶嵌配对、变化图斑提取、面向对象去伪、属性计算、矢量化、成果质检与归档等环节，技术流程如图2.4所示。

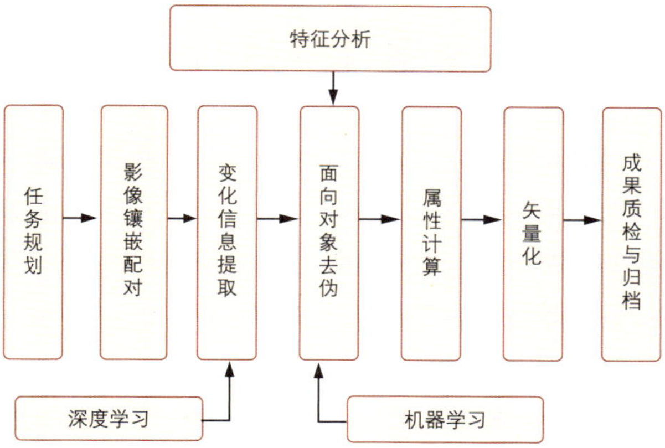

图 2.4 自然资源变化自动提取技术流程图

2.3.3.1 任务规划

综合运用遥感技术、地理信息技术、计算机技术等，构建任务规划功能，实现对多任务区、多类型文件的任务数据批量优选。任务规划主要将后期影像范围与前期影像范围进行比对分析，实现对任务所需影像数据的快速筛选和管理。

2.3.3.2 影像镶嵌配对

依据任务规划文件确定两期影像的关联关系、多幅影像间的重叠关系，根据后时相影像范围对前时相对应影像进行镶嵌处理，保证两期影像空间范围一致。

2.3.3.3 变化信息提取

以PyTorch等主流框架为基础，采用Efficientnet、ResNet等特征提取骨干网，组建编码器-解码器结构的语义分割模型，如U-Net、PSPNet、DeeplabV3+等，并结合Siamese孪生网络思想，构建深度神经网络遥感变化信息提取框架。通过特征提取、决策模型、模型训练、配置文件、模型处理等，开展自然资源变化信息自动提取。提取框架如图2.5所示。

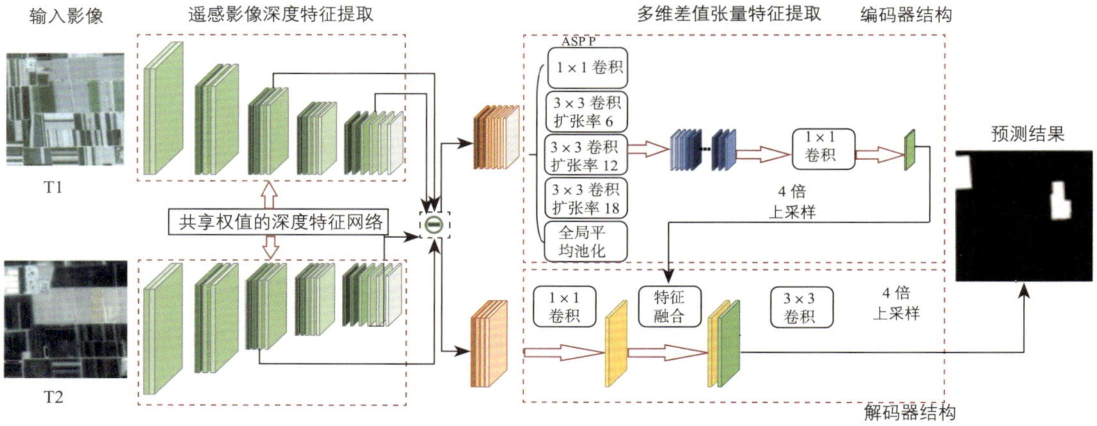

图 2.5 深度神经网络遥感变化信息提取框架图

2.3.3.4 面向对象去伪

针对前后时相影像在数据源、辐射差异、色彩差异等问题导致的伪变化，引进时序影像对比统计策略，利用关键特征因子进行相似性判断，基于面积、狭长度、紧致度、亮度、植被覆盖度等形态学特征限制及相似性指标进行小图斑/伪图斑去除。

2.3.3.5 成果矢量化

针对深度学习提取变化图斑的概率栅格图进行矢量化处理，包括二值化、最大最小分析、去小面和矢量的抽稀平滑处理等。

2.3.3.6 成果质检与归档

包括图形检查、属性更新、属性检查、月度合成、季度合成以及按需求定制合成等。

2.3.4 自然资源特定目标自动提取技术

自然资源特定目标主要是专题性监测中关注的别墅、高尔夫球场、光伏用地、大棚房等特定地物。特定目标监测通常在大区域范围下进行提取，目标样本数量相对较少，主要通过多维样本增强、自动提取模型选取和小样本条件下深度学习模型优化迭代等方式提高检测精度。

2.3.4.1　多维样本增强

数据样本的多样性对于提高算法模型的精度和泛化能力非常关键。多维样本增强主要包括常规增强、辐射增强和样本泛化等方面。常规数据增强包括随机几何变换和随机颜色抖动两种，辐射增强包括直方图均衡化增强、基于拉普拉斯算子的图像增强、基于对象Log变换的图像增强以及基于伽马变换的图像增强等方式，样本泛化的主要实现方式是通过增加负样本的数量，降低误检测率、误识别率。

2.3.4.2　自动提取模型构建

面向不同自然资源要素监测任务需求，根据要素分布特点、地表覆盖类型和形状结构特征等确定深度学习模型。如光伏用地检测采用Efficientnet网络，大棚和别墅识别采用DeepLabV3+模型。

2.3.4.3　小样本条件下深度学习模型优化迭代

针对自动提取中的小样本问题，为提高深度学习样本构建效率和效果，采取边标记样本边训练网络的方式，即首先标记少量样本，然后快速训练验证模型精度，再根据验证结果进行针对性的样本补充，重复以上步骤直到样本数据达到应用所需质量要求，具体流程如图2.6所示。

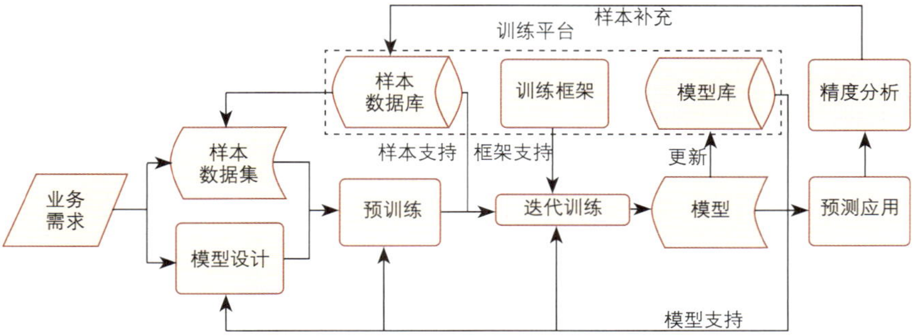

图 2.6　智能迭代训练流程图

2.3.5　自然资源变化图斑全生命周期管理技术

自然资源变化图斑全生命周期管理主要实现对图斑在任意时点和任意时段时空特征、属性状态及处置状况进行追溯分析。一是通过图斑唯一编码，精准记录图斑时空属性，支撑图斑数据的唯一身份认证；二是通过变化信息数据区块映射机制，全面记录图斑在不同时点上扩大、缩小、合并、分拆等几何和属性变化情况；三是针对所有图斑数据自动绑定生成唯一对应的不可逆加密标识，防止图斑数据篡改及随意复制等；四是针对图斑在不同时点上几何或属性变化情况构建时空相关模型，支撑变化图斑源头可追溯、流向可跟踪、信息可查询、责任可追溯。

第二章

自然资源卫星遥感智能解译样本库建设

样本库是以深度学习为代表的智能化解译模型应用的基础，高质量的样本是保障智能解译精度的重要条件。一般通过人机交互解译勾绘提取方式，利用地理国情普查等数据及开源数据等（如OpenStreetMap）进行样本的采集。为有效训练具有自适应性、准确率高、普适性强的典型地物深度学习算法模型，遥感影像样本数据集按照不同分辨率、不同年份进行归类，并将其分为两个部分：样本训练集、样本测试集。

3.1 解译样本库设计

面向典型自然资源要素信息自适应快速识别与提取需求，建立样本特征信息组织与存储模型，实现海量对象特征知识的有效组织与存储；综合考虑地理生态分区与不同自然资源要素地域分布情况，结合多源遥感数据自然资源要素识别能力，制订遥感影像典型自然资源要素解译样本要素分类与整合映射体系；针对不同区域、不同地形、不同季节时相及不同传感器等条件下复杂、多样的遥感影像属性与特征描述，制订涵盖传感器、分辨率、时间、坐标以及光谱、几何、纹理、指数等样本特征数据结构，并建立了相应的特征算法动态库映射接口；针对不同典型自然资源要素样本特点，建立相应的识别提取样本特征组合及操作逻辑；建立高效索引机制，建立动态分级索引，解决大数据量的检索、推理分析、更新效率问题。结构设计框架如图3.1所示。

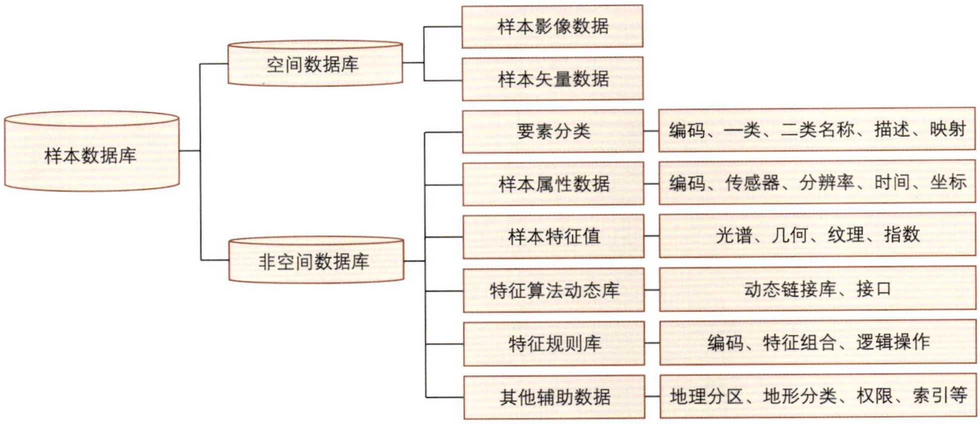

图 3.1　典型自然资源要素样本与特征库结构设计

3.2 样本与特征提取与入库工具研发

研发了典型自然资源要素样本与特征提取和入库工具，以多源国产卫星遥感影像为数据源，以已有地表要素覆盖矢量数据为辅助信息，提取了典型自然资源要素影像样本数据及计算样本光谱、几何、纹理、专题指数等特征信息。其中光谱特征算法包括均值、亮度、标准差、贡献率、最大异质性等；几何特征包括面积、长度、宽度、长宽比、像元数、不对称、边界指数、紧致度、密度、主方向、形状指数、椭圆拟合、矩形拟合、圆滑度、最大内接椭圆半径、最小外包椭圆半径、矩形度、细长度等；纹理特征包括同质度、对比度、非相似性、均值、标准差、熵、角二阶矩、相关性等；专题特征指数包括植被指数、水体指数、阴影指数、建筑物指数等。

3.3 基于迁移学习的样本库扩充

地表覆盖语义分割通常需要为待分割影像建立样本库，但是在没有先验知识的区域（如境外区域）建立样本库难度很大，导致没有先验知识的区域地表覆盖分割样本缺失；此外，样本标注数量与标注所耗费的人力物力成正比。针对境外样本缺乏导致机器学习算法不能发挥作用的问题，利用境内大规模先验样本库，提出了基于特征相似性约束下的境内样本筛选方法，依据境外少样本的特征从境内大规模样本库中筛选出特征相符合的同类样本，以扩充境外区域的先验知识库，为境外要素提取模型提供训练样本。

3.3.1 基于粒子群优化的TrAdaBoost样本迁移方法

TrAdaBoost是经典的样本迁移方法之一，但在实际生产应用中存在过度强调分类困难样本、源域样本收敛过快和源域、目标域样本数量不匹配等问题，导致地表覆盖分类精度不佳。

针对上述问题，提出一种基于粒子群优化的 TrAdaBoost 样本迁移方法。该方法通过选取与待分割影像特征分布接近的已有标记样本，利用改进的粒子群优化算法对卷积特征进行特征选择，得到降维后的卷积特征，提高特征的辨识能力；为了降低源域样本权重的收敛速度，考虑源域和目标域样本的像素级分类误差，利用改进的校正因子更新源域样本权重；在每次迭代中，为了处理权重不匹配问题，从训练数据集中删除权重低于设定阈值的源域样本，不断提高训练数据集的质量。改进粒子群优化的 TrAdaBoost 样本迁移方法的总体框架如图3.2所示，具体步骤包括特征提取、特征选择、权重更新和迭代筛选。

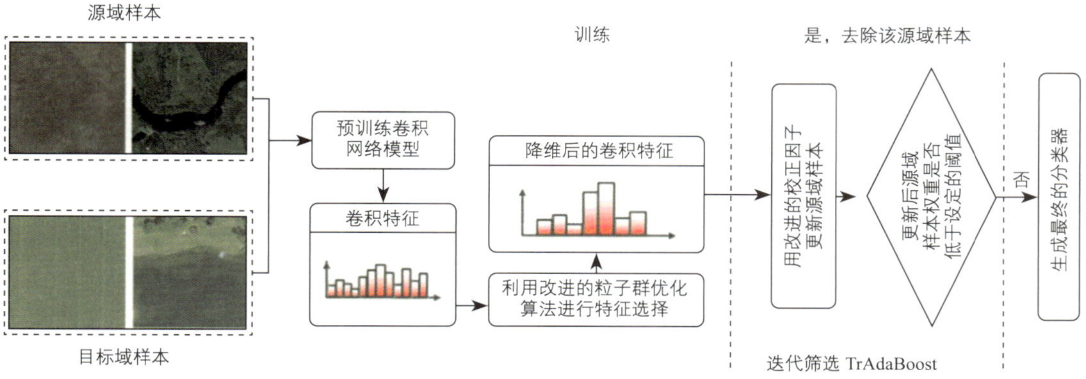

图 3.2 改进粒子群优化的 TrAdaBoost 样本迁移方法总体框架

提取源域和目标域样本的卷积特征。利用在ImageNet数据集上训练的ResNet101模型为所有源域和目标域样本提取卷积特征，卷积特征可以反映源域和目标域样本中隐含的高层语义信息。

基于改进粒子群优化的特征选择方法。特征的辨识能力对 TrAdaBoost 的性能有很大的影响。卷积特征中某些维度存在冗余，去除卷积特征中不重要或辨识能力不足的维度可以提高特征的辨识能力，粒子群优化算法在特征降维领域取得了较大成功，因此利用改进粒子群优化算法对卷积特征进行降维。

卷积特征中存在一些冗余的维度，对区分相似地表覆盖场景类别存在负面影响。传统的粒子群优化算法通过选择权重最高的维度找到辨识能力最强的特征子空间，算法搜索速度快、可以记忆历史参数且需要调整的参数很少。但是传统粒子群优化算法没有考虑不同粒子之间的相关性，导致收敛速度偏慢。改进的粒子群优化算法去除传统粒子群优化算法中的速度分量，搜索过程仅由粒子位置控制，可以提高搜索最优特征子空间的速度。

利用改进的校正因子更新源域样本权重。考虑目标域分类误差的影响，传统的校正因子不仅可以避免源域样本中存在的权重偏移，而且可以保持目标域样本权重的收敛速度和减缓源域样本的收敛速度。传统的校正因子假设 TrAdaBoost 可以准确区分源域样本，但是 TrAdaBoost 会错分部分源域样本，降低了校正因子的准确性。因此在改进的校正因子中同时考虑源域和目标域样本的分类误差，获得更准确的权重，更好地降低源域样本权重的收敛速度。

迭代筛选 TrAdaBoost。在地表覆盖样本迁移分类中，源域样本数量远大于目标域样本数量，导致源域、目标域样本权重不匹配。原始 TrAdaBoost 分类器在每次迭代过程中调整源域错误分类样本的权重，不会从训练数据集中删除错误分类的源域样本，在源域、目标域样本分布存在差异时不利于提高分类器的识别能力。因此，使用迭代筛选 TrAdaBoost 方法解决上述问题时，需删除权重低于设定阈值的源域样本，在迭代中减少权重不匹配现象对 TrAdaBoost 的负面影响。

针对样本迁移方法中存在的未充分利用目标域隐藏标签信息、部分源域样本对训练有负面影响、过度重视困难样本、源域样本权重收敛过快和目标域、源域样本权重不匹配等一系列问题，提出改进粒子群优化的 TrAdaBoost 样本迁移方法，可以获得91.21%的最高地表覆盖分类精度。

该方法可以减少标注样本所需的人力物力。使用国内已有标记样本，对国外待分割影像包括裸地（未耕种的农田）、森林、公路、河流、停车场和居民区进行预测，仅需人工标记少量样本，利用基于粒子群优化的 TrAdaBoost 方法实现国内已标记样本对国外待分割影像的样本迁移，该方法相对 TrAdaBoost 方法在森林、裸地、居民区、停车场等类别上精度占优，在裸地、农田等类别的精度优于85%。在特征迁移层面，常用的地表覆盖特征迁移分割方法把少量目标域样本和大量源域样本映射到距离空间，在距离空间中减少特征分布差异并进行地表覆盖语义分割。

3.3.2　跨域距离度量学习方法

针对目标域和源域样本间存在的特征对相似光谱场景辨识能力不足、类内差异和类间相似性等问题，提出使用少量目标域样本数据的跨域地表覆盖分类框架 CDDML方法。该方法总体框架如图3.3所示。

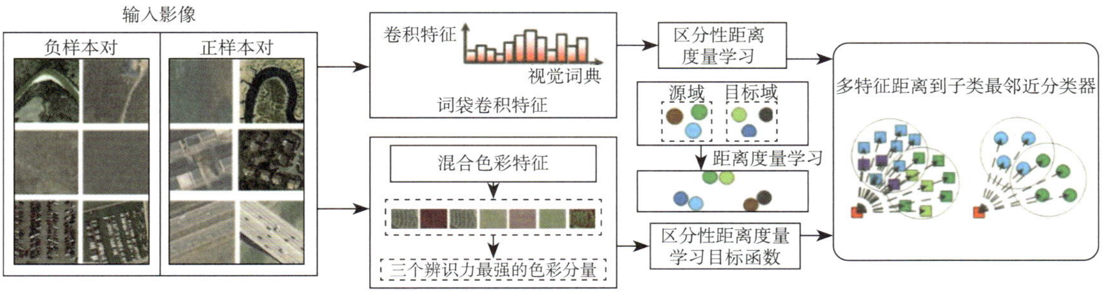

图 3.3　跨域距离度量学习方法总体框架

从跨域样本中选择合适的正、负样本对，每个样本对包含来自源域和目标域的影像，即每个样本对由目标域样本和源域样本组成。正样本对中两个样本的标签相同，而负样本对中两个样本的标签不同，其中源域样本数据丰富但目标域训练样本有限。选择正样本对的原则是选择与目标域样本标签相同但光谱差异较大的源域样本；选择负样本对的原则是从源域样本中选择与目标域样本标签不同但光谱相似的样本。正样本对和负样本对可以增加跨域遥感影像的类内差异和类间相似性，增加了样本的训练难度，提高了学习到新特征的辨识能力。

从所有候选色彩空间中选择辨识能力最强的三个颜色分量组成混合色彩特征，对每张影像计算混合色彩特征，提高光谱特征向量的辨识能力，减少光谱差异对距离度量学习的负面影响。对所有源域和目标域样本利用预训练卷积神经网络提取卷积特征，得到区分能力更强的高层语义特征。

利用DDML方法分别为混合色彩特征和卷积特征计算最优距离度量$A1$和$A2$，在距离空间减少正样本对的类内差异和负样本对的类间相似性，减少跨域类内差异和类间相似性对距离度量学习的影响。

将学习到的距离度量（$A1$和$A2$）投入多特征影像到子类最邻近分类器中。对所有样本的混合色彩特征和卷积特征分别进行聚类，得到若干个子类。计算每个测试影像到所有子类的距离，把两种特征计算的距离加权融合，减少类内多样性对最邻近分类器的影响。

该方法可以减少标注样本所需的人力物力。经测试，在仅标注少量样本的情况下，裸地和植被类别上可以获得较高的分割精度；混合色彩特征、区分性距离度量学习和多特征影像到子类最邻近分类器可以提高地表覆盖语义分割精度。区分性距离度量学习对提升地表覆盖分类精度的作用最大，多特征影像到子类最邻近分类器次之，混合色彩特征的作用最小，可以在特征空间中减少类内差异和类间相似性，降低相似地表覆盖错分的可能性。

3.4 基于模型迁移的样本库扩充

在境外样本缺乏的情况下，引入半监督迁移学习的思想，构建一种典型要素样本自动提取方法。该方法首先利用境内已有的要素样本集，训练语义分割网络，得到要素提取模型，并将其应用在无样本的境外区域进行要素提取，利用要素提取模型在境外自动获取大量同类样本，并通过机器学习进行迭代筛选与纯化样本数据筛选，形成境外样本集，实现境内模型到境外模型的迁移。以居民地要素为例开展了实验验证，通过大范围提取测试验证了本方法的有效性。具体流程包括数据准备、半监督迁移学习模型构建、结果测试。

3.4.1 数据准备

使用的影像数据均由国产ZY3卫星星座获取。影像预处理包括正射校正和影像融合。为消除影像中存在的系统误差和地形起伏引起的影像偏移，使用美国地质调查局USGS制作的GMTED2010全球地形高程数据作为数字高程模型，进行RPC正射校正。采用Gram-Schmidt数据融合方法将多光谱影像与全色正视影像进行融合，并将数据重采样至2m，调整坐标系为WGS-84坐标系。

考虑到模型迁移问题，应尽可能选择与研究区域相近的样本。根据气候分区在全球范围内共建立了31个气候类型，其中越南河内市位于亚热带湿润气候区。为此在我国境内筛选所有位于同一气候带，且含云量在20%以下的ZY3卫星影像，共得到分布在广东、广西、贵州、四川、陕西、重庆、安徽7个省（自治区、直辖市）的ZY3卫星影像共22景，总覆盖面积达3900km^2，使用全国地理国情普查数据中的房屋建筑类别作为境内房屋标签。将影像及其对应的标签数据进行50%重叠裁剪，裁剪大小为512像素×512像素，最后得到总样本数为31613张。

3.4.2 半监督迁移学习模型

首先，利用境内房屋数据集训练语义分割网络，在测试区域得到房屋提取结果；其次，通过分析房屋与居民地的相关关系，采用多尺度形态学运算将房屋结果转换为居民地；最后，在测试区域构建居民地数据集，用于语义分割网络的训练，得到测试区域的居民地提取结果，整体技术路线如图3.4所示。

本节使用的地理国情普查中的房屋建筑标记主要包括独栋房房屋以及连片房屋建筑，居民地常指城镇和乡村集中居住区域内被连片房屋建筑遮盖的地表区域。居民地包含该区域内的硬化地表及林草覆盖等，如图3.5所示。

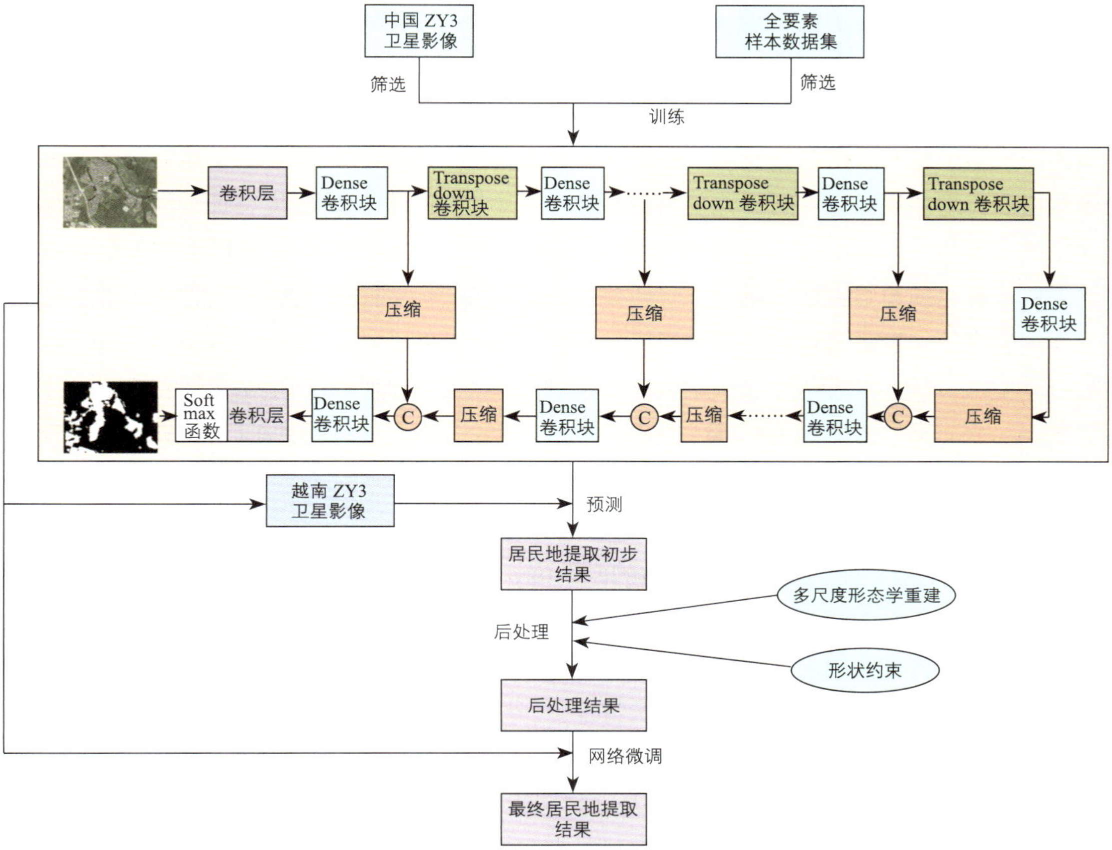

图 3.4　半监督迁移学习模型流程图

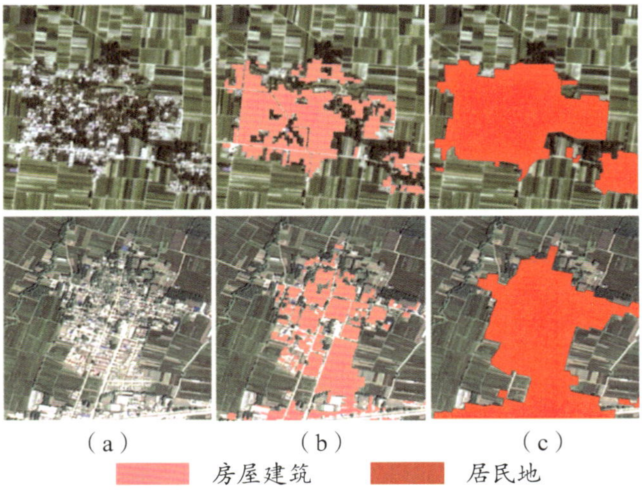

图 3.5　房屋建筑和居民地的对比

对比发现居民地将独立或连片的房屋建筑以及其周围的硬化地表、植被等整合为一个整体，这使得从图像处理角度能够将房屋建筑转化为居民地。技术人员往往通过某固定大小窗口内居民地的占比来判定该窗口是否为居民地，但实际上居民地具有多尺度特性，不同大小的居民地对应的最佳窗口尺寸不同，为此设计了使用多尺度形态学运算从房屋建筑中获得居民地强度特征，再经阈值分割获得居民地范围。居民地强度特征能够刻画居民地的空间分布模式。首先，基于三种不同大小W1、W2、W3的窗口，采用半重叠窗口移动的方式计算当前窗口内居民地强度，得到不同窗口大小下的强度值；其次，将三个尺度下的强度值直接相加进行融合，得到居民地强度（Residential area intensity, RAI），并将RAI归一化至[0, 1]之间；最后，对RAI进行阈值分割，得到最终的居民地结果。将窗口大小设置为10、20、30，对应实地距离为20m、40m、60m，分割阈值选取0.1，能够得到可靠居民地结果。

网络训练与后处理方法如下：

（1）利用多功能重用网络（Multiple-feature reuse network，MFRN），选取和越南测区位于相同气候带的样本，用于网络训练。MFRN是针对常用CNN模型使用不同层次图像特征时存在的问题所提出的一种CNN体系结构，其中每一层都连接到所有相同大小的后续层，从而能够直接使用每一层中的层次特征。

注意力机制是提取输入信号最有用信息的有效工具。通过使用激活函数（如SoftMax或Sigmoid）和顺序技术来实现注意力机制。近年来，注意力机制已广泛应用于图像字幕、图像分类、视觉问答和图像识别等领域。研究表明，注意力机制可以强化目标所特有的一些神经元，提高它们的表现力。

（2）结果后处理。为进一步优化提取结果，我们对网络模型训练得到的预测结果进行了后处理，加入了形状约束和多尺度形态学重建。能有效地解决多类型居民地差异化问题。

（3）网络微调。将后处理的结果作为越南地区的样本，对上述步骤中得到的网络模型进行微调，经模型预测，得到最终提取结果。

3.4.3 结果测试

如图3.6所示，三个示例展示了原始影像（a），经信息提取后转换为房屋提取结果（b），经多尺度形态学处理由房屋转换为居民地样本结果（c），经网络训练得到居民地最终结果（d）以及对应的地面真值（e）。其中，示例P1位于城市中心区域，具有密集的居民地；示例P2展示了农村地区包含有众多小房子的居民地；示例P3是城郊地区，有较多尺寸不一，或独立或密集的居民地。（b）表明房屋提取只能得到零碎且独立的房屋建筑，尤其是在乡村和城郊地区，但房屋的范围多为居民范围的子集，经多尺度形态学处理得到如（c）所示的居民地样本，该结果相较房屋提取结果，能够将相邻较近的房屋合并到一起，并适度向外延伸一定距离，与地面真值相比可以得到较为准确，但不够完整的居民地范围。为此我们利用该居民地样本继续训练网络，从而得到最终的居民地提取结果，如（d）所示，该提取结果与前一步骤得到的居民地样本相比更加完整，与地面真值的范围十分相近。

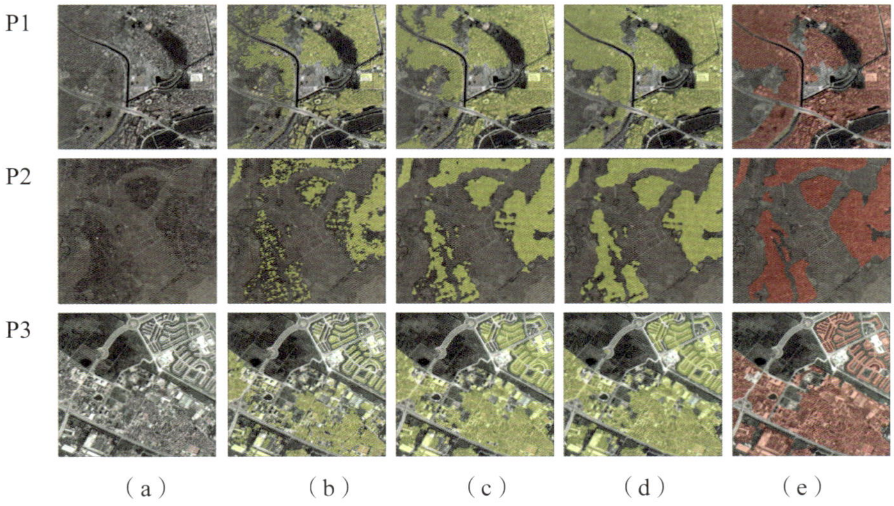

图 3.6　居民地提取中间及最终结果

为了显示结果的更多细节，展示了测试区域的几个放大区域，如图3.7所示，分别展示了原始影像（a）、居民地提取结果（b）、地面真值（c）以及提取结果与真值的叠加显示（d）。这里选取了位于城市中心、城郊以及农村地区的5个典型场景，其中P1代表城市中心区域，提取了连片的大型住宅区和大型商业区，同时去除了水体。P2和P3代表城郊内部房屋密集和稀疏两种不同的居民地，均能提取到准确且完整的居民地，且居民地外围的大片植被受到抑制。P4和P5表示的农村地区内部密集和稀疏的居民地也能被准确检测出，同时去除居民地周围的耕地，但对于内部的道路不能有效过滤掉。

对于面积约为1900km^{2}的测试区域，我们对中间结果以及最终提取结果均进行了精度评价。本节选取了精确率（Precision）、召回率（Recall）、F1指数（F1-Score）作为评价指标，其中精确率反映提取结果的准确程度，召回率越高代表遗漏程度越低，F1-Score作为二者的调和平均数，能够平衡两个指标的性能。

精度验证结果如表3.1所示，其中房屋提取结果代表使用境内房屋数据集训练网络得到的测试区域（境外）房屋提取结果，居民地样本表示上述结果经多尺度形态学处理得到点的测试区域居民地样本，居民地提取结果则是由居民地样本训练网络得到的。结果显示，F1指数和召回率较高，而且整体上取得了较好的分类效果，表明该方法能够解决在样本缺乏条件下有效提取境外居民地，如图3.8所示。

表3.1　基于半监督迁移学习的居民地提取精度

	准确率	召回率	F1-Score
房屋提取结果	0.9258	0.6062	0.7326
居民地样本	0.8689	0.8176	0.8425
居民地提取结果	0.8408	0.8718	0.8560

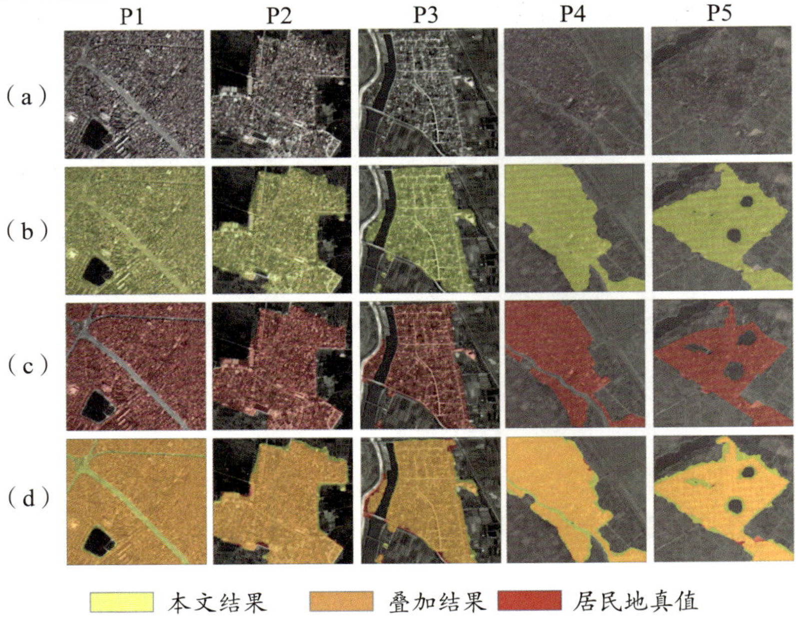

图 3.7　居民地提取结果

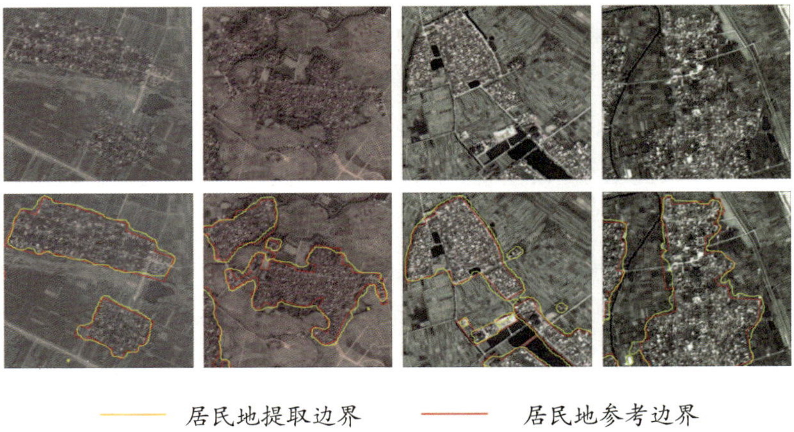

图 3.8　居民地提取边界与参考边界对比

3.5 基于对抗生成网络的样本增广

对于境外典型要素样本缺乏的问题，在有限训练样本情况下，研究利用现有较少的样本来增广训练样本的方法，有利于实现训练样本的标注多样性，从数据源头上解决或缓解遥感影像标注问题。针对高分辨率遥感影像数据，提出了一种条件最小二乘生成式对抗网络（CLS-GAN）模型用于数据增广。

3.5.1 条件最小二乘损失函数和框架设计

对抗生成网络（GAN）基本的模型结构如图3.9所示，G和D分别表示生成器和判别器。对于生成器G，其输入为随机变量z；对于判别器D，其输入为生成器G所生成的数据$G(z)$和真实数据x；$G(z)$表示由生成器G所生成的接近于真实数据分布P_{data}的样本。这里生成器G的目的是使所生成的数据$G(z)$在判别器D上的性能$D(G(z))$欺骗判别器，使判别器D无法分辨数据源真假；判别器D的目的是辨别数据来源的真（来源于数据x的分布）或者伪[来源于生成器生成数据$G(z)$的分布]。两者相互博弈对抗与迭代优化，在D的判别能力不再提升时，G的性能达到最优，此时生成器G学习到接近真实数据的分布。

在基础GAN框架下，其目的是尽可能将生成样本划分为负样例，真实样本分为正样例。

C-GAN的特点是在生成器和判别器中增加了条件限制，使GAN生成样本时具有目的性。C-GAN的基本模型结构如图3.10所示，其与GAN模型结构类似，由条件y限制的生成模型G与判别模型D构成，生成器与判别器的功能与GAN模型中的功能相同：生成器用于生成欺骗判别器的数据，使生成数据分布接近真实数据分布；判别器用于判别数据来源真伪。

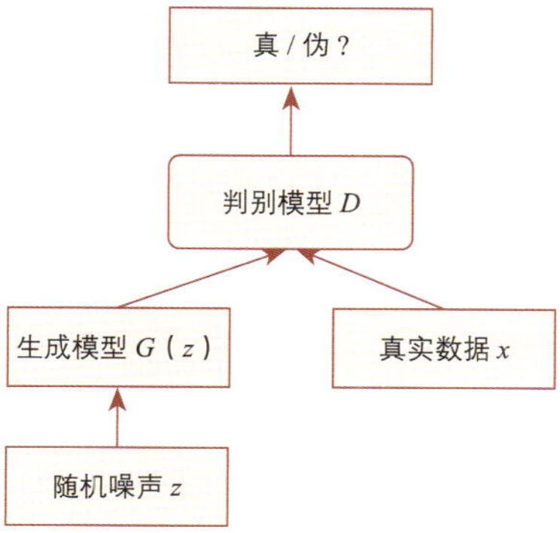

图 3.9 GAN 基本模型的结构与原理示意图

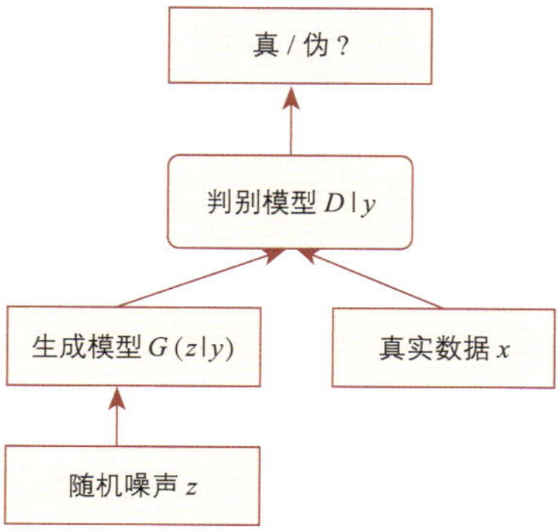

图 3-10 C-GAN 基本模型结构与原理示意图

CLS-GAN作为C-GAN的一种情况，同样是由生成器和判别器构成，并且在其中嵌入了限制条件y，使得CLS-GAN生成也具有了目的性。此外，考虑到设计CLS-GAN结构目的是为语义分割任务扩充样本，而语义分割方法的特点是要让分割界限更加准确。因此，在设计损失函数时，除了考虑限制条件y的因素外，还要考虑一次项来优化生成影像的边界信息。综合上述因素，CLS-GAN的判别器D和生成器G损失函数设计如下：

$$\begin{aligned}&L_{\text{CLS-GAN}}(D)\\&=\frac{1}{2}E_{x,y\sim p_d(x,y)}[D(x|y)^2+D(x|y)-a]\\&+\frac{1}{2}E_{z\sim p_z(z,y)}[(G(x|y)-b)^2+D(x|y)-b]\end{aligned} \tag{3.1}$$

$$\begin{aligned}&L_{\text{CLS-GAN}}(G)\\&=\frac{1}{2}E_{x,y\sim p_d(x,y)}[(G(x|y)-c)^2+D(x|y)-c]\\&+\lambda E_{z\sim p_z(z,y),x,y\sim p_d(x,y)}[\|y-G(z|y)\|]\end{aligned} \tag{3.2}$$

式中：a，b和c是用于调节生成器和判别器状态的变量；z是随机变量；式中的$\|y\text{-}G(x|y)\|$目的是让生成器目标函数更平滑一些；λ是相应项的调整参数。依照极小—极大值规则，可以得到最终的损失函数如下：

$$\min_G \max_D \{L_{\text{CLS-GAN}}(G,D)=L_{\text{CLS-GAN}}(D)+L_{\text{CLS-GAN}}(G)\} \tag{3.3}$$

生成器G子网络由编码器/解码器（encoder-decoder）与TanH函数构成，每一层的非线性激活函数为修正线性单元函数（ReLU）。具体来说，生成器G结构中，编码器/解码器卷积层的输出特征维度如下：

编码器（Encoder）：C256-C128-C64-C32-C16-C8-C4-C2

解码器（Decoder）：C2-C4-C8-C16-C32-C64-C128-C256

判别器D由五层卷积层构成，非线性激活函数也采用ReLU函数，同时考虑到设计CLS-GAN的目的是扩充语义分割数据，保证训练样本的多样性，在判别器D设计时，采用了权值共享机制，增加Softmax损失层作为语义分割类别预测层，使得在样本生成的同时，可以监控网络的性能，以便于在合适时机终止训练。

3.5.2 基于对抗生成网络的样本增广

图3.11以天地图影像为例展示了使用CLS-GAN实现由矢量到影像之间的转换，图中第一列为矢量，第二列为生成的影像，第三列为源目标影像。图3.12以EVLab-SS数据集中的影像展示了使用CLS-GAN方法实现由影像到影像之间的转换，转换后的影像类型包括QuickBird、GeoEye、ZY-3、WorldView卫星，以及SWDC传感器等17种不同卫星或者航片类型影像，使得训练样本规模由原来的48622张增广到826574张。

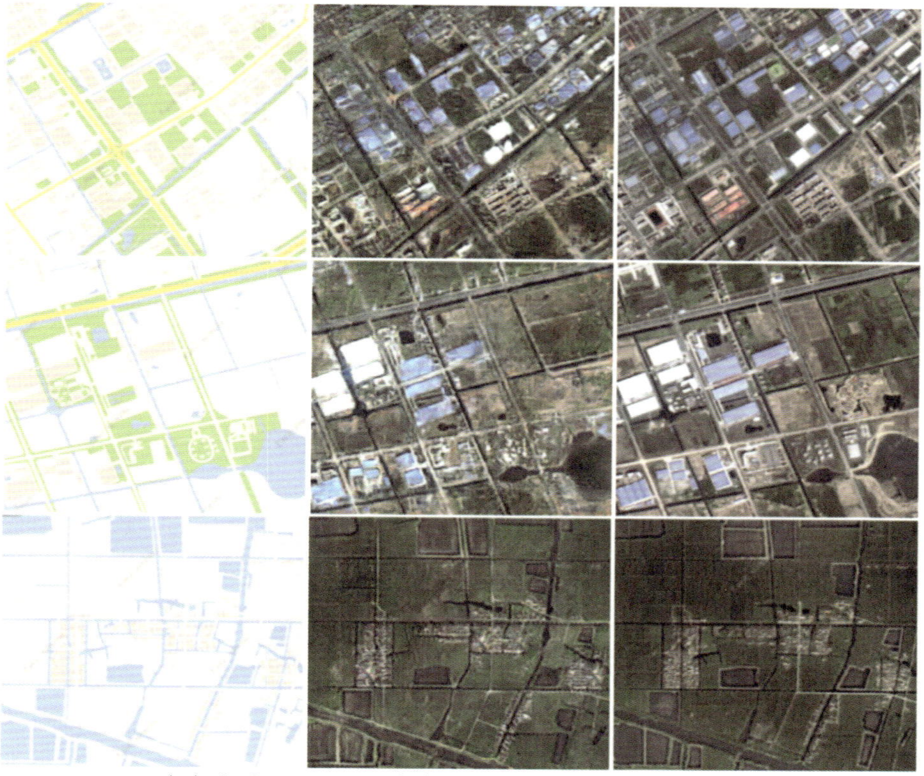

图 3.11　使用 CLS-GAN 方法实现天地图矢量到影像间的转换

图 3.12　使用 CLS-GAN 方法对 EVLab-SS 数据实现转换

第四章

交通要素智能提取方法

本章涉及的交通要素主要包含城市道路和公路。城市道路指连接城市内部空间的道路，公路是指城市道路以外的道路。利用遥感影像自动提取道路时，宽度应大于10像素，长度应大于500像素，无遮蔽。本章构建了端对端多任务深度学习网络框架，发展了顾及道路几何特性的追踪模型，实现了道路中心线和边线同时提取、拓扑信息自动构建及修正优化。

4.1 交通要素提取技术路线

针对现有利用语义分割和道路细化进行道路提取方法的不足，提出了基于卷积神经网络的道路中心线端对端提取方法。该方法通过利用卷积神经网络预测道路中心线显著性图并结合传统道路追踪，显著提升了道路中心线的定位精度，同时提升了道路提取的完整度与正确率。

该方法首先将现有道路语义分割真值处理为道路中心线显著性图，利用深度神经网络来训练模型，在模型预测出显著性图之后，利用非极大值抑制获取道路中心线；其次为了建立道路拓扑结构，提高道路提取完整度，利用道路追踪重建道路拓扑；最后根据道路的连通特性、方向特性，连接邻接的矢量要素；同时将空间不连接的道路连接，对于道路断裂采用共线链编组法，对于交叉路口采用路口检测算法，修正道路的拓扑关系，建立道路的拓扑关系网，以shp文件形式输出道路提取结果。提取流程如图4.1所示。

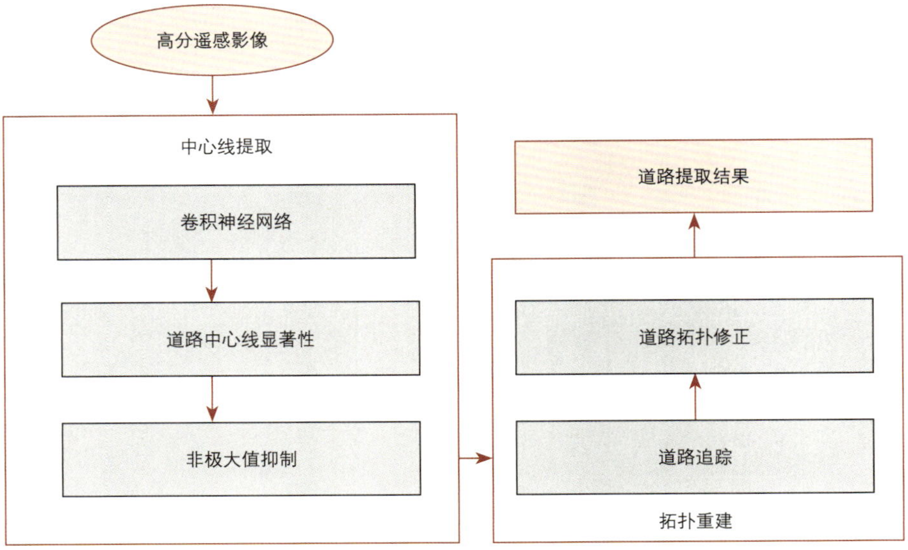

图 4.1 道路提取流程

4.2 基于显著性图预测和宽度估计的道路中心线与边线提取

遥感影像中道路中心线和边线的自动提取具有很广泛的应用。例如，可用于数字线划图生成、车辆导航、道路辅助设施提取等。对于这些任务，道路中心线和边线可以起到辅助作用，充分运用辅助信息可以有效地降低实施难度，提高任务效率。因此，道路中心线和边线的高精度定位具有重要的实用意义。

本书提出了一种基于显著性图预测和宽度估计的道路中心线与边线提取方法。道路显著性图用于表示高分遥感影像中每个像素位于道路中心线上的概率，同时提出了道路宽度图用于表示道路路面上每个像素所在的道路宽度，利用深度学习训练网络模型根据输入的高分遥感影像预测对应的道路显著性图和宽度图，并以此为基础提取中心线与边线。道路中心线与边线提取的基本流程如下：首先，通过训练卷积神经网络预测道路显著性图和宽度图；其次，对网络预测出的显著性图做非极大值抑制和道路追踪提取道路中心线；再次，利用网络模型预测的道路宽度图估计中心线所在道路宽度，提取道路双线；最后，利用张量投票提取道路交叉点，利用道路交叉点引导道路的感知编组，修补道路网断裂部分，进一步提高提取道路网的完整性与连通性。实验表明，该方法能够有效地提取高精度道路中心线与边线。

4.2.1 影像预处理

在图像信息提取中，图像质量的好坏会直接影响识别算法的效果和精度。因此在进行信息提取之前需要对图像进行预处理，预处理的目的在于消除无关信息，增强相关信息（道路、建筑物等）的可检测性，从而提高信息提取的可靠性。首先，通过对遥感影像做线性拉伸处理来增强图像对比度；然后，利用双边滤波对图像进行保边缘降噪平滑。

4.2.1.1 线性拉伸

图像线性拉伸是最常见的一种图像对比度增强算法，它的思想是对图像灰度级的范围进行动态调整。线性拉伸使用分段线性函数作为变换函数，可以对较暗的灰度区间进行拉伸来改善输出图像的质量，灰度线性拉伸公式如式（4.1）所示。

$$f(x)=\begin{cases}\dfrac{y_1}{x_1}x, & x<x_1\\ \dfrac{y_2-y_1}{x_2-x_1}(x-x_1)+y_1, & x_1\leqslant x\leqslant x_2\\ \dfrac{255-y_2}{255-x_2}(x-x_2)+y_2, & x_2<x\end{cases} \tag{4.1}$$

式中：x是原始图像灰度；$f(x)$为拉伸之后的灰度值。

对原始影像进行2%的线性拉伸，将灰度直方图累积在2%~98%的像元值拉伸到0~255。因此，在公式（4.1）中，x_1, x_2分别被设置为原始影像直方图累积在2%和98%的像元值，y_1, y_2被设置为0和255。

双边滤波是一种常见的图像去噪方法，它与高斯滤波器相比除了可以消除噪声之外，还能同时保证边缘不被平滑，使得图像细节不会在滤波过程中丢失。和一般的滤波原理一样，双边滤波用邻域内像素值的加权平均来代替滤波窗口中心像素的亮度值。双边滤波中权值的计算不仅与像素之间的欧氏空间距离（如普通滤波只考虑空间距离）有关，还与邻域内像素之间的色彩差异有关。双边滤波计算公式如式（4.2）所示。

$$I_p^{bf}=\frac{1}{W_p^{bf}}\sum_{q\in S}G_{\sigma_s}(\|p-q\|)G_{\sigma_r}(|I_p-I_q|)I_q \tag{4.2}$$

式中：I_p、I_q分别为像素p、q的输入图像；I_p^{bf}为滤波后图像；S为中心像素p的邻域范围，也就是滤波窗口；W_p^{bf}表示滤波窗口内的权重之和；G表示高斯函数；σ_S, σ_r表示高斯函数在空间域和颜色域的方差。

对彩色影像进行预处理实验。从资源三号影像中随机选取一块区域，依次进行影像的线性拉伸和双边滤波。影像预处理效果如图4.2所示，可以看出预处理在提高影像对比度的同时减小了噪声。

（a）原始影像　（b）线性拉伸　（c）双边滤波

图 4.2　图像预处理

4.2.1.2　道路中心线与边线提取

遥感影像中道路中心线定位与计算机视觉中心线结构提取有相通之处，二者都对定位精度要求较高，因此通过借鉴计算机视觉中心线提取相关算法，提出基于显著性图的中心线提取方法，道路显著性图表示高分遥感影像中每个像素位于道路中心线上的概率，在深度网络预测出显著性图之后，结合非极大值抑制提取道路中心线。提取出道路中心线后，通过估计道路中心线上每个道路中心点所在的道路宽度，进一步提取道路边线。利用道路宽度图来表示影像中每个像素所在的道路宽度，通过卷积神经网络，以遥感影像作为输入，训练网络模型预测对应的道路显著性图和宽度图。

4.2.1.3　线结构提取介绍

图像线结构的提取是计算机视觉中的研究热点，线结构提取有广泛的应用，如车道线检测、道路中心线提取、直线段检测、边缘提取等。在深度学习时代，图像线结构的提取主要包括先分割再后处理（细化）、端对端线结构提取等方法。

1）先分割再后处理的线结构提取方法

该策略常用于遥感影像道路中心线提取与医用图像血管检测，利用深度学习对遥感影像进行前背景分割，将影像中的像素分为道路区域与非道路区域，接着对道路区域进行细化，得到细化之后的道路中心线，通过后处理操作连接断裂的道路中心线，得到更加完整的道路网。该策略简单有效，实现难度较低，但是过分依赖道路分割的结果，一旦道路分割结果质量较差，将会直接影响中心线的提取结果，导致道路中心线毛刺较多。

2）端对端线结构提取方法

该算法适用于边缘检测，其主要思想是利用深度学习直接将图像中的像素分为边缘与非边缘两种类型。常用算法有DeepEdge、Hed、CASENet等提出的算法。

DeepEdge算法将传统图像处理算法与深度学习相结合，首先利用Canny算子提取候选边缘点，其次利用深度学习对候选边缘点进行二次分类，将其分为真正的边缘点和背景点。DeepEdge设计了KNet作为分类模型，以每个候选点为窗口中心，取4个不同尺度的区域，将其同时输入到KNet中由五层卷积层组成的特征提取器中，接着将卷积层输出的特征输入两个单独的网络分支（由全连接层组成），第一个分支用于对候选点进行分类（分为边缘或者背景），第二个分支基于回归测度计算候选点作为边缘的概率，在预测时，将两个分支预测值的平均值作为最终预测的结果。

Hed算法提出了一个image-to-image的边缘检测模型，使用了多尺度特征，利用多尺度网络模型输出了不同尺度下的边缘，将不同尺度下的边缘信息进行集成，得到最终的边缘检测结果。Hed在训练时使用了类别平衡的交叉熵损失函数，这是因为影像中背景占比超过90%，而边缘占比不到10%，传统的交叉熵损失函数无法处理这种正负样本极端不均衡的情况，使用改进之后的交叉熵损失函数能得到较好效果。

CASENet算法提出了感知边缘类别的语义边缘提取算法，在检测边缘的同时将边缘与对应的对象（如电线杆、行人等）相关联，既提出了基于深度残差网络的端到端语义边缘检测模型，还提出了多标签损失函数来监督网络的学习。

通过借鉴线结构检测相关算法，本书提出了基于道路显著性图的中心线提取算法，在利用深度网络模型预测出显著性图之后，再利用非极大值抑制提取道路中心线。由于道路边线与中心线总是成对出现，在提取出道路中心线之后只需要估计道路中心线上像素所在道路宽度，便能提取出道路边缘线。利用道路宽度图来表示影像中每个像素所在道路宽度，并利用卷积神经网络训练网络模型预测影像对应的道路显著性图和宽度图。

4.2.1.4　道路显著性图生成

$S=\{X_n,Y_n,Z_n,n=1,\cdots,N\}$表示原始道路训练数据集，其中，$X_n=\{x_j^{(n)},j=1,\cdots,|X_n|\}$表示第$n$个原始输入影像；$Y_n=\{y_j^{(n)},j=1,\cdots,|Y_n|\}$表示相应的道路中心线显著性图；$Z_n=\{z_j^{(n)},j=1,\cdots,|Z_n|\}$表示相应的道路宽度图；$x_j^{(n)}$表示原始影像中第$j$个像素；$y_j^{(n)}$，$z_j^{(n)}$分别表示中心线显著性图和宽度图中第$j$个像素的值。

道路中心线显著性图 Y_n 是二维图像，显著性图中每个像素的值表示该像素位于道路中心线的概率。道路显著性图具有以下性质：当像素 x_j^n 位于道路中心线上时，y_j^n 的值最大，随着 x_j^n 与道路中心线的距离增大，y_j^n 的值逐渐减小，当 x_j^n 与道路中心线的距离超过阈值 d_M，y_j^n 的值为0。道路中心线显著性图 Y_n 计算方法如式（4.3）所示。

$$y_j^n = \begin{cases} e^{a\left(1-\frac{D_C(x_j^n)}{d_M}\right)} - 1 & \text{if} \quad Dc(x_j^n) < d_M \\ 0 & \text{otherwise} \end{cases} \tag{4.3}$$

式中：$Dc(x_j^n)$ 表示第 j 个像素 x_j^n 距离道路中心线的距离；a 表示图像分割的区域个数；d_M 表示距离阈值。在实验中，a 和 d_M 分别被设置为5和7。

道路提取数据集中，道路标签通常为二值图像（图4.3），其中道路像素的值为255，背景像素的值为0。因此，需要将道路二值标签转换为道路中心线显著性图。首先采用骨架化操作将二值图像细化为道路中心线，接着按照公式（4.3）计算得到道路显著性图。

（a）原始影像　（b）二值标签　（c）中心线显著图　（d）道路宽度图

图 4.3　道路显著性图与宽度图可视化

4.2.1.5　道路宽度图生成

为了估计道路中心线所在的道路宽度，利用道路宽度图来表示道路中心线上的每个像素所在道路的宽度。道路宽度图的设计包括各种方法，最直观简单的一种宽度图设计方法为：将宽度图中道路中心线上像素的宽度值作为其所在道路宽度，其余像素的宽度值为0。在预测出道路宽度图和提取出道路中心线之后，宽度图中道路中心线上像素的值即为该像素所在道路宽度，接着根据道路宽度进行道路双线提取。

然而这种道路宽度图的设计存在明显不足，道路中心线的提取结果一般较真值会有些许偏差。例如，提取的道路中心线与真实值之间会存在一两个像素的偏移，在这种情况下，根据上述宽度图得到的道路中心线所在道路宽度会变成0，如图4.4所示，绿色区域表示背景像素，其道路宽度值为0，蓝色线条表示道路中心线真值，位于其上的像素值为该像素所在道路宽度，红色线条为道路中心线提取结果，因为提取的道路中心线与真实值之间存在偏移，导致道路宽度估计值为0，这显然是不合逻辑的。因此，在上述道路宽度图的基础上加以改进，生成了改进之后的道路宽度图。

改进之后的道路宽度图对于道路中心线取一定宽度大小的缓冲区，缓冲区之外的像素宽度值为0，缓冲区之内的像素宽度值为与其距离最近的道路中心点所在的道路宽度，如图4.5所示。蓝色区域为道路缓冲区，绿色区域为背景区域，黄色线段为道路中心线真值，位于缓冲区正中间，红色线段为道路中心线提取结果，尽管提取的道路中心线与道路真值有偏差，但是提取的道路中心线落在了缓冲区之内，仍然能够获得可靠的宽度估计值。在实验中，道路缓冲区设置为6个像素宽。

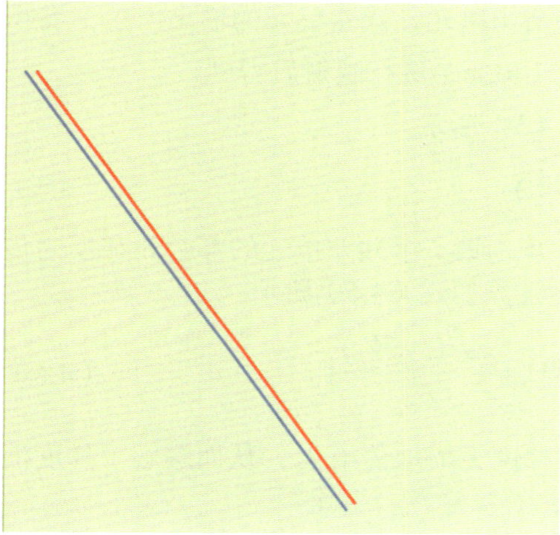

图 4.4 道路中心线偏移

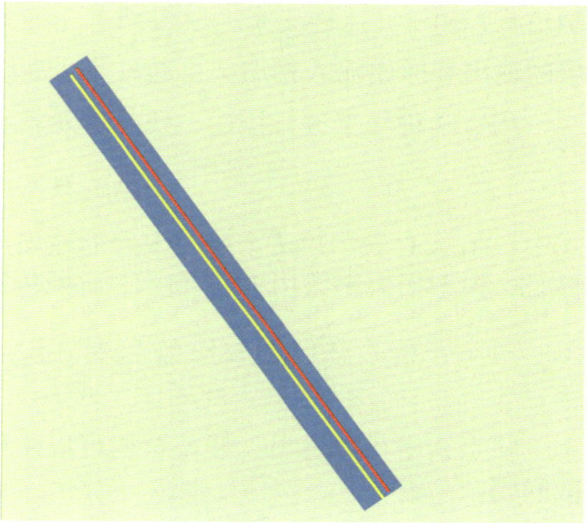

图 4.5 改进后的道路宽度图

道路宽度图 Z_n 计算方法如式（4.4）所示。

$$z_j^n = \begin{cases} W(x_j^n) & \text{if } P(x_j^n) = 1 \\ 0 & \text{othwewise} \end{cases} \tag{4.4}$$

式中：W（x_j^n）表示第 j 个像素 x_j^n 所在的道路宽度；P（x_j^n）表示 x_j^n 是否位于道路缓冲区上，是则为1，否则为0。

4.2.2 深度网络模型

通过训练卷积神经网络（CNN）来预测道路显著性图和宽度图。深度网络模型以高分遥感影像作为输入，以对应中心线显著性图和道路宽度图作为输出。除了卷积神经网络常见层（如卷积、池化、上采样、反卷积）之外，网络模型使用了在深度学习领域广泛应用的深度残差网络作为特征提取模块，同时利用空洞卷积来提高网络的感受野，以便充分利用上下文信息。

4.2.2.1 深度残差网络

一般来讲，深度卷积网络表示的学习能力是随着网络层数的增加而不断增强的。然而，当网络模型已经达到一定的深度之后，对网络层数的继续增加不会带来性能上的提升，反而出现了显著的退化。出现这种退化情况可能是由于发生了梯度消失，而非网络过拟合，这个问题仍然有待理论层面的研究和解决。

如果在已有较深的网络中多加几层恒等映射，那么网络虽然变深了，但是性能却不会退化。从这个思路出发，何恺明提出了深度残差网络，用残差学习来缓解网络训练过程中的梯度消失问题。

对于网络中的隐含层，当输入为x时其学习到的特征记为$F(x)$，我们希望隐含层学习到残差$F(x)= H(x)-x$，其中$H(x)$为我们期望学到的特征，因此隐含层的输出为$H(x) = F(x)+x$。这样一来，就得到了一种新的残差结构单元，残差单元的输出由多个卷积层的输出和原始输入相加，再通过非线性修正单元（Relu）进行映射后得到。

用数学符号来进行描述，残差单元表示如式（4.5）所示。

$$x_{l+1} = x_l + F(x_l, W_l) \tag{4.5}$$

式中：x_{l+1}, x_l 表示第 l 个残差单元的输出与输入；W_l为第 l 个残差单元的参数。在反向传播时，模型损失函数用 $Loss$ 表示，x_l 处传回的梯度计算如式（4.6）所示。

$$\frac{\partial Loss}{\partial x_l} = \frac{\partial Loss}{\partial x_{l+1}} \times \frac{\partial x_{l+1}}{\partial x_l} = \frac{\partial Loss}{\partial x_{l+1}} \times [1 + \frac{\partial F(x_l, W_l)}{\partial x_l}] \tag{4.6}$$

从上式中可以看出，残差结构可以使得 x_{l+1} 的梯度无损地传给 x_l，从而缓解了梯度消散问题。

在残差网络（ResNet）中，本书提出了两种残差单元，分别是常规残差模块（Basic block）和瓶颈残差模块（BottleNeck block）。常规残差模块对应较浅的残差网络，瓶颈模块对应较深的残差网络。残差单元中当输入与输出维度不一致时，无法直接相加，这时需要对输出特征添加一层映射来调整输出维度，一般采用增加少量计算量的1×1卷积。

残差网络（ResNet）的设计仿照了VGG19的网络结构，在其基础上进行修改。VGG网络结构的一个重要特点是：当特征图的尺寸缩小一半时，特征图的通道数会增加一倍，残差网络同样采用了这种设计模式。图4.6展示了34层的残差网络ResNet34。更深的残差网络总体结构和ResNet34是一样的，都由4个主要模块（block）组成，只不过每个block包含更多的残差模块。

4.2.2.2 空洞卷积

在图像分割领域，将原始影像输入到全卷积神经网络来输出对应的分割结果。为了提高网络的感受野，传统的卷积神经网络对输入图像先卷积（Conv）再池化（Pool）。池化虽然增加了网络模型的感受野，但是降低了输出特征图的尺寸，为了使得网络的输出与原始图像具有相同的尺寸，一般采用上采样（Upsampling）或者反卷积（Deconv）操作将池化（Pooling）后尺度变小的特征图恢复到原始的图像尺寸进行预测，输出原始影像对应的语义分割结果。在将特征图先进行降采样后进行上采样的过程中，一般会存在部分细节信息的损失。因此，有研究者提出了空洞卷积（Dilated Conv），在不做池化操作降低图像尺寸的情况下也能使得网络获得较大的感受野。

一维信号下的空洞卷积。$x[i]$表示输入一维信号，长度为 K 的一维空洞卷积核为 $w[k]$,对输入信号 $x[i]$进行空洞卷积得到的输出 $y[i]$计算如式（4.7）所示。

$$y[i]=\sum_{k=1}^{K}w[k]x[i+r\times k] \tag{4.7}$$

式中：r 为空洞卷积的步长，对于普通卷积，r 为1，在空洞卷积中，$r>1$。

二维空洞卷积与一维空洞卷积类似。二维空洞卷积如图4.7所示。

图4.7（a）表示rate为1的空洞卷积，也就是普通3×3卷积。图4.7（b）表示rate为2的空洞卷积，空洞卷积核的尺寸为5×5，卷积核中除了图中9个元素的权重不为0，其他元素的权重都为0。虽然该卷积核实际的尺寸也为3×3，但是卷积核的感受野为5×5，相比普通3×3卷积，在提高感受野的前提下并没有引入多余的参数。图4.7（c）表示rate为4的空洞卷积，该卷积核能够达到9×9的感受野。空洞卷积的优势在于提高网络的感受野的同时不需要利用降采样损失细节信息。

4.2.2.3 用于训练的网络结构

用于训练的卷积神经网络采用编码解码结构作为基础结构。本节将在ImageNet数据集上预训练的ResNet34去掉最后的平均池化层（Avg Pooling）和全连接层（Fully Connect），只保留网络前四个模块（即特征提取层）作为网络编码器，ResNet34网络结构如图4.6所示，用预训练的模型做初始化可以缩短网络的训练时长。编码器对输入影像进行特征提取，得到降采样32倍的特征图 F。整个网络采用两个解码器作为两个分支，一个分支用于预测道路显著性图；另一个用于预测道路宽度图。两个解码器采用同样的结构，每个解码器包含五层上采样层，对输入的特征图 F 逐层进行两倍上采样。为了消除网格效应，得到更加平滑的上采样结果，在每个上采样层后添加有两个卷积层，对上采样的特征图进行卷积之后采用ReLU非线性修正单元进行非线性映射，最后两个解码器分别输出道路显著性图和宽度图。

道路在卫星影像上通常表现为细长的条带状结构，而且由于道路与人类的生产和生活密切相关，具有丰富的上下文特征，如周边的建筑物、路面上行驶的车辆、道路两旁的树木、路中央的隔离带、高大建筑物的阴影等。因此，道路的识别极其依赖空间关系以及上下文特征。为了充分挖掘空间关系和上下文信息，本节采用多尺度空洞卷积模块来有效地提升网络的感受野。与此同时，空洞卷积并不会减小输入特征图的尺寸，丢失细节信息。本节将多尺度空洞卷积模块放置在网络编码器之后，当编码器对输入影像 X 进行特征抽取得到特征图 F 之后，将特征输入到空洞卷积模块中做进一步处理。

多尺度空洞卷积模块由五层空洞卷积层堆叠而成，卷积步长（rate）分别为1，2，4，

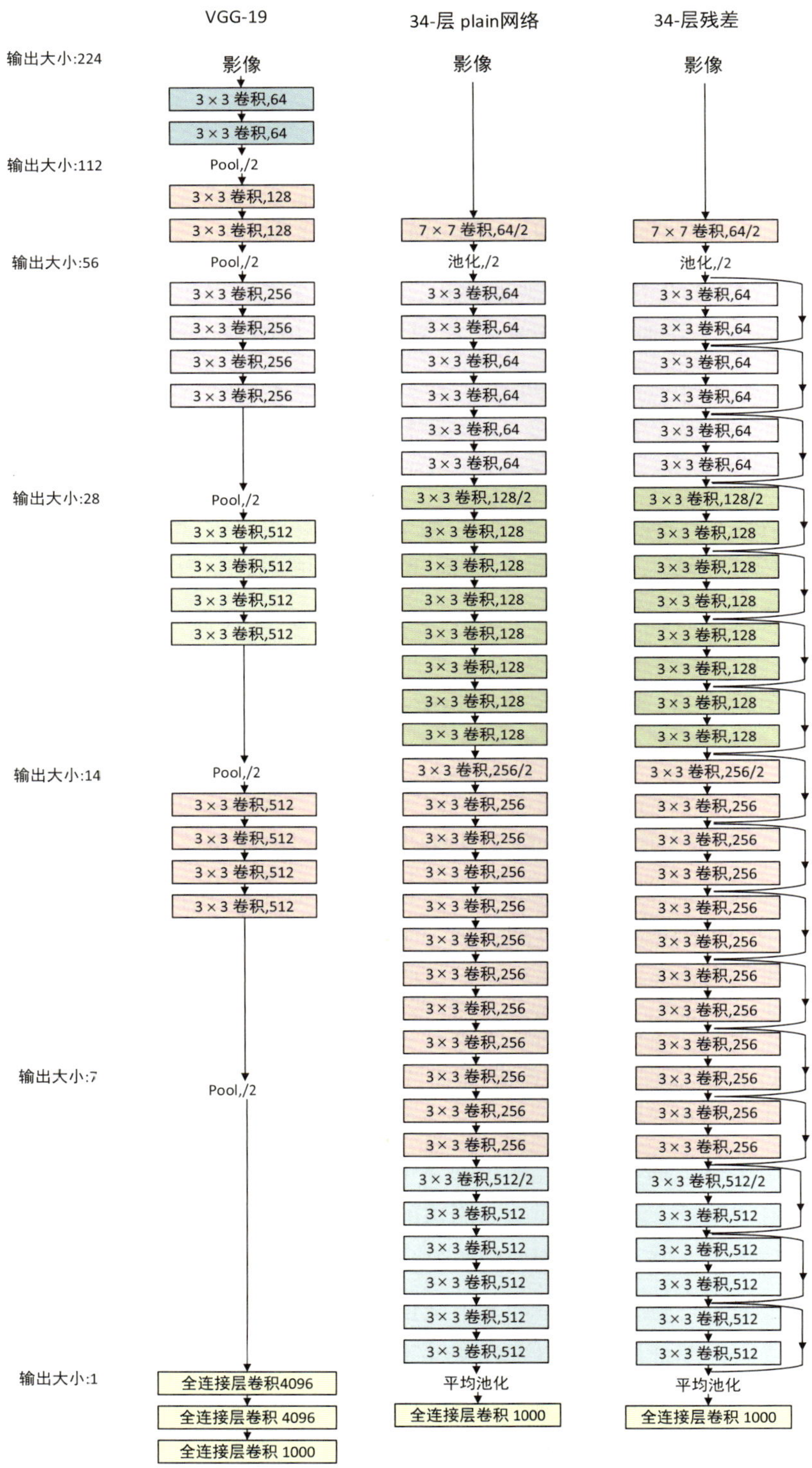

图 4.6　ResNet34 网络结构

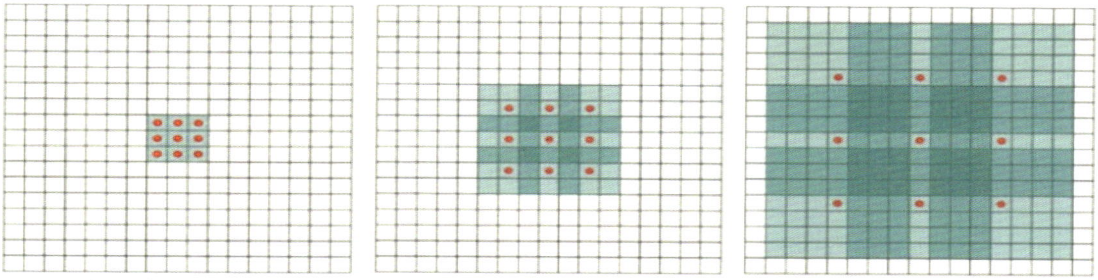

（a）普通3×3卷积　（b）3×3空洞卷积（rate=2）　（c）3×3空洞卷积（rate=4）

图 4.7　空洞卷积示意

8，16。网络的编码器ResNet有五个下采样层，假设输入影像尺寸为1024×1024，通过编码器后得到的特征图尺寸为32×32，接着特征图依次通过五个空洞卷积层，每个空洞卷积处理之后的特征依次相加形成了最终的特征。经过最后一层空洞卷积后，特征图中每个像素的感受野都为31×31，基本覆盖了输入特征的所有范围，因此空洞卷积模块对于探索图像上下文信息有很大的帮助。在通过空洞卷积模块得到特征图 $\widetilde{\mathrm{F}}$ 之后，将 $\widetilde{\mathrm{F}}$ 输入到两个解码器中，分别预测出道路显著性图和宽度图。

在模型训练过程中，输入遥感影像X，网络预测出道路显著性图 $\widetilde{Y}$ 和宽度图 $\widetilde{Z}$ 之后，利用显著性图和宽度图的真值Y和Z训练网络模型。本节采用均方误差损失函数（mean-square loss）作为网络的损失函数。训练道路显著图的损失函数L_Y和训练宽度图的损失函数 L_Z 定义如式（4.8）、式（4.9）所示。

$$L_Y = \frac{1}{N}\sum_p [\widetilde{Y}(p) - Y(p)]^2 \tag{4.8}$$

$$L_Z = \frac{1}{N}\sum_p [\widetilde{Z}(p) - Z(p)]^2 \tag{4.9}$$

式中：p代表显著性图和宽度图中像素位置；N表示像素总数。网络总体损失函数$Loss$为L_Y与L_Z之和，如式（4.10）所示。

$$Loss = L_Y + L_Z \tag{4.10}$$

4.2.2.4　中心线与边线精确定位

1）非极大值抑制提取中心线

道路显著性图具有以下性质，当像素x_j位于道路中心线上时，像素x_j的值y_j最大，随着x_j与道路中心线的距离增大，y_j的值逐渐减小。由此可知，位于道路中心线上的像素值在垂直于当前道路方向上时为局部极大值。因此在卷积网络（CNN）预测出显著性图M和宽度图W后，本节采用类似于Canny算子的非极大值抑制算法（NMS）从显著性图中提取道路中心线。

由显著性图性质所知，像素$p(x, y)$处梯度方向θ与$p(x, y)$所在道路方向相垂直，即若$p(x, y)$位于道路中心线，则$p(x, y)$的显著性在θ方向上为局部极大值，θ计算如式（4.11）所示。

$$\begin{cases} Dx = M(x,y) - M(x-1,y) \\ Dy = M(x,y) - M(x,y-1) \\ \theta = \arctan^{-1}(Dy,Dx) \end{cases} \tag{4.11}$$

基于非极大值抑制的中心线提取流程如下：

（1）对于显著性图中的像素$p(x, y)$，按照公式（4.11）计算其梯度方向θ。

（2）对于像素$p(x, y)$，比较在梯度方向θ上与p距离小于阈值的其他像素的显著性值，若p的显著性值为局部最大，则p位于道路中心线。如图4.8所示，$p1$和$p2$为θ方向上的像素，假设显著图为连续的，$p1$和$p2$的显著性值可通过线性插值得到。为了简化计算，采用最邻近采样计算$p1$和$p2$的显著性值。

（3）重复上述步骤，直到所有像素都被遍历一遍。

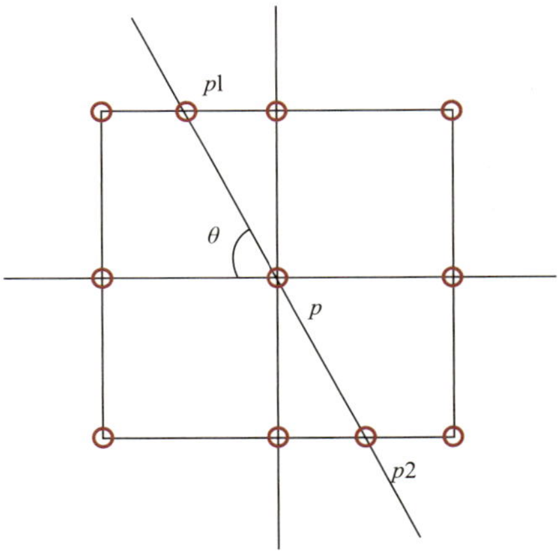

图 4.8　非极大值抑制示意图

通过非极大值抑制，道路中心线可被精确定位，道路中心线提取结果如图4.9所示。

2）道路中心线追踪与边线提取

虽然通过非极大值抑制可提取道路中心线，但是上述提取结果仅仅为二值影像C，$C=\{c_{i,j} \mid i=1,\cdots,H, j=1,\cdots,W\}$。式中，$i, j$代表像素行列号，$H, W$为影像$C$的宽和高。在影像$C$中，若像素（$i, j$）位于道路中心线，则其像素值$c_{i,j}=1$，若像素（$i, j$）位于背景，则像素值$c_{i,j}=0$。二值影像并不能表示道路拓扑结构，一般来说道路是由一系列道路中心点所构成，同一条道路中的中心点按照次序依次连接，而且中心点之间是互相连通的。如果从道路上的一点出发，沿当前道路方向不断前进，则该道路中的所有中心点将被遍历。为

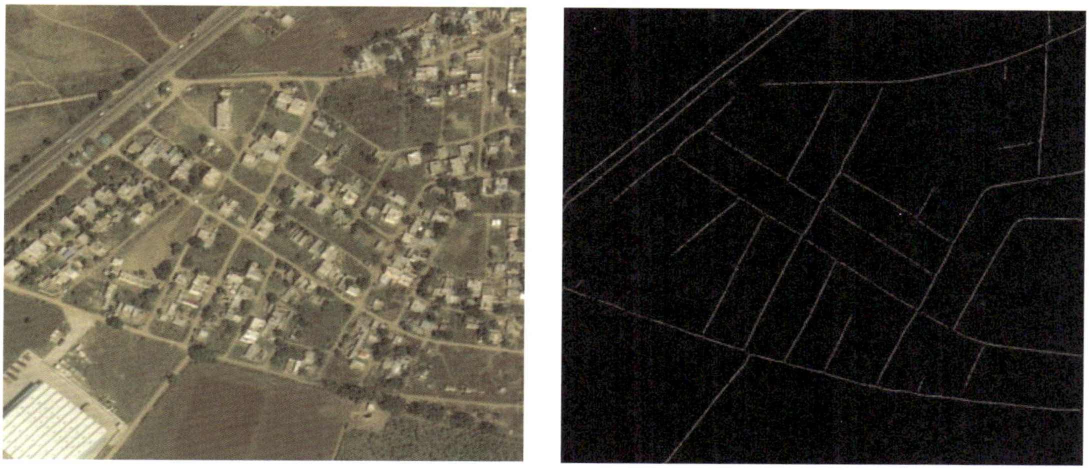

（a）原始影像　　（b）非极大值抑制提取的道路中线

图 4.9　非极大值抑制提取道路中线

了重建道路拓扑结构，利用追踪算法追踪道路中心线。

道路追踪由以下几个步骤构成：首先随机选取二值影像C中位于道路中心线上的道路点$p(x, y)$（即像素值为1的像素点）作为起始追踪点，p所在道路方向为θ。接着进行道路追踪，在追踪过程中，当前追踪点为$q(x_{\text{current}}, y_{\text{current}})$，$q$所在道路方向为$\theta_{\text{current}}$，下一个道路追踪点的候选点坐标计算如式（4.12）所示。

$$\begin{bmatrix} x_{s,t} \\ y_{s,t} \end{bmatrix} = \begin{bmatrix} x_{\text{current}} + \cos(\theta_{\text{current}} + t) \times S \\ y_{\text{current}} + \sin(\theta_{\text{current}} + t) \times S \end{bmatrix} \tag{4.12}$$

式中：t为道路方向的变化；S为当前道路追踪点与下一追踪点的距离间隔，在本节中，$t \in (\pm 0, \pm 1, \cdots, \pm 15)$，$S = 15$。

采用以下准则从一系列候选点中选取下一追踪点（$x_{\text{next}}, y_{\text{next}}$）：下一追踪点应该位于道路中心线（即在道路二值图中的像素值为1）且道路方向变化t应尽量小。按照该准则，（$x_{\text{next}}, y_{\text{next}}$）计算如式（4.13）所示。

$$\begin{cases} (x_{\text{next}}, y_{\text{next}}) = (x_{s,t_{\min}}, y_{s,t_{\min}}) \\ t = \arg\min\limits_{t} C(x_{s,t}, y_{s,t}) = 1 \end{cases} \tag{4.13}$$

下一道路追踪点所在的道路方向更新如式（4.14）所示。

$$\theta_{\text{current}} = \theta_{\text{current}} + t \tag{4.14}$$

在当前道路中心线已追踪完成之后，继续从二值影像C中选取尚未追踪的道路中心点作为新的起始点，直到所有道路中心线都已被追踪。

道路中心线追踪完成之后，可通过结合已经追踪的道路中心线和网络预测出的道路宽度图W来提取道路边线，$p(x_p, y_p)$表示位于道路中心线的点，$W(x_p, y_p)$为p所在道路宽度，p所对应的位于道路边线上的像素点坐标计算如式（4.15）所示。

$$\begin{cases} x = x_p \pm W(x_p, y_p) \times (-\sin\theta_p) \\ y = y_p \pm W(x_p, y_p) \times \cos\theta_p \end{cases} \tag{4.15}$$

追踪的道路中心线和道路边线如图4.10所示。

（a）道路中心线　　（b）道路边线

图 4.10　道路中心线与边线提取结果

4.2.3　道路网优化

道路最明显的特征为拓扑特征，即几乎每条道路都与其他道路相互连通，很少有孤立的道路存在。上文中虽然通过道路追踪已提取出绝大部分道路网，但是提取的道路网中仍然有不少断裂区域和孤立的道路线基元，导致整个道路网的连通性较差。通过观察道路网提取结果，发现大多数孤立道路线基元应该与其他道路相连接以形成道路交叉口。因此，本节利用张量投票从道路中心线提取结果中检测出道路交叉口，并利用检测出的道路交叉口来引导道路网的构建，提升道路网的连通性。

4.2.3.1　基于张量投票的交叉口检测

张量投票最先由Guy（1997）提出，随后由多位学者进行发展和推广，是一种抗噪声能力强、鲁棒的感知编组方法。张量投票在计算机视觉中有广泛的应用，常用于图像特征提取、轮廓提取、三维点云去噪等方面。在噪声图像中，局部特征如边缘特征等通常是不可靠的，很容易受到噪声影响，张量投票旨在使得局部特征更鲁棒，与全局特征相一致。张量投票提出了一些特殊的概念，将输入空间点用张量来表示，并设计非线性投票模型在输入数据之间传递信息，从而能够从离散的输入数据中检测交叉点、曲线、曲面等结构。

张量投票总共分为两步，第一步对输入数据用张量进行表示，即张量编码过程；第二步为输入数据之间进行信息传递，即张量投票过程。

在张量编码过程中，对于位于道路区域内的每个像素p，计算其所在道路法向量

$n=(n_x, n_y)$，将p编码为张量$\boldsymbol{T}$，$\boldsymbol{T}=\begin{bmatrix} n_x n_x & n_x n_y \\ n_y n_x & n_y n_y \end{bmatrix}$。$\boldsymbol{T}$可进行特征值分解，如式（4.16）所示。

$$\boldsymbol{T}=\lambda_1\vec{e}_1\vec{e}_1^T+\lambda_2\vec{e}_2\vec{e}_2^T=(\lambda_1-\lambda_2)\vec{e}_1\vec{e}_1^T+\lambda_2(\vec{e}_1\vec{e}_1^T+\vec{e}_2\vec{e}_2^T) \tag{4.16}$$

式中：λ_1, λ_2为$\boldsymbol{T}$的特征值，$\lambda_1\geqslant\lambda_2$；$\vec{e}_1,\vec{e}_2$为特征值$\lambda_1, \lambda_2$分别对应的特征向量。上式中$\boldsymbol{T}$被分解为球张量$\vec{e}_1\vec{e}_1^T+\vec{e}_2\vec{e}_2^T$和棒张量$\vec{e}_1\vec{e}_1^T$，$\lambda_1-\lambda_2$表示棒张量显著性，$\lambda_2$表示球张量显著性。如果用平面椭圆来表示二维张量（图4.11（a）），则λ_1, λ_2分别代表椭圆的长半轴和短半轴的长度，特征向量$\vec{e}_1,\vec{e}_2$分别代表长短半轴的方向。

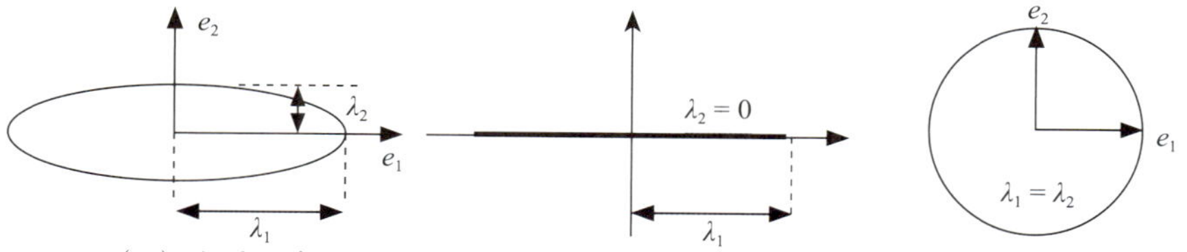

图 4.11　二维张量表示

棒张量显著性$\lambda_1-\lambda_2$代表有方向为$\vec{e}_1$的线结构通过空间点p的可能性大小，若$\lambda_2=0$，则张量$\boldsymbol{T}$代表线特征[图4.11（b）]；若$\lambda_2=\lambda_1$，则张量T代表点特征[图4.11（c）]。因此，二维张量可用来表示线特征和点特征。

除了二维张量之外，还有三维张量。三维张量不仅可以表达线特征和点特征，还可以表达面结构。三维张量用对称矩阵$\boldsymbol{T}=(a_{ijk})_{3\times3}$表示，其分解式与二维张量分解类似，如式（4.17）所示。

$$\boldsymbol{T}=(\lambda_1-\lambda_2)\vec{e}_1\vec{e}_1^T+(\lambda_2-\lambda_3)(\vec{e}_1\vec{e}_1^T+\vec{e}_2\vec{e}_2^T)+\lambda_3(\vec{e}_1\vec{e}_1^T+\vec{e}_2\vec{e}_2^T+\vec{e}_3\vec{e}_3^T) \tag{4.17}$$

式中：$\lambda_1\geqslant\lambda_2\geqslant\lambda_3, \vec{e}_1\vec{e}_1^T$、$\vec{e}_1\vec{e}_1^T+\vec{e}_2\vec{e}_2^T$、$\vec{e}_1\vec{e}_1^T+\vec{e}_2\vec{e}_2^T+\vec{e}_3\vec{e}_3^T$分别表示棒张量、平面张量、球张量，张量前面的系数分别代表棒张量、平面张量和球张量的显著性。当λ_2和λ_3都为0时，张量表示线特征，当且仅当λ_3为0时，张量表示平面特征，当$\lambda_1=\lambda_2=\lambda_3$时，张量为球张量。由于主要利用张量投票探测平面中的点特征，所以仅仅使用二维张量的表达。

张量编码完成之后，接着在输入数据之间进行信息传递，即张量投票过程。张量投票过程是每个张量（也叫投票单元）接收投票域内其他张量传递的信息，形成新的张量的过程。投票域是每个张量对于周围区域投票形成的矢量场，是张量投票的核心。接受者与投票单元距离越大，接收到的投票强度将变得越小，直至消失。张量投票过程中的信息传递如图4.12所示，假设V为投票单元，R为接收单元，则R处接收到来自V的投票强度计算如式（4.18）所示。

$$DF(s,\kappa,\sigma)=e^{-(s^2+c\kappa^2/\sigma^2)} \tag{4.18}$$

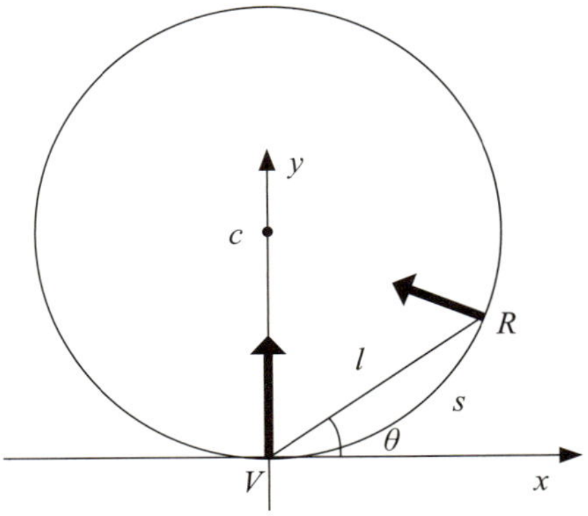

图 4.12　张量投票过程中的信息传递

式中：s为R与V之间密切圆⊙C的弧长；κ为圆弧曲率；σ为尺度因子；c为投票强度衰减系数，一般计算如式（4.19）所示。

$$c = \frac{-16\log(0.1)\times(\sigma-1)}{\pi^2} \tag{4.19}$$

R处接收到来自V的投票强度计算如式（4.20）所示。

$$SV(T,v)=\begin{cases} DF(s,\kappa,\sigma)R_{2\theta}TR_{2\theta}^{T}, & \text{if } -\pi/4 \leqslant \theta \leqslant \pi/4 \\ 0, & \text{otherwise} \end{cases} \tag{4.20}$$

式中：$\boldsymbol{T}$ 代表V的张量；θ为弦RV与密切圆在V处切线的夹角；$R_{2\theta}$为2θ的旋转矩阵。张量投票结束后，R处的张量为其接收到的所有投票总和。张量投票域如图4.13所示，O点表示投票者，黑色短线表示不同位置接受者所获得的O点投票的方向和大小。

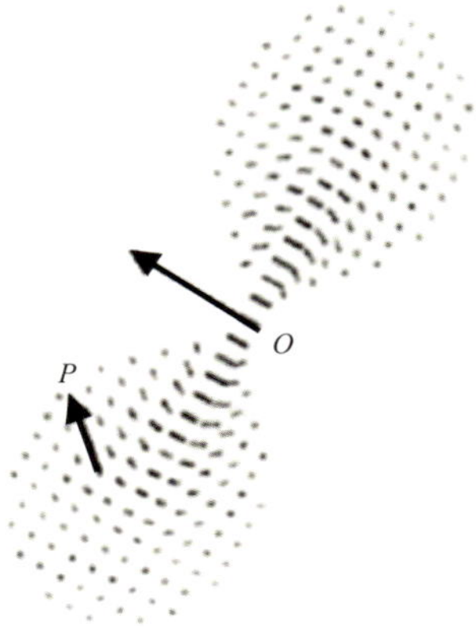

图 4.13　棒张量投票域

对于已提取道路区域进行张量投票之后，道路交叉口的球张量显著性值一般会显著高于邻域内其他像素点，如图4.14（b）所示。通过对球张量显著性图进行非极大值抑制，可提取道路交叉口。道路交叉口提取结果如图4.14（c）所示。

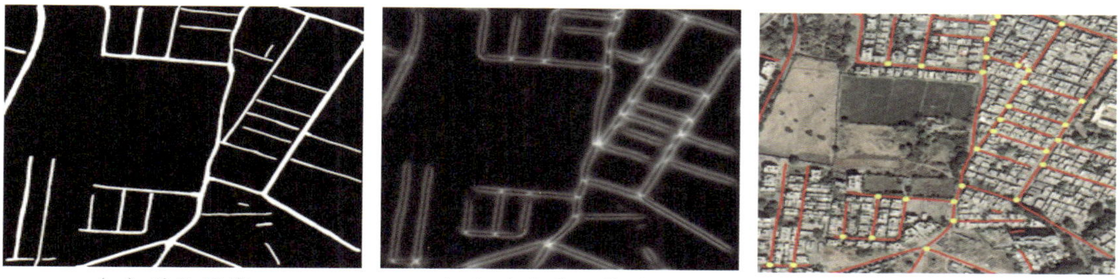

（a）道路区域　（b）球张量显著性　（c）交叉口检测结果

图 4.14 基于张量投票的交叉口检测

（红色线为道路中心线检测结果，黄色节点为检测出的道路交叉口）

4.2.3.2 交叉口引导道路网完善

上一节中尽管通过非极大值抑制和道路追踪提取出了道路中心线，但是提取的道路网有多处断裂情况存在，导致整个道路网的连通性较差，如图4.15所示。

图中黄色框内标出了部分道路网断裂区域，大部分孤立道路线基元应该被适当延长与其他道路线相连接，形成道路交叉点。故本节通过张量投票检测出的道路交叉口来引导道路网的完善，提高提取的道路网的完整性与连通性。

图 4.15 道路网断裂区域

第一阶段已经通过张量投票检测出道路网中的交叉点，所以需要在第二阶段利用道路交叉点来完善道路网，将孤立的道路中心线连接到相应的交叉点上，构成完整的道路网。判断道路中心线应该与哪些道路交叉点相连接可依据一个简单而有效的假设：将每条道路中心线沿着当前道路走向，在一定的夹角范围（设置为15°夹角范围）内搜寻是否有道路交叉点，若存在道路交叉点，则应该与此交叉点连接。道路交叉口引导道路网完善的策略如下：一是从每一条道路中心线的端点E出发；二是在端点所在道路方向15°夹角范围内搜寻道路交叉点；三是若可搜索到道路交叉点S，且S与E之间的距离小于阈值T，则该道路中心线可连接到其他道路中心线，形成交叉点，即连接E与S。引导过程如图4.16所示，绿色点和黄色点代表当前道路节点；绿色点代表当前道路端点；红色点代表待判断是否为交叉点。

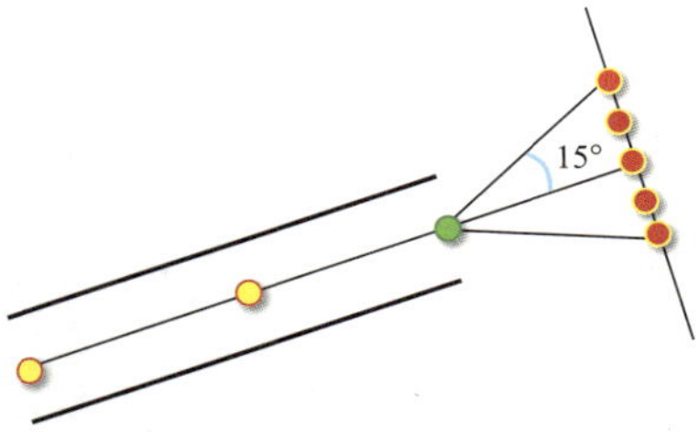

图 4.16　道路交叉口引导道路网完善示例

交叉点引导完善后的道路网如图4.17所示。

（a）优化之前的道路网　　（b）优化之后的道路网

图 4.17　交叉点引导的道路网完善

4.2.4　道路提取实验与分析

为了对道路提取算法的性能进行评估，在公开的道路提取数据集上开展实验，评估提取的道路网的精度。

4.2.4.1　道路提取数据集

在DeepGlobe和SpaceNet道路提取数据集上展开实验。DeepGlobe数据集包含6226张航空影像，影像全部来源于DigitalGlobe+Vivid数据集，影像的空间分辨率为0.5m²/像素。从DeepGlobe数据集中随机选取4626张影像作为训练集，1600张影像作为测试集。SpaceNet数据集包含3347张遥感影像，影像的空间分辨率为0.3m²/像素。SpaceNet数据集中的影像选自4个区域：上海、拉斯维加斯、巴黎和喀土穆。从SpaceNet数据集中随机选取2780张影像作为训练集，567张影像作为测试集。

4.2.4.2　实验参数设置

采用深度学习框架pytorch来实现网络结构，网络编码结构采用在ImageNet数据集上预训练的模型参数作为初始参数，网络优化算法采用Root Mean Square Prop优化算法，简称RMSProp，它可以加速梯度下降。学习率衰减方式为指数衰减，学习率更新如式（4.21）所示。

$$\text{decayed\_learning\_rate} = \text{learning\_rate} \times \text{decay\_rate}^{\frac{\text{global\_step}}{\text{decay\_steps}}} \tag{4.21}$$

式中：decayed_learning_rate为衰减之后的学习率；learning_rate为初始学习率，decay_rate为衰减系数，设置为0.9；global_step为训练过程中当前迭代步数；decay_step为衰减步数，设置为10000。网络的其他超参数设置如下：batch size设置为2，初始学习率设置为$2e^{-4}$，max epoches设置为300。

4.2.4.3　精度评价指标

实验量化评价方法采用召回率（recall）、精确率（precision）和F1-score测度作为精度评价指标。召回率描述提取的道路网的完整度，精确率描述提取道路网的正确率，F1-score综合考虑了道路提取结果的精确率和召回率，是两者的加权调和平均。

召回率、精确率和F1-score的计算方式如式（4.22）、式（4.23）、式（4.24）所示。

$$\text{recall} = \frac{n_m^*}{n_t^*} \tag{4.22}$$

$$\text{precision} = \frac{n_m}{n_t} \tag{4.23}$$

$$F_1 = 2 \cdot \frac{\text{precision} \cdot \text{recall}}{\text{precision} + \text{recall}} \tag{4.24}$$

式中：n_m^* 表示位于提取道路缓冲区中的参考道路的长度；n_t^* 表示参考道路的总长度；n_m 表示位于参考道路缓冲区中的已提取道路的长度；n_t 表示已提取道路的总长度，道路长度单位为像素（pixel）。实验将道路缓冲区设置为6个像素宽。

4.2.4.4　道路中心线与双线提取实验

在划分出的DeepGlobe和SpaceNet数据集的训练集上分别训练网络模型，并在上述数据集的测试集上进行道路中心线与边线提取实验，同时与一些现有道路提取方法进行对比。由于乡村道路场景较为简单，道路特征明显，提取难度较低，而城区场景复杂，道路提取难度极大，所以本节主要展示密集城区道路提取结果。

图4.18（a）和（c）为优化前道路网提取结果，优化前的道路网完整性不足，尤其是道路交叉口区域连通性较差；（b）和（d）为优化后道路网提取结果，该结果提取了道路交叉点，利用交叉点修复了道路网拓扑关系。图4.19为图4.18中局部区域的路网优化对比图，由实验验证，道路网优化可以建立道路之间正确的拓扑关系，如图4.19（a1）为优化前不完整的道路网，造成（a1）中道路连通性较差的原因主要有以下几个方面：影像场景复杂，道路受到阴影和遮挡的影响导致部分断裂；道路追踪算法存在缺陷，道路追踪算法只能对单条道路进行追踪，无法对多条道路建立拓扑关系。图4.19（a2）为路网完善之后的结果，可以看出道路交叉点引导的路网优化修复了道路之间的拓扑关系，提高了路网提取的完整度。

（a）优化前道路网　　（b）优化后道路网

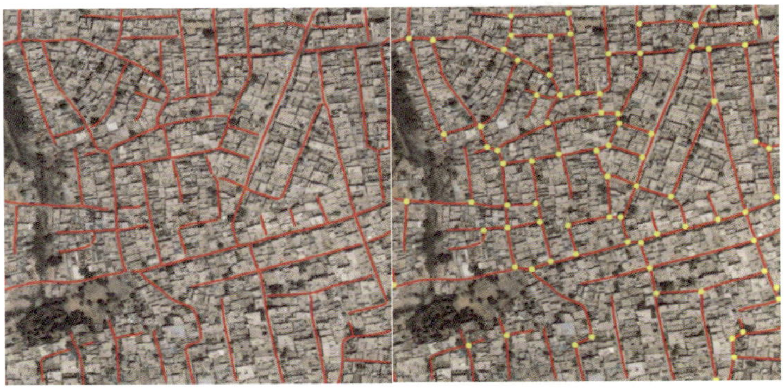

（c）优化前道路网　　（d）优化后道路网

图 4.18　道路网优化前后对比

（a1）优化前道路一　（b1）优化前道路二　（c1）优化前道路三　（d1）优化前道路四

（a2）优化后道路一　（b2）优化后道路二　（c2）优化后道路三　（d2）优化后道路四

图 4.19　道路网局部优化前后对比

将本节基于显著性图预测和宽度估计的道路中心线与边线提取方法与当前流行的基于D-LinkNet的道路提取方法做对比，基于D-LinkNet的道路语义分割方法在DeepGlobe道路提取中表现较好，该方法是基于语义分割的道路提取算法，在利用D-LinkNet获得输入遥感影像的道路分割结果之后，采用骨架化和边缘检测算法提取道路中心线和边线。道路中心线与边线提取结果分别如图4.20和图4.21所示。图中第一行为基于D-LinkNet的道路提取法的结果，第二行为运用本方法的道路提取结果，第三行为道路真值。

（a）D-LinkNet 提取结果

（b）本方法提取结果

（c）道路中线真值

图 4.20　道路中心线提取结果

（a）D-LinkNet 提取结果

（b）本方法提取结果

（c）道路边线真值

图 4.21　道路边线提取结果

4.2.4.5　实验结果分析

实验中，首先对利用不同方法得到的道路提取结果进行定性分析。分析结果表明，本节算法提取的道路完整性较高，相比D-LinkNet，对于一些细小道路也有较好的提取效果，[如图4.20（a）中左图所示]。这是因为细小道路在影像中所占比例较小，导致正负样本分布不平衡，基于语义分割的道路提取方法在训练过程中更倾向于预测宽度较大的道路，而将细小的道路分类作为背景。而本方法对于不同宽度的道路生成的道路显著性图并无明显区别，在训练过程中对不同宽度道路都是同等对待的。另外，由于本方法采用了基于张量投票的道路网完善，这也进一步提高了提取路网的完整度。图4.21展示的道路边线提取结果表明本节算法中CNN预测的道路宽度图较为可靠，估计的道路宽度精度较高，对于不同的道路形态（粗路、细路、交叉路）都有一定的适应性。总体来看，本节算法在提取道路网的完整性和准确度上都有一定提升，但是提取的道路网连通性仍然不够完美，还是存在部分孤立和断裂的道路中心线。

实验量化评价指标采用召回率、精确率和F1-score。对DeepGlobe和SpaceNet数据集中的测试集影像进行道路提取并进行精度评估，并与基于Unet、D-LinkNet的道路提取方法进行对比，以各影像精度指标的平均值作为最终统计值，实验结果如表4.1所示。

表4.1　道路提取结果评估

方法	DeepGlobe测试集			SpaceNet测试集		
	召回率	精确率	F1–Score	召回率	精确率	F1–Score
U-Net	0.7868	0.8174	0.8018	0.5733	0.6157	0.5937
D-LinkNet	0.8160	0.8756	0.8452	0.6015	0.6669	0.6325
本方法	0.8239	0.8791	0.8506	0.6163	0.6722	0.6430

从表4.1可以看出，在DeepGlobe数据集上，本方法相较其他两种方法，在召回率、精确率和F1测度上均有所提升。相比D-LinkNet，本方法在召回率上提升了0.79%，在精确率上提升了0.35%，在F-Score上提升了0.54%，这表明本方法不仅能够提取更加完整的道路网，同时相比D-LinkNet有更低的错误率。F1-score综合了精确率和召回率，是从整体上评价道路提取方法性能的指标，在F1-score上的提升表明本方法提取的道路网整体质量更高。在SpaceNet数据集上，本方法相较其他两种方法，同样在召回率、精确率和F1-score测度上有所提升。相比D-LinkNet，本方法在召回率上提升了1.48%，在召回率上提升了0.53%，在F1-score上提升了1.05%，这也进一步表明了本方法具有较好的性能。综合来看，在DeepGlobe和SpaceNet数据集上的道路提取实验充分表明了本方法的有效性。

4.3　基于节点检测与各节点间连接性估计的道路拓扑结构提取

高分辨率遥感影像中高质量道路网的全自动提取仍然是一项非常大的挑战。上一节中提出了基于显著性图预测和宽度估计的道路中心线与边线提取方法，虽然该方法能够提取精度较高的道路中心线和边线，但是该方法仍然存在一些不足：首先，该方法需要复杂的后处理算法（张量投票）对提取的道路网进行完善；其次，尽管采用了后处理算法来提升提取路网的完整性与连通性，但该方法提取的道路网拓扑结构仍然不够完美，存在部分断裂和孤立的道路线段。

为了克服上一节方法的缺点，进一步考虑道路的拓扑与几何特性。近年来有学者提出了用图来表示道路网，并取得了一些研究进展，本书通过借鉴相关研究，用图 $G=(V,E)$

来表示道路网（V 表示道路节点集合，E 表示构建道路网所需的连接节点的边集合），并提出了基于节点检测与连接性估计的道路拓扑结构提取方法。该方法由三个步骤组成：首先对输入的遥感影像进行道路节点检测，其次建立节点间的连接性估计模型（即估计节点对被连接的概率值），最后对道路网进行拓扑重建，即根据节点间的连接性估计设计节点连接算法，将检测出的节点连接成道路网，提取较高质量的道路拓扑结构。本节将对以上几个步骤逐一进行详细介绍。

4.3.1 道路节点检测

道路节点检测属于关键点检测问题，关键点检测在计算机视觉中有广泛的应用，例如人体姿态估计，人脸识别，人脸美妆等。道路节点检测可借鉴计算机视觉中关键点检测相关研究。

4.3.1.1 关键点检测方法

基于深度学习的关键点检测算法一般分为两大类：基于热力图的方法和关键点坐标回归方法。

基于热力图的关键点检测方法是将关键点坐标用一个呈高斯分布的热力图来表示，热力图也叫概率图，热力图中每个像素的值表示该像素属于关键点的概率，像素的概率值越大（最大为1），表示该点与关键点之间的距离越小；像素的概率值越小（最小为0），表示该点与关键点之间的距离越大。在深度学习时代，以原始影像作为输入，可以通过训练卷积网络来预测对应的关键点热力图，在网络预测出热力图之后，由于关键点处像素的概率值高于邻域内其他像素的概率值，于是可通过非极大值抑制提取关键点。在基于热力图的关键点检测方法中，卷积神经网络可以直接预测出每一个像素属于关键点的概率，由于在训练过程中热力图中每个像素的概率值都为网络模型的训练提供了监督信息，使得网络训练收敛需要的时间较短，同时通过预测稠密的热力图可以提高关键点的检测精度。另外，热力图很容易可视化，可用来做视觉相关分析。

关键点坐标回归方法将关键点的二维空间坐标（x, y）直接作为卷积神经网络预测的目标，这样可以直接得到关键点的位置信息。从本质上来说，关键点坐标回归方法所预测的是每个关键点相对于整个图像的偏移量，而当偏移量较大时，在网络训练过程中对偏移量进行精确回归的难度较大，导致训练误差偏大，同时在训练的过程中回归方法所提供的监督信息只有真值关键点坐标，这相比热力图来说信息量太少，导致网络模型需要较长时间才能训练收敛。

上述两类关键点检测方法都在关键点检测中有广泛的应用。然而，回归方法需要预先知道需要检测的关键点数量，而遥感影像由于场景复杂，不同的场景下道路网的形态、密度都不一样，道路节点的总数也不相同。因此，本书采用基于热力图（显著性图）的道路节点检测方法。

4.3.1.2　节点显著性图设计

道路网中的节点可分为两种类型，道路交叉点和道路端点。由于道路网中道路交叉点和端点的分布较为稀疏，相邻的节点之间距离较大，连接相邻节点的道路路线不仅为直线，也存在曲线的情况。因此，若通过直接连接交叉点和端点来构建道路网，则节点之间的连线会严重偏离真实道路路线。因此，本书在连接交叉点和端点的道路路径上按照一定间隔采样密集的道路节点，称为加密的道路节点。道路节点如图4.22（b）所示，图中红色节点表示道路交叉点和端点，蓝色节点表示加密之后的道路节点，在本书中这几类节点统称为道路节点。

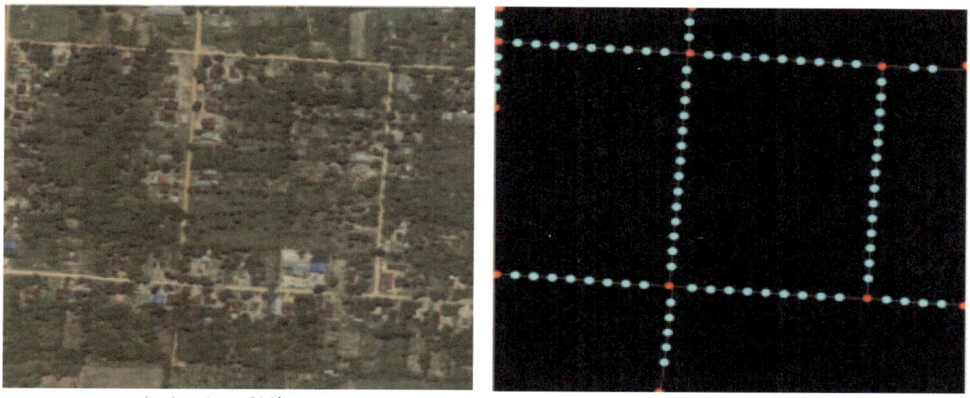

（a）原始影像　　（b）道路节点

图 4.22　道路节点示例

本书通过借鉴基于热力图的关键点检测方法，提出了道路节点显著性图，节点显著性图与热力图具有相似的性质，即节点显著性图中道路节点处会生成一个呈高斯分布的概率区域，区域中像素距离节点距离越小，该像素的显著值越大。为了通过训练卷积神经网络模型来预测节点显著性图，需要制作节点显著性图真值。由于现有道路数据集的道路标注大多为二值影像，因此，首先利用图像细化（骨架化）算法从二值影像中提取道路中心线，然后提取道路节点。令 $V=\{v_1,v_2,\cdots,v_k\}$ 表示道路节点集合，其中v_k代表第k个道路节点。根据节点集合V生成节点显著性图S，节点显著性图S中像素p的显著性值计算方式如式（4.25）所示。

$$S(p)=\exp\left(\frac{\min\limits_{k}\left\{\left\|p-x_k\right\|^2\right\}}{\sigma^2}\right) \tag{4.25}$$

式中：x_k 表示节点 v_k 在影像中的坐标；$\|p-x_k\|^2$ 表示像素 p 与第 k 个节点 v_k 之间的距离，σ 表示控制显著性图的方差，σ 越大，节点的显著性值与周围像素显著性值差异越明显，根据公式（4.25）生成的道路节点显著性图如图4.23所示。

（a）原始影像

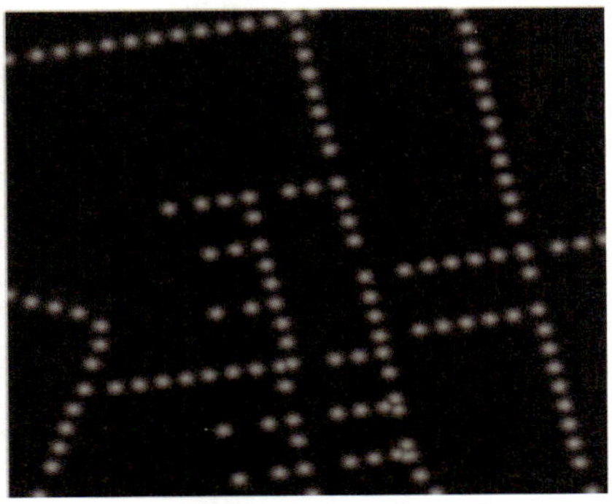

（b）节点显著性图

图 4.23　道路节点显著性图

4.3.1.3　基于显著性图的节点检测

通过训练卷积神经网络（CNN）来预测节点显著性图。在模型训练过程中，以遥感影像X为输入，在网络模型预测出道路节点显著性图 $\tilde{S}$ 后，利用节点显著性图真值S约束网络模型的输出。本节采用均方误差损失函数（mean-square loss）作为网络的损失函数。道路节点显著图的损失函数L_{node}计算如式（4.26）所示。

$$L_{\text{node}} = \frac{1}{N}\sum_{p}[S(p) - S(p)]^2 \tag{4.26}$$

式中：p 为代表显著性图中像素的空间坐标；N 表示像素总数。

网络预测出节点显著性图后，由于显著性图中道路节点处的显著值高于邻域内其他像素的显著性值，因此可通过非极大值抑制（NMS）提取道路节点，即对比节点显著性图中的每个像素 p 与其邻域内其他像素的显著值大小，若 p 的显著性值高于邻域内其他像素显著值，则 p 为道路节点。

基于显著性图的道路节点提取结果如图4.24所示，该方法获得的道路节点均匀地分布在道路中心线上，节点定位精度较高。至此，道路节点的提取工作便已经完成，可以作为后续节点间连接性估计的基础。

图 4.24　道路节点提取效果图

4.3.2 节点间连接性估计

提取出道路节点之后，考虑到道路网的构建需要连接节点，错误的节点连接性估计将为道路网拓扑构建引入大量错误并且难以修正。因此，节点间连接性估计至关重要。节点间连接性估计极为依赖上下文信息，传统手动设计特征方法难以得到令人满意的结果，因此本书提出了节点间连接性图，以高分遥感影像作为输入，利用深度学习预测对应的节点连接图，并在此基础上建立节点间连接性估计模型，推断出节点间的邻接关系。

4.3.2.1 节点连接性图设计

道路节点连接与姿态估计中的人体关键点连接具有一定的相似之处，可以在人体姿态估计已有研究中借鉴相关思想。然而，道路节点连接与人体关键点连接又有很大不同。人体关键点个数是固定的，关键点定位了头、颈、肩、肘、手、臀、膝、脚等部位，关键点之间的连接已有相关的先验知识，比如，手和肘，肩和肘相连接。而道路网中的节点数量远大于人体关键点数量，任意一对节点之间都有可能连接，并且没有先验知识引导连接。所以，道路节点连接更加依赖节点间连接性的估计。

本书立足于遥感影像中道路独特的几何结构，探寻道路节点与人体关键点连接中隐含的共性，提出了道路节点连接性图，并利用深度学习以高分遥感影像作为输入，以连接性图作为输出，在连接性图的基础上建立节点间连接性估计模型。

节点连接性图的设计有各种不同方法，最简单的一种连接性图为二值影像，落入节点连接区域内的像素值为1，其他区域的像素值为0，如图4.25（a）所示。在以二值连接性图为基础进行节点间连接性估计时，通过判断每对节点连线上像素在连接性图上取值的平均值作为节点间连接性的量化值，大于阈值T则表明该节点对相连接。

然而，这种连接性图的设计存在明显的缺点。由于二值连接性图并没有考虑到道路的方向性，在一些情况下会产生错误的连接性估计。例如，当两条道路彼此距离相近时，在二值连接性图的基础上进行节点连接会导致两条道路上的节点错误连接，如图4.25（b）所示，图中蓝色区域表示节点连接区域，黑色节点表示道路节点，黄线表示正确连接，红色表示错误连接。出现这种错误连接情况是由于红色线段上大部分像素落入了连接区域，导致连接性估计值较高，超过了阈值T。提高连接性估计阈值T虽然可以缓解这种情况，但是又会导致漏连情况出现。由以上分析可知，节点连接性图的设计需要考虑到道路方向信息，因此本书在二值连接图中加入了道路方向信息，提出了顾及道路方向信息的节点连接性图C，并根据节点间连线在连接性图C上的路径积分对节点间连接性进行量化。

节点连接性图C是一个二维向量场，表示不同节点连接区域内的道路方向信息。m, n为相连接的两个道路节点，x_m, x_n代表m, n在遥感影像中的图像坐标，从m指向n的向量为$v_{m,n} = x_n - x_m$。m和n之间的连接区域$H_{m,n}$定义如式（4.27）所示。

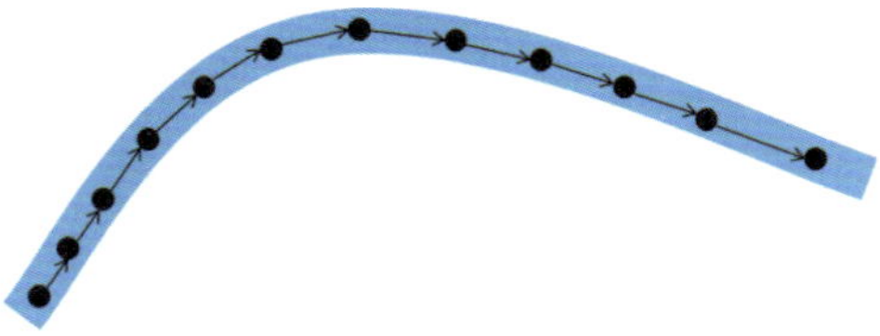

（a）二值连接性图示意

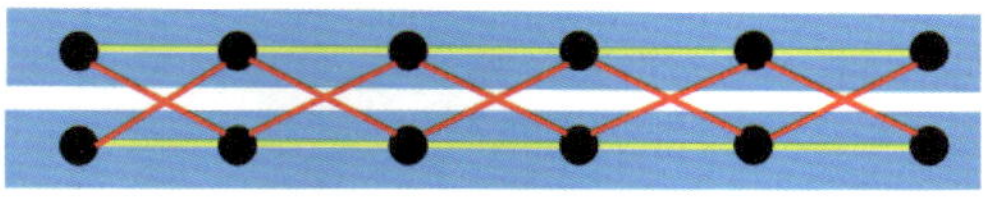

（b）道路节点连接示意

图 4.25　基于二值连接性图的节点连接

$$H_{m,n}=\{p\in R^{2}\mid 0\leqslant v_{m,n}\cdot v_{m,p}\leqslant l,0\leqslant |v_{m,n}\times v_{m,p}|\leqslant w\}\tag{4.27}$$

式中：p为遥感影像中每个像素的图像坐标；$v_{m,p}=x_p-x_m$表示从m指向p的向量；$v_{m,n}\cdot v_{m,p}, v_{m,n}\times v_{m,p}$分别代表$v_{m,n}$与$v_{m,p}$之间的内积与外积；$l$为连接区域$H$的长度；$w$为$H$的宽度。在本书中，$l=v_{m,n}\cdot v_{m,n}$，$w$被设置为6个像素宽。直观来说，$H_{m,n}$表示与$m$, n之间连线的距离小于阈值T的空间点组成的区域。

位于节点连接性图中的每个像素p，若p落入节点m, n之间的连接区域$H_{m,n}$，则连接性图C在p处的取值为从m指向n的单位向量$e_{m,n}$，连接性图C定义如式（4.28）所示。

$$C(p)=\begin{cases}e_{m,n} & \text{if } p\in H_{m,n}\\ \vec{0} & \text{otherwise}\end{cases}\tag{4.28}$$

节点连接性图的可视化结果如图4.26所示，图中黄色矩形框内区域分别表示节点对a与b，c与b之间的连接区域$H_{a,b}$，$H_{b,c}$。$H_{a,b}$内像素的向量值为从a指向b的单位向量，$H_{b,c}$内像素的向量值为从b指向c的单位向量。

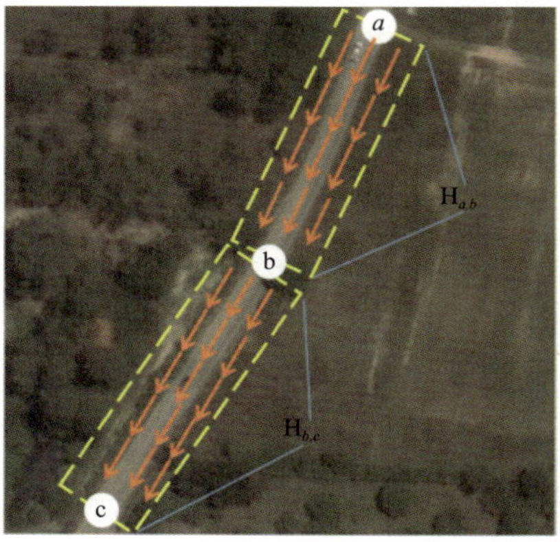

图 4.26　道路节点连接性图

4.3.2.2　节点间连接性估计模型

和节点显著性图预测一样，本书同样通过训练卷积神经网络（CNN）来预测节点连接性图。在模型训练过程中，以遥感影像 X 为输入，网络模型预测出道路节点连接性图 $\widetilde{C}$ 后，利用连接性图真值 C 约束网络模型的输出。本节采用均方误差损失函数（mean-square loss）作为网络的损失函数。道路节点连接性图的损失函数 L_{connect} 计算如式（4.29）所示。

$$L_{\text{connect}} = \frac{1}{N}\sum_{p}[\widetilde{C}(p) - C(p)]^2 \tag{4.29}$$

式中：p 代表节点连接性图中像素的影像坐标；N 表示像素总数。

精确定位出道路节点之后，道路网的构建需要估计提取出的每对节点间的连接性，本书以网络预测的连接图C为基础建立节点间连接性估计模型。令$V=\{v_1,v_2,\ldots,v_n\}$表示提取的道路节点集合，v_i,v_j 表示V中任意一对节点，由前一小节中节点连接性图的定义可知，若 v_i,v_j 是相邻接的一对节点，则连接性图C中位于 v_i,v_j 连接区域 H_{v_i,v_j} 内像素所在的向量与从 v_i 指向 v_j 的向量 $\vec{n}_{i,j}$ 方向一致；若 v_i,v_j 不是互为邻接点，则位于 H_{v_i,v_j} 内像素所在的向量与向量 $\vec{n}_{i,j}$ 方向不会一致。因此，位于 H_{v_i,v_j} 内像素所在的向量与向量 $\vec{n}_{i,j}$ 方向一致性越强，则 v_i,v_j 之间的连接性越强。

为了量化节点间的连接性，本书提出将每对节点 v_i,v_j 之间的连线在连接性图C上的路径积分作为该对节点间连接性的估计值，v_i,v_j 之间连接性的量化估计值将作为之后道路网构建的基础，v_i,v_j 之间的连接性 $p_{i,j}$ 计算如式（4.30）所示。

$$p_{i,j} = \int_{u=0}^{u=1} C(d(u)) \cdot \frac{d_j - d_i}{\left\| d_j - d_i \right\|_2} d(u) \tag{4.30}$$

式中：d_i,d_j 表示节点 v_i,v_j 的影像坐标；$d(u)$ 表示位于 v_i,v_j 连线上像素点的影像坐标；C$(d(u))$表示连接图C中 $d(u)$ 处的向量；$p_{i,j}$ 取值范围为0~1，$p_{i,j}$ 越大，表示节点 v_i,v_j 之间的连接性越强。

以顾及道路方向的连接性图为基础的连接性估计模型可以有效避免密集道路情况下节点的错误连接。如图4.27所示，虽然红色虚线中大部分像素落入了节点连接区域，但是红色虚线的走向与道路方向差别较大，导致红色线段所连节点按照公式（4.30）所计算出的路径积分（也就是连接概率）较小，因此不会产生红色虚线所示的错连。

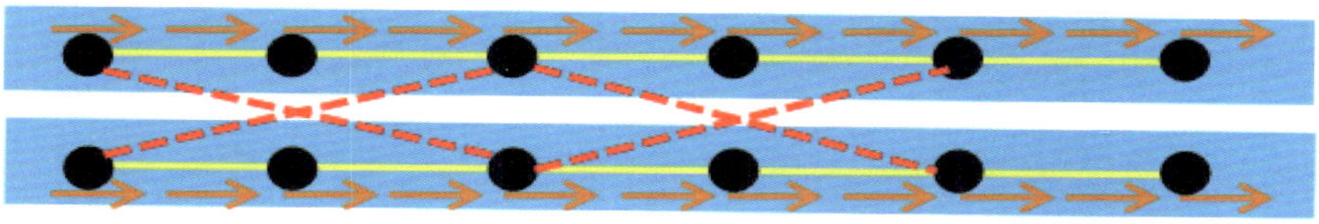

图 4.27　基于连接性图的节点连接模型

4.3.3 联合训练节点显著性图与连接图

本书利用深度学习从高分遥感影像中预测对应的节点显著性图和节点间连接性图。若训练两个卷积神经网络来分别进行显著性图和连接性图预测，则训练网络模型需要较长的时间，且在预测时网络的推理时间也会变长，不利于道路网的高效率提取。因此，本书采用多任务学习，以遥感影像作为输入，训练一个模型同时预测显著性图和连接性图。多任务学习不仅可以缩短训练时长，而且同时兼顾特征共享部分和任务特定部分，既学习了任务间的共享特征，又学习了每个任务独有的特征，最终提高了模型的泛化能力。除此之外，为了使得模型能够获得输入图像长距离（long-range）的空间关系，更充分地利用上下文信息，在网络中采用注意力模块来增强网络模型的学习能力。本节将综合利用多任务学习和注意力模型进行网络结构的设计。

4.3.3.1 多任务学习

多任务学习包含多个方面，例如多个任务的联合训练、自主学习和带有辅助任务的学习等。一般来讲，只要同时优化多个损失函数就可以算作多任务学习。

多任务学习的想法来源于多个方面：一是以生物学的眼光来看，多任务学习与人类的认知方式具有相似之处。在相关任务学习中所获得的经验和知识可以用于辅助新任务的学习。二是以教学法的眼光来看，人们通常在学习任务的过程中可以获得通用的技能，这些技能可以用于更加复杂技能的学习，比如学习数学的适当方式可能也会适用于学习物理学。三是以机器学习的眼光来看，多任务学习相当于一种特殊形式的归纳转移，归纳传递以引入归纳偏置的方式来提高模型性能。在多任务学习中，辅助任务的学习相当于提供了归约偏置（Inductive bias），使得模型更倾向于那些可以同时解释多个任务的解。

在深度学习中多任务学习的实施一般有两种方法：hard参数共享和soft参数共享。

Hard参数共享是多任务学习常见的实现方式。在模型训练过程中，所有任务之间不仅共享部分特征提取层，同时每个任务又有自己特定的输出层。共享 Hard 参数减小了模型在训练过程中产生过拟合的可能性，提高了模型的泛化能力。直观的解释是模型在同时学习多个任务的情况下，难以找到一个对多个任务都适用的特征，越不容易对单独的任务产生过拟合。Hard参数共享如图4.28所示。

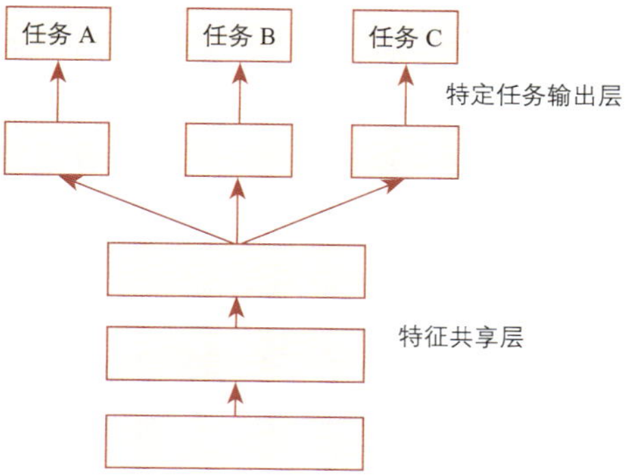

图 4.28　Hard 参数共享

Soft参数共享与Hard参数共享有所不同，在利用共享 Soft 参数实现多任务学习时，对每个任务都分配了相应的参数和模型。为了鼓励模型参数尽可能相似，对不同任务模型参数之间的距离进行正则化约束。Soft参数共享如图4.29所示。

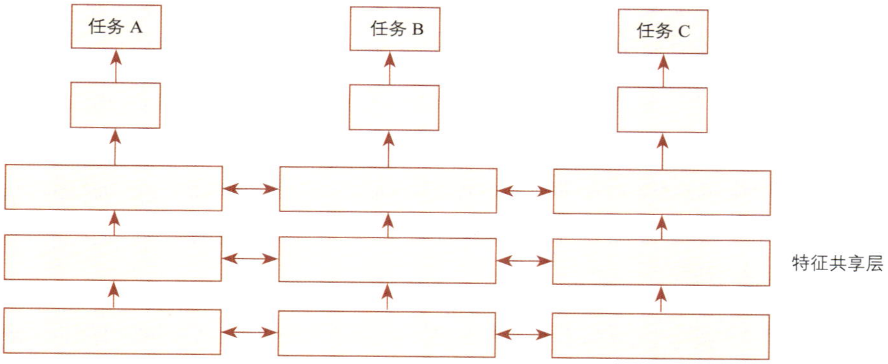

图 4.29　Soft 参数共享

4.3.3.2　注意力模型

注意力模型本质上是对人类视觉系统（HVS）观察物体方式的一种模仿。一般来说，人们在观察图像时，除了从全局上掌握图像的内容外，也会额外注意图像中的某个局部区域。例如，当一条鱼游过平静的水面时，人们的注意力往往会被鱼所吸引，这个时候水面在视觉系统中便成为背景。注意力模型的作用在于让网络模型学会忽略无关信息而关注图像的重点区域。

总的来说，注意力模型就是图像区域的权重学习问题，区域的权重越大，该区域被关注的程度越高。计算机视觉中通常采用自注意力模型（Self-attention），即对网络生成的特征图（Feature Map）内不同位置的特征进行自主权重分配。根据权重的分配方式可将注意力模型分为空间注意力模型和通道注意力模型两类。

1）空间注意力模型

空间注意力模型本质上是对特征图不同空间位置的特征赋予不同的权重，使得网络在训练过程中关注包含重要信息的区域。Wang 等（2018）最早在Non-local Network中提出了non-local算子，使得深度网络能够获得图像大范围（long-range）的空间关系。现有的空间注意力模型大多都是non-local算子的变体，因此，本书重点介绍non-local算子。

深度网络中，non-local算子定义如式（4.31）所示。

$$y_i = \frac{1}{C(x)} \sum_{\forall j} f(x_i, x_j) g(x_j) \tag{4.31}$$

式中：i为输出数据y的空间位置索引；j是输入数据x所有可能的空间位置的索引；函数$f(x_i, x_j)$是标量，表示x中i处特征和所有j处特征的相关性；一元函数$g(x_j)$对输入特征x_j进行输出映射，输出值由尺度因子$C(x)$进行标准化。

在non-local算子中，为了计算y_i，输入特征x所有位置的特征都要参与计算，因此non-local算子能够获得图像大范围的空间关系。non-local算子是个很灵活的模块，可以方便地嵌入现有流行的深度网络之中，充分挖掘上下文空间关系以提高相关计算机视觉任务的性能。

non-local算子中函数$f(x_i, x_j)$和$g(x_j)$的具体设计有多种方式，实验表明算子的性能对于函数的设计方式并不敏感，主要还是non-local算子的通用设计方式带来了性能上的提升。为了简化计算，函数$g(x_j)$通常被设计为一种线性映射：$g(x_j) = \boldsymbol{W}_j x_j$，其中$\boldsymbol{W}_j$是可学习的权重矩阵。$f(x_i, x_j)$的设计可采用以下三种函数形式。

（1）Gaussian函数如式（4.32）所示。

$$f(x_i, x_j) = e^{x_i^T x_j} \tag{4.32}$$

式中：$x_i^T x_j$为点积运算，也可采用欧氏距离，但是点积运算在深度学习框架内更容易实现，标准化因子定义为$C(x) = \sum_{\forall j} f(x_i, x_j)$。

（2）Embedded Gaussian函数如式（4.33）所示。

$$f(x_i, x_j) = e^{\theta(x_i)^T \varphi(x_j)} \tag{4.33}$$

式中：$\theta(x_i) = W_\theta x_i$，$\varphi(x_j) = W_\theta x_j$，是$x_i, x_j$在嵌入空间的映射，标准化因子的定义为$C(x) = \sum_{\forall j} f(x_i, x_j)$。

（3）点积$f(x_i, x_j)$也可直接由点积操作来定义，定义如式（4.34）所示。

$$f(x_i, x_j) = \theta(x_i) \varphi(x_j)^T \tag{4.34}$$

空间自注意力模型一般是以Embedded Gaussian函数作为$f(x_i, x_j)$函数的一种特殊的non-local算子。为了简化计算，$\theta(x_i)$和$g(x_i)$一般用$1 \times 1 \times 1$的卷积操作来替代，给定i，

$\frac{1}{C(x)}\sum_{\forall j} f(x_i, x_j)$则为在维度$i$上的softmax函数。一种空间自注意力模型如图4.30所示，输入特征图 X，X 的形状为 H×W×1024，蓝色方框代表1×1×1的卷积，⊗表示矩阵乘积，⊕表示矩阵加法运算。X 分别被代表 θ 函数和 φ 函数的卷积操作映射为 H×W×512 的特征图后，接着对特征图进行形状变换，变换成 HW×512 的矩阵，然后相乘，再做softmax函数变换得到形状为 HW×512 的特征图，这几步变换本质上就是采取Embedded Gaussian函数形式的 $f(x_i, x_j)$ 函数的计算。然后将特征图与 X 经过1×1×1卷积[代表函数 $g(x)$]得到的特征相乘，最后变换回 H×W×512 形状的特征图，在经过1×1×1的卷积运算后与 X 相加输出特征图Z。

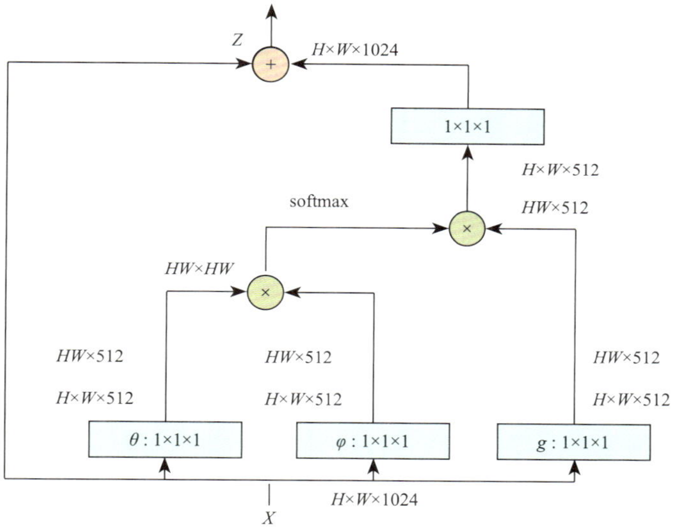

图 4.30　空间自注意力模型示例

2）通道注意力模型

通道注意力模型本质上是对特征图不同通道的特征赋予不同的权重，使得网络在训练过程中关注特征图中包含重要信息的通道。有研究者最早在SENet中提出了Sequeeze and Excitation 模块，简称SE模块，使得网络模型能够对通道之间的关系进行建模，在模型训练的过程中自动计算每个特征通道的权重，权值表示每个通道的重要程度，然后对权值较大的特征通道进行增强，对权值较小的特征通道进行抑制。现有的通道注意力模型大多都是SE 模块的变体，因此，本书重点介绍SE模块。

SE模块如图4.31所示，令模块的输入为通道数是C'的特征X，首先利用卷积、池化等一系列操作得到通道数为C的特征U。接下来SE模块通过以下三个操作来计算特征U中各个通道的重要性。

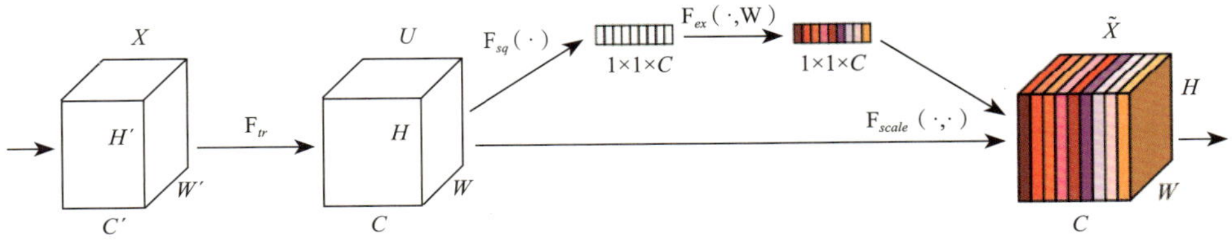

图 4.31　Sequeeze and Excitation 模块

首先是Sequeeze操作，对特征U进行全局平均池化操作，将其变换成形状为$1\times1\times C$的特征，即用一个实数来代表U中每个通道的二维特征，这个实数是每个通道特征的平均响应，在一定程度上表示每个特征通道的全局分布。

其次是Excitation操作，将$1\times1\times C$的特征通过两层全连接层，然后利用Sigmoid激活函数将输出特征映射为每个通道相应的权重，得到形状为$1\times1\times C$的权重向量。全连接层的作用是让特征适应整个数据集的尺度，使得网络更加容易收敛。

最后是Reweight操作，第二步中通过Excitation操作计算出的$1\times1\times C$权重向量可视为每个特征通道的重要程度的量化值，紧接着将每个权值与U中对应通道的特征相乘，达到对重要特征增强，对无关特征抑制的目的。

SE模块比较灵活，可以很容易添加到现有的网络模型内，以获得基于不同网络模型的SENet，如SE-Inception、SE-ResNet等。

4.3.3.3　网络模型

本节使用Hard参数共享来实现节点显著性图和连接图的联合训练。除此之外，为了使得模型能够获得输入图像长距离（long-range）的空间关系，更充分地利用上下文信息，本书在网络中采用注意力模块来增强模型的学习能力。如图4.32所示，本节网络模型采用全卷积网络作为基础网络结构，网络以高分遥感影像作为输入，以节点显著性图和连接图作为输出。网络拥有一个编码结构和两个解码结构（decoder）。本节将在ImageNet数据集上预训练好的ResNet去掉最后的平均池化层（Avg Pooling）和全连接层（Fully Connect），只保留网络前面四个block（即特征提取层）作为网络编码器。两个解码器采用相同的网络结构，主要由卷积层和上采样层组成。为了使模型更充分地利用上下文信息，本书在编码器后面添加了空间注意力模型和通道注意力模型。

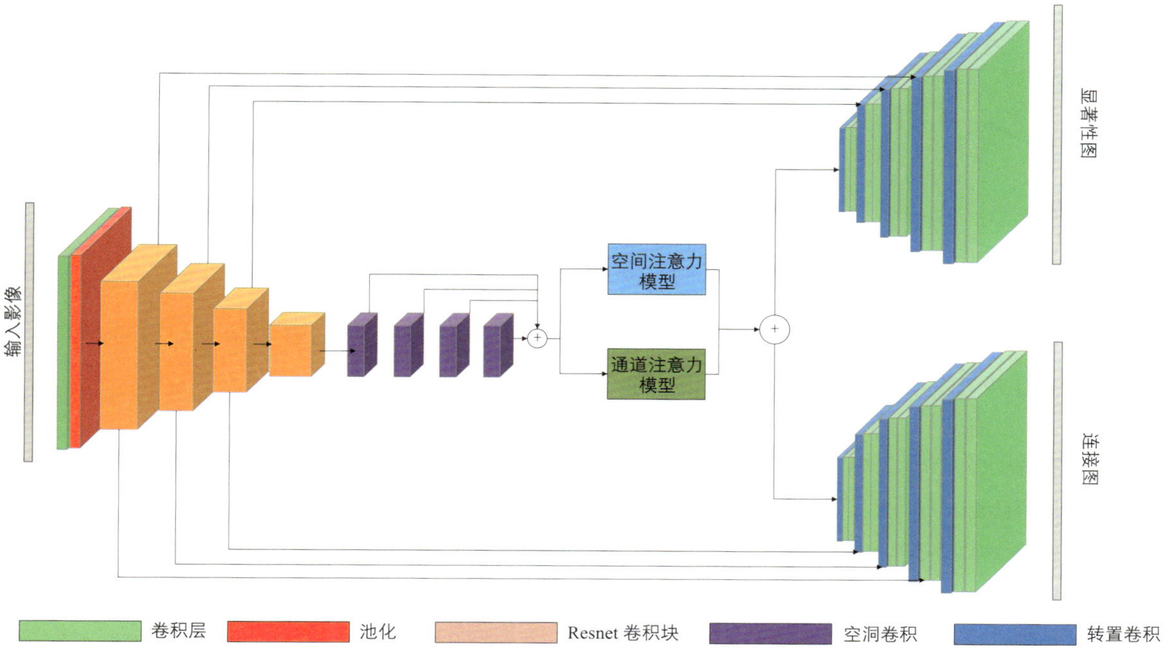

图 4.32 网络模型

网络中采用的空间注意力模型如图4.33所示,给定输入特征$A\in R^{H\times W\times C}$,首先将$A$输入到卷积层来生成特征$B$和$C$,$B$和$C$的形状都为$H\times W\times C$,接着将$B$和$C$改变形状(Reshape)为$R^{C\times N}$,其中$N=H\times W$为特征图中像素总数。接下来将$C$进行转置运算后与$B$相乘,然后通过softmax函数计算得到空间注意力图$S\in R^{N\times N}$。如式(4.35)所示。

$$s_{ji}=\frac{\exp(B_i\times C_j)}{\sum_{i=1}^{N}\exp(B_i\times C_j)} \tag{4.35}$$

式中:s_{ji} 表示B中位置i处特征与C中位置j处特征的相似度,s_{ji} 越大表明i和j处特征有越强的相关性。

与此同时,将A输入到卷积层来生成特征$D\in R^{C\times H\times W}$,然后Reshape为$R^{C\times N}$。接着将空间注意力矩阵$\boldsymbol{S}$进行转置运算后与$\boldsymbol{D}$进行矩阵乘法运算,运算得到的特征Reshape为$R^{C\times H\times W}$。最后,将乘积运算后的特征乘以尺度因子$\alpha$后和特征$A$逐元素相加得到最终的特征$E$,$E$计算如式(4.36)所示。

$$E_j=\alpha\sum_{i=1}^{N}(s_{ji}D_i)+A_j \tag{4.36}$$

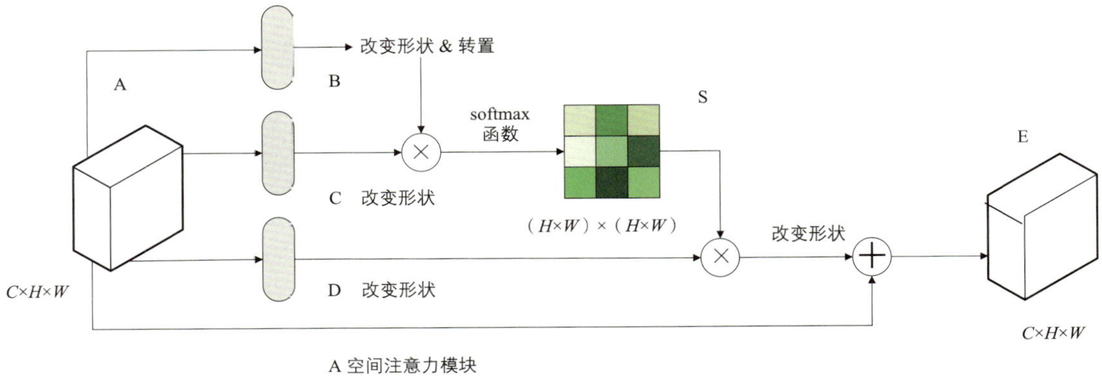

图 4.33　空间注意力模块示意图

网络中采用的通道注意力模型如图4.34所示，给定输入特征$\boldsymbol{A} \in R^{H\times W\times C}$，首先将$\boldsymbol{A}$改变形状（Reshape）为$R^{C\times N}$，其中$N=H\times W$为特征图中像素总数。接下来将进行转置运算后的$\boldsymbol{A}$与$\boldsymbol{A}$自身进行矩阵乘法运算，最后通过softmax函数来计算得到通道注意力图$X\in R^{C\times C}$，如式（4.37）所示。

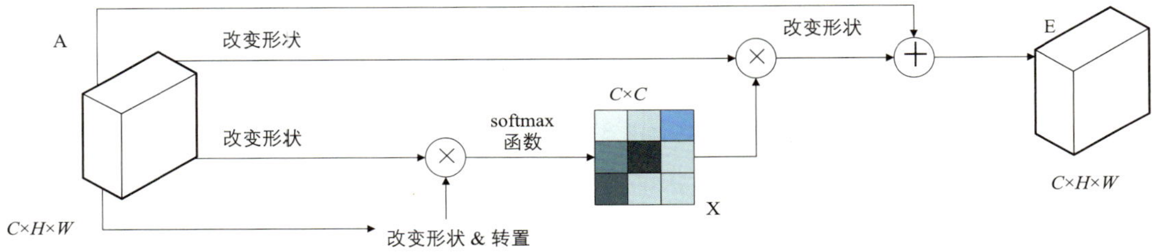

图 4.34　通道注意力模块示意图

$$x_{ji}=\frac{\exp(A_i\times A_j)}{\sum_{i=1}^{C}\exp(A_i\times A_j)} \tag{4.37}$$

式中：x_{ji}表示第i个通道与第j个通道之间的相似度，x_{ji}越大表明第i和第j个通道之间有越强的相关性。

将空间注意力矩阵$\boldsymbol{S}$进行转置运算后与$\boldsymbol{A}$进行矩阵乘法运算，并将运算得到的特征Reshape作为$R^{C\times H\times W}$；将乘积运算后的特征乘以尺度因子β后和特征A逐元素相加得到最终的特征E，E计算如式（4.38）所示。

$$E_j=\beta\sum_{i=1}^{C}(x_{ji}A_i)+A_j \tag{4.38}$$

网络以遥感影像X作为输入，编码器首先对输入影像进行特征抽取，得到降采样32倍的特征图F，接着将F送入空间注意力模型中，生成包含更丰富的空间上下文信息的特征E_P，与此同时将F送入通道注意力模型中，生成能构建模通道之间关系的特征E_C，然后将特征E_P与E_C进行融合（相加），生成融合后的特征$\widetilde{F}$，最后将$\widetilde{F}$送入解码器中，两个解码器采用同样的结构，每个解码器包含五层上采样层，对输入的特征图 $\widetilde{F}$ 逐层进行2倍上采样。为了消除网格效应，得到更加平滑的上采样结果，在每个上采样层后添加两个卷积层，对上采样的特征图进行卷积之后采用relu非线性修正单元进行非线性映射，最后两个解码器分别输出节点显著性图S和连接图C。整个网络的损失函数$Loss$为各个任务损失函数的总和，定义如式（4.39）所示。

$$Loss = L_{\text{node}} + L_{\text{connect}} \tag{4.39}$$

4.3.4 道路网拓扑结构提取

完成道路节点提取和节点间连接性估计之后，本书用图G =（V, E）表示道路网拓扑结构，其中V表示提取的道路节点集合，E表示构建道路网所需的连接节点的边的集合。本书以提取的节点集V和节点间连接性估计作为基础，提出运用道路网拓扑重建算法得到道路网的图表示。由于卷积神经网络预测的节点连接性图与真实的连接性图相比总会存在一定误差，导致节点的连接性估计产生一定偏差，最终会影响重建的道路网质量。因此本书在道路拓扑重建之后又提出了一种简单的后处理方法来对提取的道路网进行拓扑修正。

4.3.4.1 道路网拓扑构建

4.3.2节中提取的道路节点为$V = \{v_1, v_2, \cdots, v_n\}$，道路网拓扑重建以节点间的连接性估计值为基础。在道路网构建时，原则上应该考虑任意一对节点之间是否连接。然而判断每对节点是否连接会带来较高的计算复杂度$o(n \times n)$。考虑到在生成道路节点显著性图真值时，相邻接的道路节点之间距离小于人工设置的阈值d_T。因此，对于每个道路节点v_i，只需要考虑在与v_i的距离小于等于d_T的范围内是否存在节点v_j与v_i相邻接，v_j与v_i距离越近，判断是否连接的优先级越高。若v_j与v_i之间的连接性$p_{i,j}$大于0.5且边（v_i, v_j）与$\forall e \in E$无重叠交叉，则添加（v_i, v_j）到E。表4.2为道路网拓扑重建算法的流程。

表4.2 道路网拓扑重建算法流程

输入	节点集合$V = \{v_1, v_2, \ldots, v_n\}$，连接图$C$
输出	道路网的图表示：$G = (V, E)$
过程	（1）初始化边集合$E = \{\}$；
	（2）对于每个节点v_i，计算与其距离小于阈值d_T的节点子集V_D；
	（3）按照距离降序对V_D进行重新排列；
	（4）对于V_D中的每个节点v_{d_i}，计算其与v_i之间的连接性$p_{v_i,v_{d_i}}$，若$p_{v_i,v_{d_i}}$大于等于0.5且边（v_i, v_{d_i}）与E中已有边（$\forall e \in E$）无重叠，则将边（v_i, v_{d_i}）添加到E

道路网重建结果如图4.35所示，蓝色节点表示提取的道路节点，黄线表示提取的节点之间的边。

图 4.35　道路网拓扑重建结果

4.3.4.2　道路网拓扑修正

通过道路网拓扑重建，道路网的绝大部分都已经被正确提取。然而，由于遥感影像场景极其复杂，而且道路常被其他地物（如树木、车辆、阴影等）遮挡，卷积网络预测的道路节点连接性图与真值相比总会存在一定误差，这就导致了对于有些原本相互邻接的节点对，按照公式（4.30）计算出的连接性值小于构建道路网时设置的阈值0.5。因此在道路网拓扑重建之后，会遗留一些孤立的道路节点未与其他道路节点连接。除此之外，还会遗留一些孤立的道路未与道路网相连接。为了进一步提高道路网的连通性，本书以格式塔原则作为基础，对提取的道路网进行拓扑修正，拓扑修正包含两个方面，对孤立道路节点的感知编组和对孤立道路线基元的感知编组。

1）格式塔原理

1912年，格式塔心理学院观察了很多重要的视觉现象，以此来研究人类是如何从视觉信息中感知模式的。格式塔理论提出，人类具有与生俱来的视觉组织能力，能够对视觉系统所观察到的事物进行组织排列，产生出协调、易于理解的整体。人类的视觉系统负责对于感知到的视觉信号建立结构信息，神经系统负责在此之上构建形状，将一些互不相连的边、线和区域组织为图形和物体。德语“形状”是“Gestalt”音译为“格式塔”，所以视觉系统感知图形的理论被称为格式塔（Gestalt）原理。格式塔原理可以概括为以下几个原则。

（1）接近性原则。接近性原则是格式塔理论中应用最广泛、最容易理解的原则。该原则指出视觉系统容易将距离上相近的物体组织成一个整体。相较于其他物体，互相之间距离靠近的物体更容易被看作一组。如图4.36更容易被看作3个横行和4个竖行的组合。

图 4.36　接近性原则示例

（2）连续性原则。连续性原则指人类的视觉系统更倾向于注意到连续的形式而不是零星碎片，具有相同的运动方向的物体更容易被识别为一个整体。如图4.37所示，箭头指示方向更容易被看作一个整体。

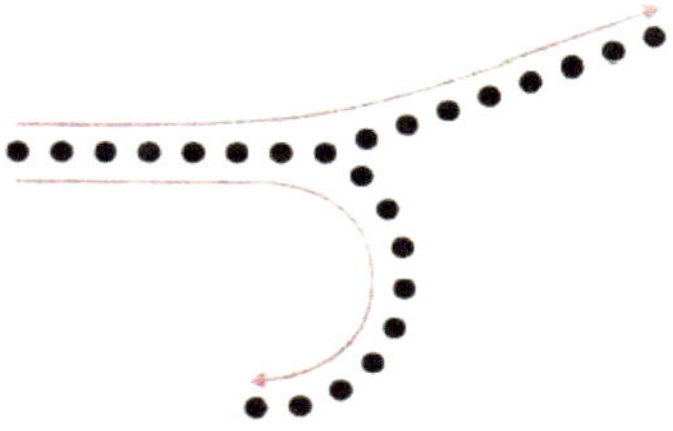

图 4.37　连续性原则示例

（3）封闭性原则。封闭性原则指当元素不完整的时候，依然可以被视觉系统所识别。在物体的轮廓出现缺损时，人们倾向于在脑海中补充轮廓使其变得完整。如图4.38所示，在画个圈之后，人们会不知不觉将图中的空间点分为三类。

（4）共势原则。共势原则指如果物体沿着相似的光滑路径或者有相似的排列模式，视觉系统倾向于将其识别为同一类物体。例如，从图4.39中仍然可以识别出文本。

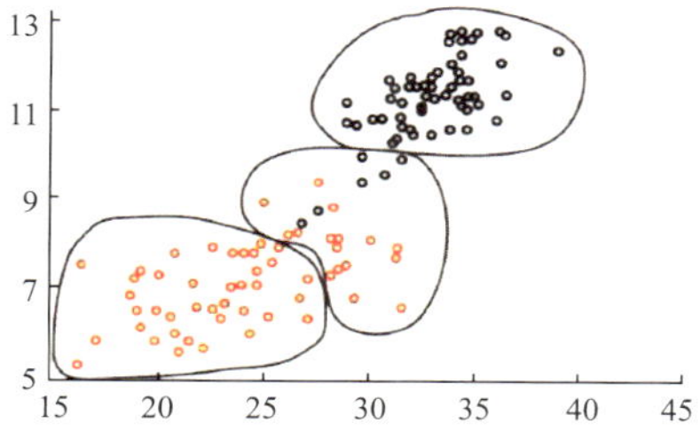

图 4.38　封闭性原则示例

图 4.39　共势原则示例

2）孤立道路节点的感知编组

孤立道路节点的感知编组建立在一个简单而且有效的假设之上：若有道路节点位于某条道路的延长线上，则该节点应当连接到该道路上。节点感知编组分为以下三个步骤：

（1）对于道路网的每个端点p，寻找一定范围内与其距离最小的孤立节点q。

（2）计算p所在道路方向θ_p，从p指向q的方向为$\theta_{p,q}$。若θ_p与$\theta_{p,q}$之间夹角小于阈值θ_T且p与q之间距离小于阈值D_T，则连接p与q。

（3）重复上述步骤，直到没有满足条件的孤立节点。

3）孤立道路线基元的感知编组

孤立道路线基元的感知编组分为两步，第一步是道路线基元之间的感知编组，探索孤立线基元之间的共线关系，将它们进行编组，形成更加连续的道路线基元；第二步是将孤立道路线基元连接到已有道路网上，形成更加完整的道路网。

在道路线基元之间的感知编组中，本书使用连接矩阵$\boldsymbol{P}$表示线基元之间的连接概率。假设线基元数量为n，则连接矩阵$\boldsymbol{P}=(a_{ij})_{n\times n}$的维度为$n\times n$，元素$a_{ij}$表示第$i$个线基元与第$j$个线基元之间的连接概率，连接概率越高，它们之间的共线性就越大，被连接的可能性就越大。根据连接矩阵$\boldsymbol{P}$对线基元进行编组，整个编组过程是不断迭代的，首先从$\boldsymbol{P}$中选取共线性较强的两个线基元进行连接，形成新的线基元之后，对连接矩阵$\boldsymbol{P}$进行更新，接着从$\boldsymbol{P}$中继续选取满足条件的线基元进行连接，直到没有满足条件的线基元。随着每次迭代，线基元会越来越长，编组的范围会越来越大，线基元的数量会越来越少。感知编组的具体步骤表述如下：

（1）在连接矩阵$\boldsymbol{P}=(a_{ij})_{n\times n}$中选择连接概率最大的元素$a_{ij}$，若$a_{ij}$大于阈值$T$，则连接对应道路基元。

（2）更新连接矩阵$\boldsymbol{P}=(a_{ij})_{(n-1)\times(n-1)}$。

（3）重复上述步骤，直到没有元素大于阈值T。

由上可知，线基元之间感知编组的关键在于连接概率a_{ij}的计算，本书以格式塔原则中的接近性原则和连续性原则为基础，建立线基元之间的连接概率计算模型。

图4.40表示了线基元Seg_i和线基元Seg_j之间的几何关系，利用这种几何关系计算连接概率a_{ij}。图4.40中符号所代表的意义可直接从图中看出。Seg_i与Seg_j之间的接近性由横向间隙（transverse gap）$g_t=g_{t1}+g_{t2}$和纵向间隙（longitudinal gap）$g_l=g_{l1}+g_{l2}$所描述，连续性由两个线基元之间的夹角α和共线量化值$\theta=\theta_1+\theta_2$所描述。连接概率a_{ij}计算如式（4.40）所示。

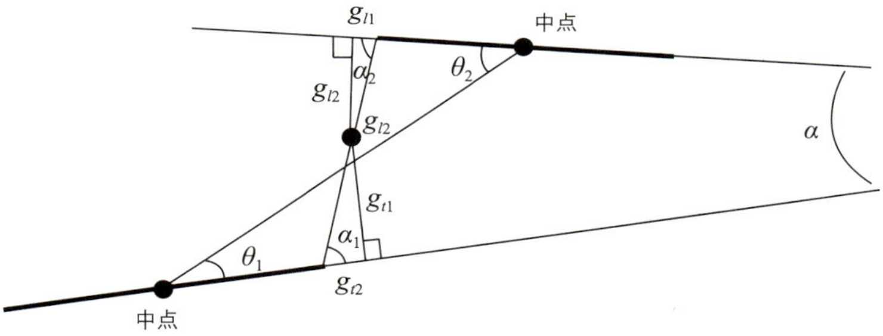

图 4.40　用于计算共线概率的几何关系

$$a_{ij}=c_0\times(g_t+g_l)+c_1\times(\alpha+\theta) \tag{4.40}$$

式中：c_0和c_1表示各项的权重系数。在编组过程中，为了简化计算复杂度，可以仅仅根据g_t, g_l, α和θ的值判断出一些基元之间是否具有明显的不共线关系。例如，当$\alpha\geqslant\pi/12$或$\theta\geqslant\pi/6$时，认为该对基元之间不具有共线性，即连接概率a_{ij}为0。公式4.40中的权重系数c_0, c_1定义如式（4.41）、式（4.42）所示。

$$c_0=1-0.5\times\alpha/(\pi/12.0) \tag{4.41}$$

$$c_1=0.5\times\alpha/(\pi/12.0) \tag{4.42}$$

式（4.41）和式（4.42）表明当基元之间的夹角很小（方向性一致性强）时，连接概率大小主要取决于接近性，因为随着c_0权重变大，连接概率主要由横向间隙g_t和纵向间隙g_l决定。

在孤立线基元编组完成之后，接下来将孤立道路线基元连接到已有道路网上。与节点的感知编组类似，若有道路线基元位于某条道路的延长线上，则该线基元应当连接到该条道路上。孤立道路线基元感知编组分为以下三个步骤：

（1）对于每个孤立的道路基元，寻找一定范围内与其端点p距离最小的道路网端点q。

（2）计算p和q所在道路方向θ_p和θ_q，从p指向q的方向为$\theta_{p,q}$。若θ_p与$\theta_{p,q}$，$\theta_{p,q}$与θ_q之间夹角小于阈值θ_T，且p与q之间距离小于阈值D_T，则连接p与q。

（3）重复上述步骤，直到没有满足条件的孤立道路线基元。

道路网拓扑修正过程如图4.41所示，本书选取了一些道路网拓扑重建之后效果极差的情况进行展示，如图4.41（b）所示，通过拓扑修正可以显著提升道路网的完整性。

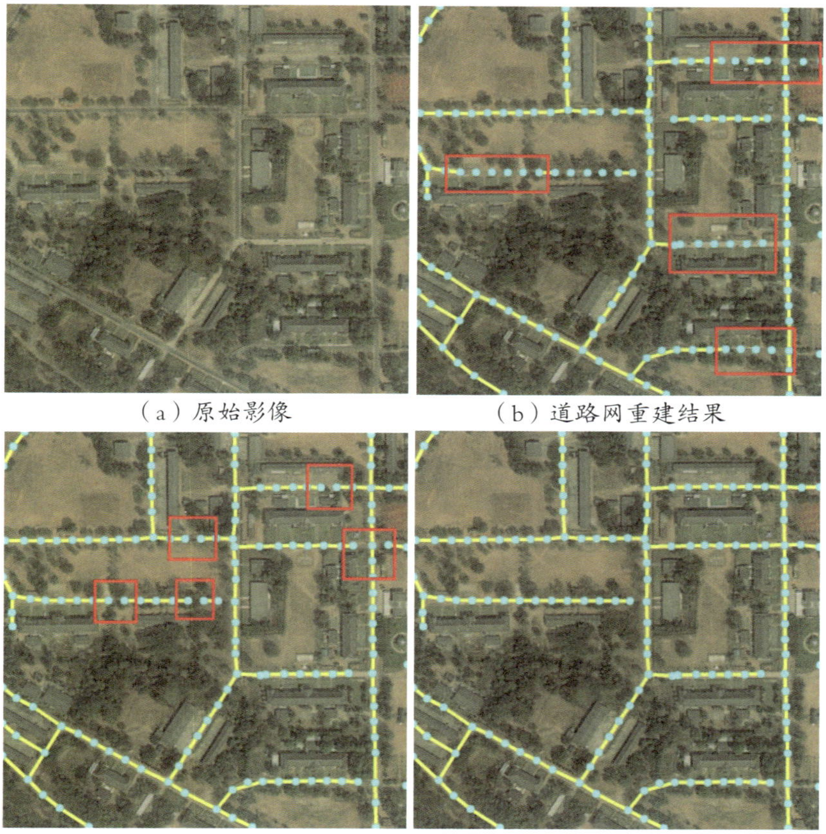

（a）原始影像　（b）道路网重建结果

（c）孤立节点感知编组　（d）孤立线基元感知编组

图 4.41　道路网拓扑修正过程

4.3.5　道路提取实验与分析

为了评估本书提出的道路提取算法的性能，在公开的道路提取数据集上开展实验，评估提取的道路网的精度。

4.3.5.1 道路提取数据集

本书仍然在DeepGlobe和SpaceNet道路提取数据集上展开实验，从DeepGlobe数据集中随机选取4626张影像作为训练集，1600张影像作为测试集；从SpaceNet数据集中选取2780张影像作为训练集，567张影像作为测试集。

4.3.5.2 数据增广

数据增广是深度学习中防止过拟合的常用技巧，可以让训练数据尽可能多样化，使得训练后的模型具有更强的泛化能力。常用的数据增广方式包含翻转、平移、旋转、缩放、色彩抖动、添加噪声等。在实际应用中，一般根据训练数据来选择合适的数据增广方式。

针对高分遥感影像的特性，选取适当的数据增广方式来增加训练样本的数量，在图像输入到网络之前用数据增广操作进行变换。数据增广操作包含两个方面：图像形态变换和图像彩色变换。

图像形态变换主要包含以下三种操作：

（1）随机翻转：翻转方式包含垂直翻转和水平翻转。

（2）随机缩放：将图像进行随机缩放，由于道路在影像上较为细小，为避免将图像过分缩小之后有些细小道路不可见，图像缩放尺度一般不超过10%。

（3）随机偏移：将图像上下左右随机偏移，偏移尺度一般不超过10%。

图像彩色变换主要包含以下三种操作：

（1）添加椒盐噪声：椒盐噪声是一种常见的高斯噪声，表现为图像中黑白相间的亮暗点，信息失真水平较低。

（2）色彩抖动（color jittering）：在HSV色彩空间随机改变图像的饱和度、色调和亮度分量，调整范围为−15~15。

（3）对比度变换：将图像变换到HSV色彩空间，保证色调H不发生变化，对每个像素的饱和度分量S和亮度分量V进行指数级拉升，增强图像的对比度。

4.3.5.3 实验参数设置

本书采用深度学习框架pytorch来实现所提出的网络结构，网络编码结构采用在ImageNet数据集上预训练的模型参数作为初始参数，网络优化算法采用RMSProp优化算法。学习率衰减方式为指数衰减，学习率更新如式（4.43）所示：

$$\text{decayed\_learning\_rate} = \text{learning\_rate} \times \text{decay\_rate}^{\frac{\text{global\_step}}{\text{decay\_steps}}} \tag{4.43}$$

式中：decayed_learning_rate为衰减之后的学习率；learning_rate为初始学习率；decay_rate为衰减系数，在本书中设置为0.9；global_step为训练过程中当前迭代步数；decay_step为衰减步数，在本书中设置为10000。网络的其他超参数设置如下：batch size设置为2，初始学习率设置为$2e^{-4}$，max epoches设置为300。

4.3.5.4　精度评价指标

实验量化评价方法采用召回率（recall）、精确率（precision）和F1-Score测度作为精度评价指标。评价指标含义及计算方法见本书4.2.4.3。

4.3.5.5　不同场景实验

从测试集中选取不同场景（乡村道路、城镇道路和密集城区道路）进行道路提取实验，实验所用影像为RGB彩色影像，结果如图4.42、图4.43、图4.44所示。依照本节道路网提取流程，依次进行道路节点提取、节点间连接性估计、道路网构建、最后通过道路网优化获得最终结果。图中，左图为原始高分遥感影像，中间图为本方法道路网提取结果，右图为遥感影像对应的道路网真值，提取的道路网和真值道路网都用黄线表示，叠加在原始影像上。

乡村道路提取结果如图4.42所示，乡村道路场景简单，道路提取难度较低，但有时候严重遮挡会对提取效果产生影响。

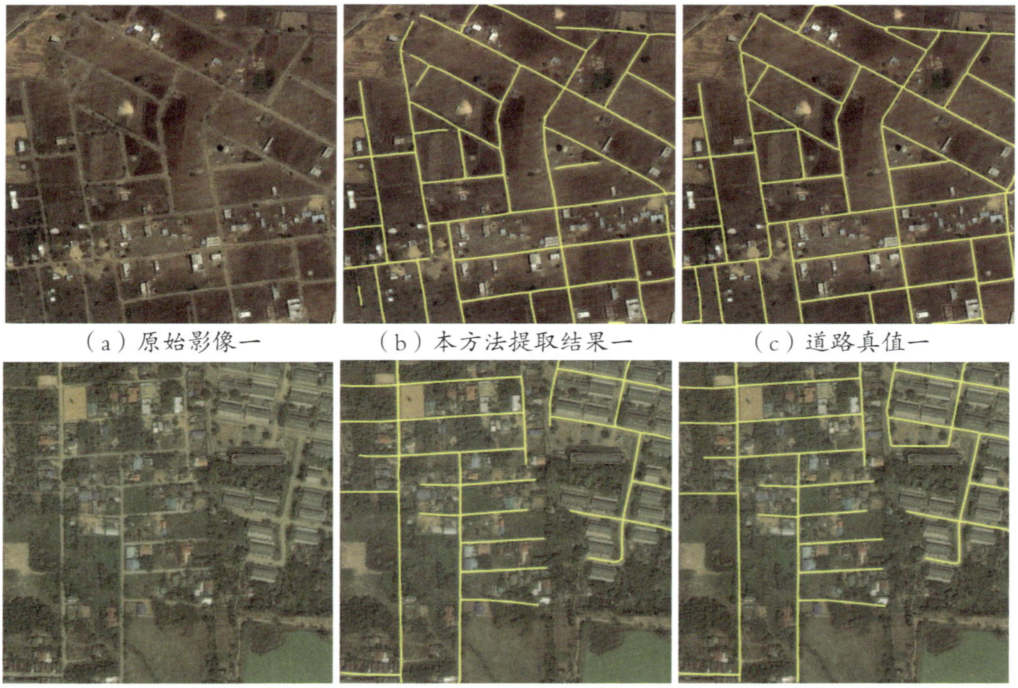

（a）原始影像一　（b）本方法提取结果一　（c）道路真值一

（d）原始影像二　（e）本方法提取结果二　（f）道路真值二

图 4.42　乡村道路提取结果

城镇道路提取结果如图4.43所示，城镇道路场景较乡村道路复杂，道路提取难度适中。

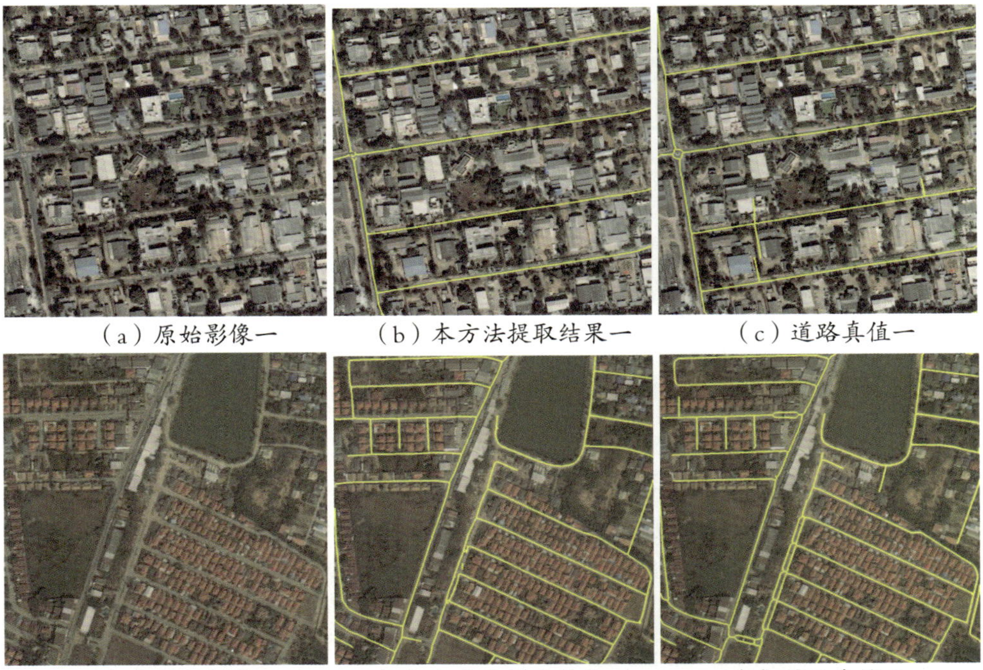

（a）原始影像一　（b）本方法提取结果一　（c）道路真值一

（d）原始影像二　（e）本方法提取结果二　（f）道路真值二

图 4.43　城镇道路提取结果

密集城区由于场景复杂，另外受同物异谱和同谱异物的影响，道路提取难度较大。密集城区的道路自动提取是本书重点关注的研究目标，密集城区道路提取结果如图4.44所示，图中可以看出本节算法对于密集城区道路提取也有较好效果。

4.3.5.6　实验结果定性分析

本节对测试集中不同场景影像进行道路提取实验，并与基于LinkNet、D-LinkNet的道路提取方法得到的提取结果进行对比分析。运用不同方法得到的道路提取结果如图4.45所示。

实验中发现，本节算法对与不同场景均有较强的适应性，同时能适应不同道路形态，包括粗路、细路、十字路口、分岔路口等，对复杂场景下的道路提取也有一定的鲁棒性。相较要对比的其他方法，本节算法受到建筑物、树木、阴影遮挡的影响相对较小，提取道路的完整性更高，且能够保持较高的正确率。由图4.45可以看出，尽管SpaceNet和DeepGlobe是两种风格截然不同的数据集，本节算法在上述两种数据集的测试影像上都能提取拓扑质量更高的道路网，这表明了该方法的有效性。

从实验结果中也可以看到，本节道路网提取结果仍然存在不足，相比真值道路，提取道路网的完整性有所欠缺，部分区域道路网存在断裂，影响了整个道路网的连通性，部分区域存在错误的道路提取结果，影响了提取道路网的正确率。出现这种情况的原因可能是道路场景较为复杂，干扰因素较多，可能出现的干扰因素有同物异谱、同谱异物现象等。

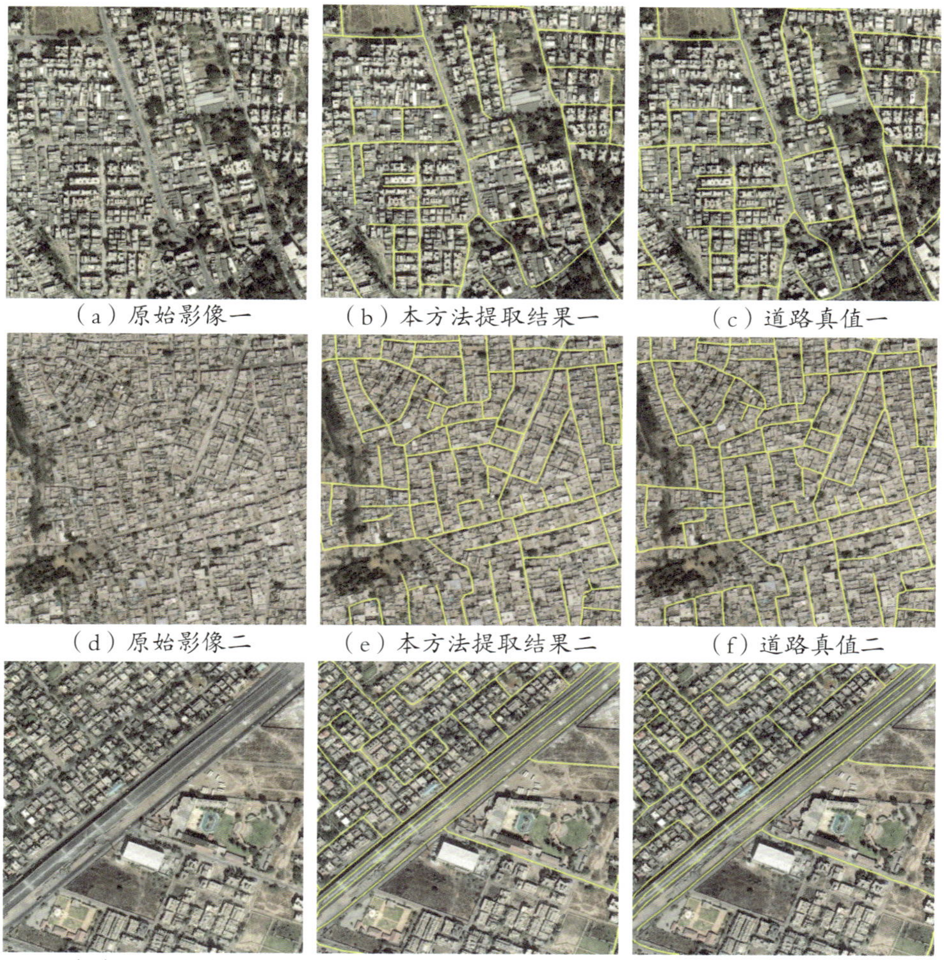

（a）原始影像一　（b）本方法提取结果一　（c）道路真值一

（d）原始影像二　（e）本方法提取结果二　（f）道路真值二

（g）原始影像三　（h）本方法提取结果三　（i）道路真值三

图 4.44　密集城区道路提取结果

例如，有些停车场、建筑物顶部、人工构造物等与道路具有相似的光谱特征，容易干扰网络模型的识别，另外，一些严重的遮挡也会加大道路提取的难度。综上所述，高分遥感影像的道路自动提取仍是一项有挑战性的研究方向。

4.3.5.7　实验结果定量分析

本节对DeepGlobe和SpaceNet数据集中测试集包含的全部遥感影像进行道路提取并进行精度评估，与基于UNet、LinkNet、D-LinkNet的道路提取方法进行对比分析。实验量化评价指标采用召回率、精确率和F1-Score，以各影像精度指标的平均值作为最终统计值，实验结果如表4.3所示。

在DeepGlobe数据集上，本方法相较其他三种方法，在召回率、精确率和F1-score测度上均有所提升。相比LinkNet和D-LinkNet，本方法在召回率上分别提升了0.62%和

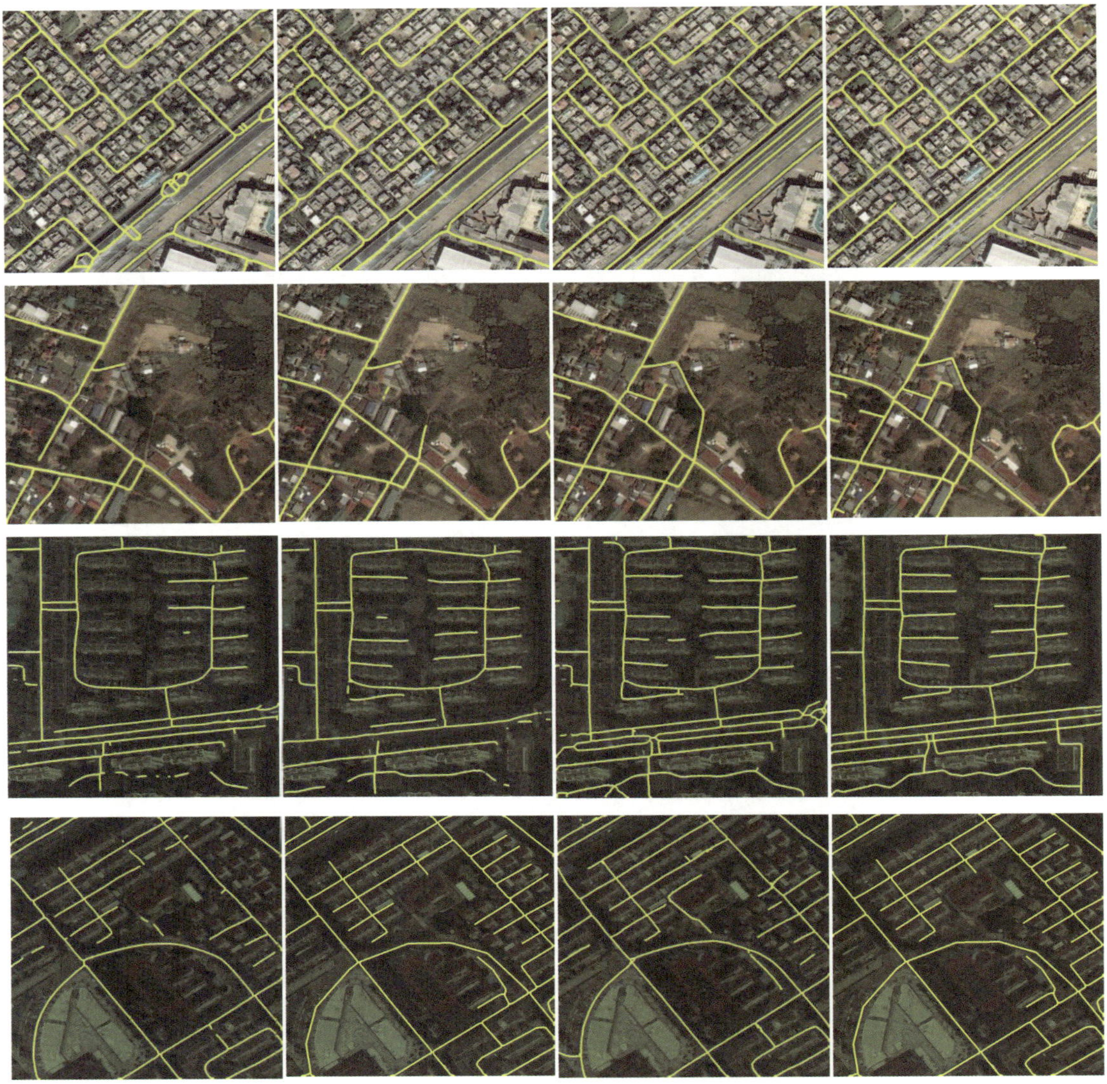

图 4.45　不同方法道路提取结果

（前两行真值为在DeepGlobe数据集测试影像上的提取结果，后两行真值为在SpaceNet数据集测试影像上的提取结果）

0.79%，这表明该方法能够提取更加完整的道路网；同时，在精确率上分别提升了0.17%和0.35%，这表明本方法相比上述两种方法有更低的错误率。F1-Score综合了精确率和召回率，是从整体上评价道路提取方法性能的指标，相比上述两种方法，本方法在F1-Score上分别提升了0.42%和0.54%。

在SpaceNet数据集上，本方法相较其他三种方法，在召回率和F1-Score测度上有所提升。相比LinkNet和D-LinkNet，本方法在召回率上分别提升了0.72%和2.2%，在F1-Score上分别提升了0.89%和1.94%。通过对比表4.3道路提取精度，还可以发现本方法提取的道路网比4.2节基于显著性图预测和宽度估计的道路中心线与边线提取方法提取的结果更加完整，道路拓扑质量更高。

表4.3 道路提取结果评估

方法	DeepGlobe测试集			SpaceNet测试集		
	召回率	精确率	F1-Score	召回率	精确率	F1-Score
U-Net	0.7868	0.8174	0.8018	0.5733	0.6157	0.5937
LinkNet	0.8177	0.8774	0.8464	0.6163	0.6722	0.6430
D-LinkNet	0.8160	0.8756	0.8452	0.6015	0.6669	0.6325
本方法	0.8239	0.8791	0.8506	0.6235	0.6831	0.6519

第五章

水系要素智能提取方法

本章涉及的水系要素主要包含河流、沟渠、湖泊、池塘、水库等要素。河流、沟渠是指带状或线状水域；湖泊、池塘是指湖盆及其承纳的水体；水库是指人工形成用来存储水的面状水体。利用遥感影像自动提取主要河流时，宽度应大于20像素，长度应大于500像素，无遮蔽；自动提取湖泊、池塘、水库时，面积应大于35像素×35像素，无遮蔽。

水系提取是遥感影像信息自动提取领域中的一个经典问题，它的主要目标是识别并提取出遥感影像中的水体区域。大多数的传统方法是基于水体指数来进行水体提取的，主要利用了水体在不同波段的反射率差异来识别水体。近年来，基于卷积神经网络的深度学习技术开始被应用在遥感影像水体提取任务中，利用手工标注的遥感影像和端到端的训练替代手工设计的水体指数。然而，这种方法通常是从原图的1/8甚至1/16、1/32分辨率上采样到原图大小得到水体提取的二值分割图。由于分辨率的限制，这种方法通常很难捕捉影像的细节信息，导致无法识别一些细小的水体和边缘区域识别不准确。为了克服这个问题，本书采用多尺度优化的方法，通过先在较低分辨率上得到一个较粗糙的水体分割结果，进行优化，然后结合多尺度特征逐步上采样分割结果，进一步优化，最终得到与原始影像尺寸相同的水体提取的分割结果。

5.1 多尺度优化水系提取神经网络模型

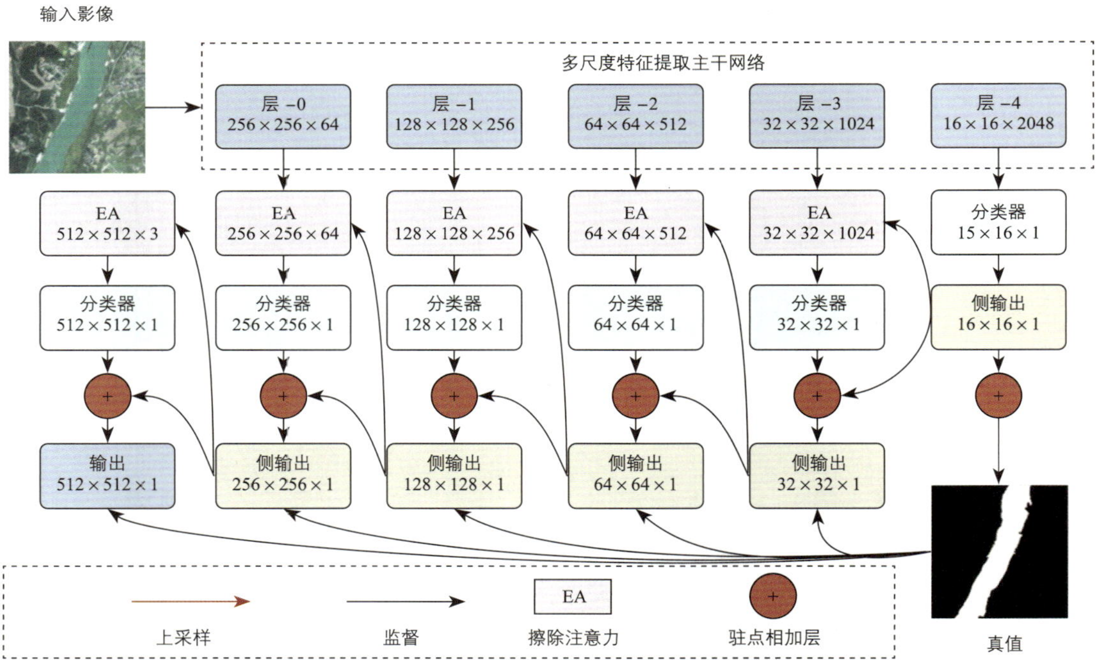

图 5.1　基于多尺度优化的高分辨率遥感影像水体提取网络结构图

图5.1展示了本书提出的多尺度优化的遥感影像水体提取网络结构图，其主要包含三个模块，分别是多尺度特征提取主干网络、擦除注意力模块和分类器。水体提取的具体步

骤如下：

利用预训练的主干网络从输入遥感影像中提取多尺度特征，通过分类器从最低分辨率的特征中获取初始粗糙水体分割结果。

5.1.1 多尺度特征提取

将一张遥感影像作为输入，利用去掉全连接层的预训练残差网络，通过一系列的卷积和降采样操作，来获取分辨率分别为$\frac{1}{2}W\times\frac{1}{2}H\times64$、$\frac{1}{4}W\times\frac{1}{4}H\times256$、$\frac{1}{8}W\times\frac{1}{8}H\times512$、$\frac{1}{16}W\times\frac{1}{16}H\times1024$和$\frac{1}{32}W\times\frac{1}{32}H\times2048$的多尺度特征图，其中$W$和$H$分别代表原输入遥感影像图像的宽度和高度。

一般来讲，深度卷积网络的学习能力是随着网络层数的增加而不断增强的。然而，当网络模型到达一定的深度之后，对网络层数的继续增加不会带来性能上的提升，反而导致性能出现显著的退化。由于训练误差也会随着网络加深而变大，因此可能不是网络出现了过拟合。出现这种退化情况可能是由于发生了梯度消失，这个问题仍然有待理论层面的研究和解决。

如果在已有较深的网络中多加几层恒等映射，那么网络虽然变深了，但是性能却不会退化。从这个思路出发，He 等（2016）提出了深度残差网络，用残差学习来缓解网络训练过程中的梯度消失问题。

对于网络中的隐含层，当输入为x时，其学习到的特征记为$F(x)$，我们希望隐含层学习到残差$F(x)=H(x)-x$，其中$H(x)$为期望学到的特征。因此隐含层的输出为$H(x)=F(x)+x$。这样一来，就得到了一种新的残差结构单元，残差单元的输出由多个卷积层的输出和原始输入相加，再通过非线性修正单元（Relu）进行映射后得到。

用数学符号来描述，残差单元可以表示如式（5.1）所示。

$$x_{l+1}=x_l+F\left(x_l,W_l\right) \tag{5.1}$$

式中：x_{l+1},x_l表示第l个残差单元的输出与输入；W_l为第l个残差单元的参数。在反向传播时，模型损失函数用$Loss$表示，x_l处传回的梯度计算如式（5.2）所示。

$$\frac{\partial Loss}{\partial x_l}=\frac{\partial Loss}{\partial x_{l+1}}\times\frac{\partial x_{l+1}}{\partial x_l}=\frac{\partial Loss}{\partial x_{l+1}}\times\left[1+\frac{\partial F\left(x_l,W_l\right)}{\partial x_l}\right] \tag{5.2}$$

从上式中可以看出残差结构可以使得x_{l+1}的梯度无损地传给x_l，从而缓解了梯度消散问题。

5.1.2 初始水体分割结果获取

将得到的多尺度特征中分辨率为$\frac{1}{32}W\times\frac{1}{32}H\times2048$的特征图输入一个由全局卷积层构成的分类器中，输出分辨率$\frac{1}{32}W\times\frac{1}{32}H$的低分辨率初始水体分割概率图。

为了增大分类器的感受野，传统的卷积神经网络对输入图像先卷积（Conv）再池化（Pool）。池化虽然增加了网络模型的感受野，但是降低了输出特征图的尺寸，为了使得网络的输出与原始图像具有相同的尺寸，一般采用上采样（upsampling）或者反卷积（deconv）操作将池化（pooling）后尺度变小的特征图恢复到原始的图像尺寸进行预测，输出原始影像对应的语义分割结果。在将特征图先进行降采样后进行上采样的过程中，一般会存在部分细节信息的损失。因此，有研究者提出了空洞卷积（dilated conv），在不做池化操作降低图像尺寸的情况下也能使得网络获得较大的感受野。

首先介绍一维信号下的空洞卷积，$x[i]$表示输入一维信号，长度为K的一维空洞卷积核为$w[k]$，对输入信号$x[i]$进行空洞卷积得到的输出$y[i]$计算如式（5.3）所示。

$$y[i]=\sum_{k=1}^{K}w[k]x[i+r\cdot k] \tag{5.3}$$

式中：r为空洞卷积的步长，对于普通卷积，r为1。在空洞卷积中，$r>1$。

二维空洞卷积与一维空洞卷积类似。二维空洞卷积如图5.2所示。

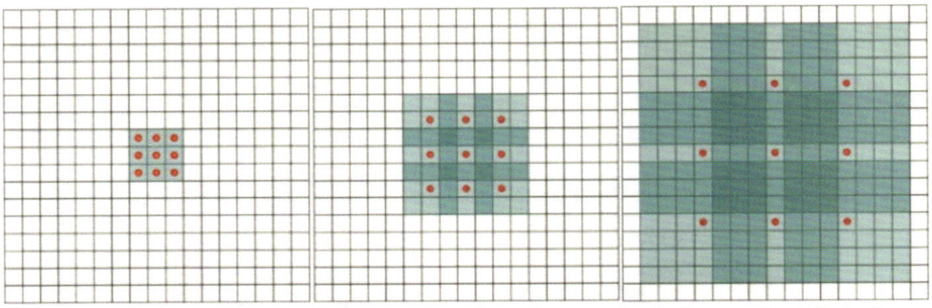

（a）普通3×3卷积　（b）3×3空洞卷积（rate=2）　（c）3×3空洞卷积（rate=4）

图 5.2　空洞卷积示意图

图5.2（a）表示rate为1的空洞卷积，也就是普通3×3卷积。图5.2（b）表示rate为2的空洞卷积，空洞卷积核的尺寸为5×5，卷积核中除了图中9个元素的权重不为0，其他元素的权重都为0。虽然该卷积核实际的size也为3×3，但是卷积核的感受野为5×5，相比普通3×3卷积，在提高感受野的前提下并没有引入多余的参数。图5.2（c）表示rate为4的空洞卷积，该卷积核能够达到9×9的感受野。空洞卷积的优势在于提高网络的感受野的同时不需要利用降采样损失细节信息。

5.1.3　多尺度水体分割结果优化

通过本方法设计的擦除注意力方法，结合多尺度特征和初始分割结果，逐步得到较高分辨率下的水体分割结果，并最终输出全分辨率下的水体提取结果。

（1）将获得的低分辨率初始水体概率图进行两倍上采样，作为新一轮优化时所需的初始水体分割概率图。

（2）将获得的待优化的初始水体分割概率图输入擦除注意力模块。首先用0.5减去概率图，得到一个反转的权重矩阵，对于权重矩阵中数值小于0的位置的权重置为0，即擦除待优化初始水体分割概率图中概率大于0.5的部分，再用2乘以权重矩阵，将权重缩放到0~1之间，得到擦除注意力模块的输出权重矩阵。

（3）将权重矩阵乘以获取的分辨率为 $\frac{1}{16}W\times\frac{1}{16}H\times1024$ 的特征图，得到加权后的特征图。

（4）将加权后的特征图输入又一个由全局卷积层构成的分类器，输出水体分割概率残差图。最后将该残差图与当前待优化的初始分割概率图相加，从而得到当前优化后的水体分割概率图。

（5）将水体分割概率图作为下一次待优化的水体分割概率图，结合多尺度特征图，重复上述4个步骤，直至得到原始分辨率的水体分割概率图。

5.1.4 注意力模型

采用注意力模型构建水体智能提取深度学习网络模型，构建技术见4.3.3.2、4.3.3.3。

5.1.5 模型训练

使用多尺度损失函数，对所有中间分割结果均进行监督，以提高网络的收敛速度与精度，并最终提升全分辨率下的水体提取结果精度。

定义的多尺度损失函数如式（5.4）所示。

$$Loss_i=-\frac{1}{N}\sum_{j=1}^{N}\left[G_j\times\log P_j+\left(1-G_j\right)\times\log\left(1-P_j\right)\right] \tag{5.4}$$

式中：$Loss_i$为尺度i下（分辨率为$W/2^i\times H/2^i$）的监督损失函数；G_j为像素j的真实标签，$G_j=1$表示为水体像素，$G_j=0$表示为非水体像素；P_j是像素j为水体像素的预测概率；N为一张图像中的像素总数。

考虑到包括原始分辨率在内的总共6个尺度，定义总的损失函数如式（5.5）所示。

$$Loss=Loss_0+\frac{1}{5}\sum_{i=1}^{5}Loss_i \tag{5.5}$$

由于最终目标是在原始分辨率上的水体提取结果最优，故将$Loss_0$权重设置为1，其他5个尺度损失函数的总权重设置为1。利用这个总损失函数，对网络进行训练，直到整个网络收敛至最优精度为止。

5.2 水系要素提取实验

图5.3、图5.4、图5.5、图5.6展示了本方法实验的结果，可以看出，本方法能稳定、精确地对感影像进行水体提取。

（a）原始影像

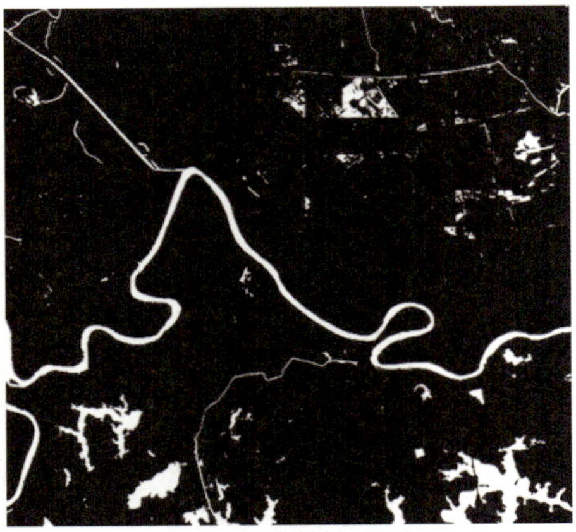
（b）水系提取结果

图 5.3　武汉影像水系提取结果

（a）原始影像

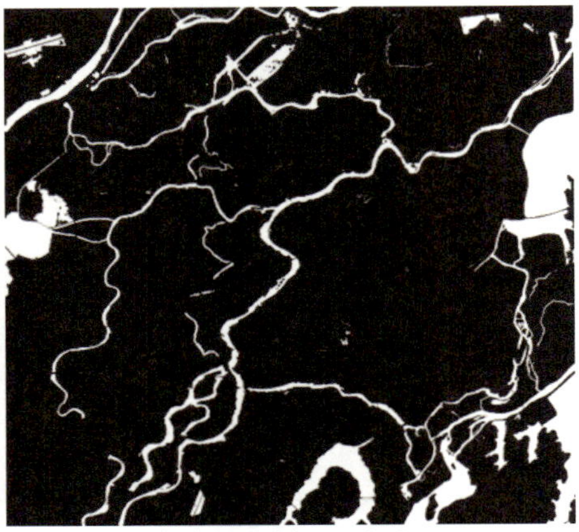
（b）水系提取结果

图 5.4　江西影像水系提取结果

（a）原始影像

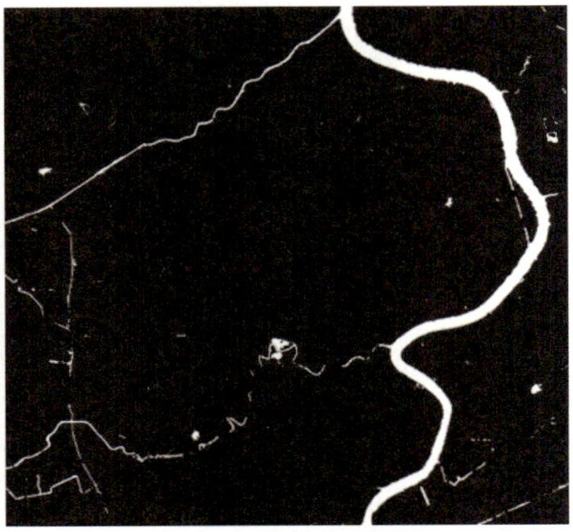
（b）水系提取结果

图 5.5　上海影像水系提取结果

（a）原始影像

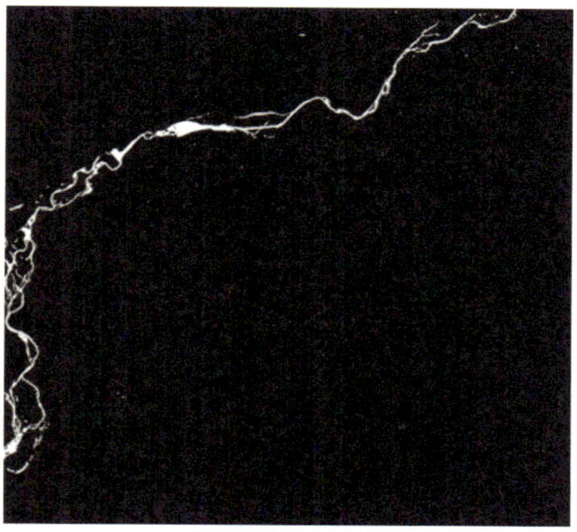
（b）水系提取结果

图 5.6　西藏影像水系提取结果

为了对水系要素提取指标进行验证，使用了GID数据集和Deep Globe数据集分别进行自动提取的实验。GID数据集包含150景高分二号真彩色影像，每景大小为6800像素×7200像素，地面分辨率为4m，随机选取其中120景作为训练集，剩余的30景作为测试集。Deep Globe数据集包含803景Wordview2真彩色影像，每景大小为2048像素×2048像素，地面分辨率为0.5m，随机选取其中643景作为训练集，剩余的160景作为测试集。

经过实验，在GID数据集上，水体要素自动提取正确率为90.23%，召回率为87.56%，交并比（IoU）为79.63%。在Deep Globe数据集上，水体要素自动提取正确率为94.34%，召回率为88.72%，IoU为84.37%。在两个数据集上水系提取的正确率和召回率均能达到要求。

第六章

居民地及不透水面智能提取方法

本章涉及的居民地要素是指被连片房屋建筑遮盖的地表区域。利用遥感影像自动提取居民地时，面积应大于50像素×50像素，无遮蔽。本章融合多方向和多尺度特征，构建面向多视角居民区的立体感知模型，解决了多类型居民地差异化和“暗房屋”漏检等问题，实现居民区的高精度自动提取。

6.1 基于先验知识的全球不透水面自动提取

居民地只占全球陆地表面面积的不到百分之十，直接对全球陆地表面进行居民区提取不仅费时费力，更会造成大量自然区域的虚警。与此同时，我们注意到，居民地与不透水面高度相关，可以通过不透水面提取的方式，从全球陆地表面中提取出居民区的制图区域。然而，通过调研现有研究发现，尽管已有部分30m全球不透水面产品，各产品在训练样本、分类方法、后处理、精度评定等方面存在较大不同，导致它们在局部或者全球的不透水面统计存在明显差异，难以提供可靠的居民区提取范围。对此，在充分调研现有不透水面的基础上，我们采用从1972年1月到2019年11月共计30872690景云覆盖80%以下的Landsat影像，利用现有先验知识获取全球各个范围的海量监督样本，设计分布式机器学习方法生产1972—2019年30m全球不透水面产品（简称GISA）。

6.1.1 现有全球不透水面产品综述

全球不透水面动态监测最主要的数据源来自卫星遥感观测。随着卫星遥感数据和技术发展，全球产品经历了从静态到动态，从粗（≥1km）到细空间尺度（30m）的发展过程。在千米尺度上，欧盟联合研究中心（JRC）综合采用SPOT4卫星数据，研发了2000年全球土地覆盖产品（简称GLC2000，空间分辨率为1.15km）。联合国粮农组织（FAO）融合了中等分辨率的多源卫星遥感数据（250~300m），生产了2012年空间分辨率为30弧秒的全球土地覆盖数据（简称GLC-SHARE）。在百米尺度上，欧洲航天局（ESA）发布了两个年度（2005年和2009年）的300m分辨率全球产品（简称GlobCover），并基于中分辨率成像光谱仪（MERIS）、1km分辨率的SPOT植被Proba-V传感器和1km分辨率的AVHRR卫星数据进一步开发了1992—2018年间的年度300m全球产品（简称CCI-LC）。与此同时，利用中分辨率成像光谱仪（MODIS）数据，美国国家航空航天局（NASA）发布了空间分辨率为250m的2001—2018年度全球年度土地覆盖产品。最近，使用180000景TerraSAR-X/TanDEM-X遥感影像，德国航空航天中心（DLR）生产了2014年度的12m空间分辨率的全球建成区（built-up）产品。综上，粗分辨率产品的优势在于遥感数据丰富，计算量相对较小，时间重访密集，有利于长时序动态监测和年内物候信息表征，然而其不足之处在于对小块不透水面提取能力不足，且受制于混合像素问题。高分辨率观测由于其对细节描述的优势，能有效应对上述两个问题，但也同时存在物候信息不足与计算负担重的问题。值得注意的是，近年来随着云计算（如Google earth engine，GEE）的兴起，遥感数据的存储和计算能力显著提升，全球不透水面制图已进入高分辨率时代。

从1972年开始业务化运行、兼具高时空分辨率的Landsat星座，是进行大规模不透水面监测的理想观测平台。基于Landsat影像，目前最早的高分辨率（30m）全球不透水面产品是JRC发布的全球人居图层（GHSL），包括1975年、1990年、2000年、2014年四个年度。随后，Liu等（2020）也生产了1985—2015年间的30m年度城市区域数据集（简称GAUD）；Gong等（2020）制作了全球人工不透水区域（简称GAIA）来量化1985—2018年间城市不透水面年度动态。最近，JRC发布了新版GHSL，其中包括2018年的全球不透水面概率网格。尽管已有上述30m全球不透水面产品，然而连续长时序的产品仍然非常稀少；而且，各产品在训练样本、分类方法、后处理、精度评定等方面存在较大不同，导致它们在局部或者全球的不透水面统计存在明显差异。特别地，由于早期Landsat有效观测不足，目前两个30m全球年度不透水面数据集GAIA和GAUD尚未提供1985年之前的全球不透水面信息。

6.1.2 弱监督样本自动提取

本节通过对表6.1所示的现有产品整合优化，来获取可靠的不透水和非不透水样本。一方面，对于非不透水面训练样本，将表6.1中所有产品叠置，获取一致性为非不透水面地块，作为所有年度的非不透水面样本。

表6.1 样本生产所使用的全球产品

编号	产品名称	制图年度/年	空间分辨率/m	前景定义
1	ESA Climate Change Initiative land cover maps（ESA-CCI）	1992—2015年	300	城市区域
2	MODIS 土地覆盖产品第五版和第六版	2001—2013年 2001—2018年	500	城市区域
3	GlobCover 2005 和 GlobCover 2009	2004—2006年 2009年	300	人造地表及相关区域
4	Global human settlement layer（GHSL）	2015年	38	人造地表及相关区域
5	Finer Resolution Observation and Monitoring of Global Land Cover project（From-GLC）	2015年 2017年	30	人造地表

另一方面，为捕捉不同年份不透水面动态，为每一期产品分别标定不透水面样本。具体地，对于任一年份，首先确定ESA-CCI、MODIS土地覆被产品第五版和第六版被一致标记为不透水面的地块，并根据以下条件从中进一步筛选潜在的样本。

（1）保留非边缘像素。

（2）对于边缘像素，同时满足后续时刻均为城区和前序年份过半被标记为城区两个条件的像素被保留。

由此得到的不透水面像素称为“初始不透水面样本集合”。由于CCI和MODIS产品的公共时间窗口为2001—2015年，因此，2016—2019年的初始样本集和与2015年一致；而

2001年以前的训练样本，采用变化检测的方式从2001年往前追溯。

1）2001—2019年的不透水面训练样本制作

从2019年开始往前逐年提取不透水面样本。具体步骤如下：

步骤1：检查该年度GlobCover、GHSL和From-GLC是否存在，若无，则执行步骤2，若有，则从“初始样本”中提取被上述三个产品也标记为不透水面的像素。

步骤2：利用年均归一化植被指数（NDVI）和年均修正的归一化水体指数（MNDWI）滤除样本中可能存在的绿色植被和水体。具体地，删除格网内NDVI/MDNWI大于均值+两倍标准差的像素。

步骤3：经过上述步骤后，样本集中可能仍然存在少量非不透水面，因此，我们通过异常探测器进一步剔除残存的非不透水面。

步骤4：检查该年度不透水面样本集是否在后一年不透水面样本集范围内，删除不在范围内的样本，以保证样本集的可靠性。

2）2001年以前的不透水面样本集制作

从2000年开始，我们采用变化向量分析法（CVA），用后一年来估计前一年的不透水面样本。CVA采用年度NDVI，MNDWI的均值和标准差作为特征向量，计算变化强度。将变化强度在均值加两倍标准差以内的像素作为该年度不透水面训练样本。

对所得不透水面样本进行一定程度的人工检查，进一步确保样本的质量。从全球陆表1221个六边形格网中，随机抽取50%的格网进行人工检查。随机抽查5%的地块，在当年的Google™ 地球和Landsat影像上进行复核，如有问题则进行人工校正。如果抽查的格网中，非不透水面的地块少于50个，则全部目视检查，并人工补充至100个非不透水面地块，将其用于之前年份制图；如果不透水面地块少于50个，则全部复核，人工补充到100个，并将其用于之后年份的制图。

对于上述过程采集所得样本，以下几点需要注意：

待制图年份同时已有粗—细分辨率不透水面产品时，训练样本从所有产品的一致性区域采集。因此，来自粗分辨率产品的虚警（如城市内部的河流）会被精细分辨率产品抑制。

待制图年份仅有粗分辨率不透水面产品时，训练样本中虚警也可通过以下两步操作抑制：

（1）在城市化不可逆假设下，当前年度的不透水面样本仅能位于后续时刻不透水面地区内。2015年的GHSL、2015年和2017年的From-GLC均能用于减少前序时刻不透水面样本虚警。

（2）使用年平均MDVI 和年平均MNDWI来滤除不透水面样本中可能存在的植被和水体。

上述半自动样本采集过程需要大量的人工来收集和检查样本，这也是在全球尺度进行长时序不透水面制图必不可少的一步。

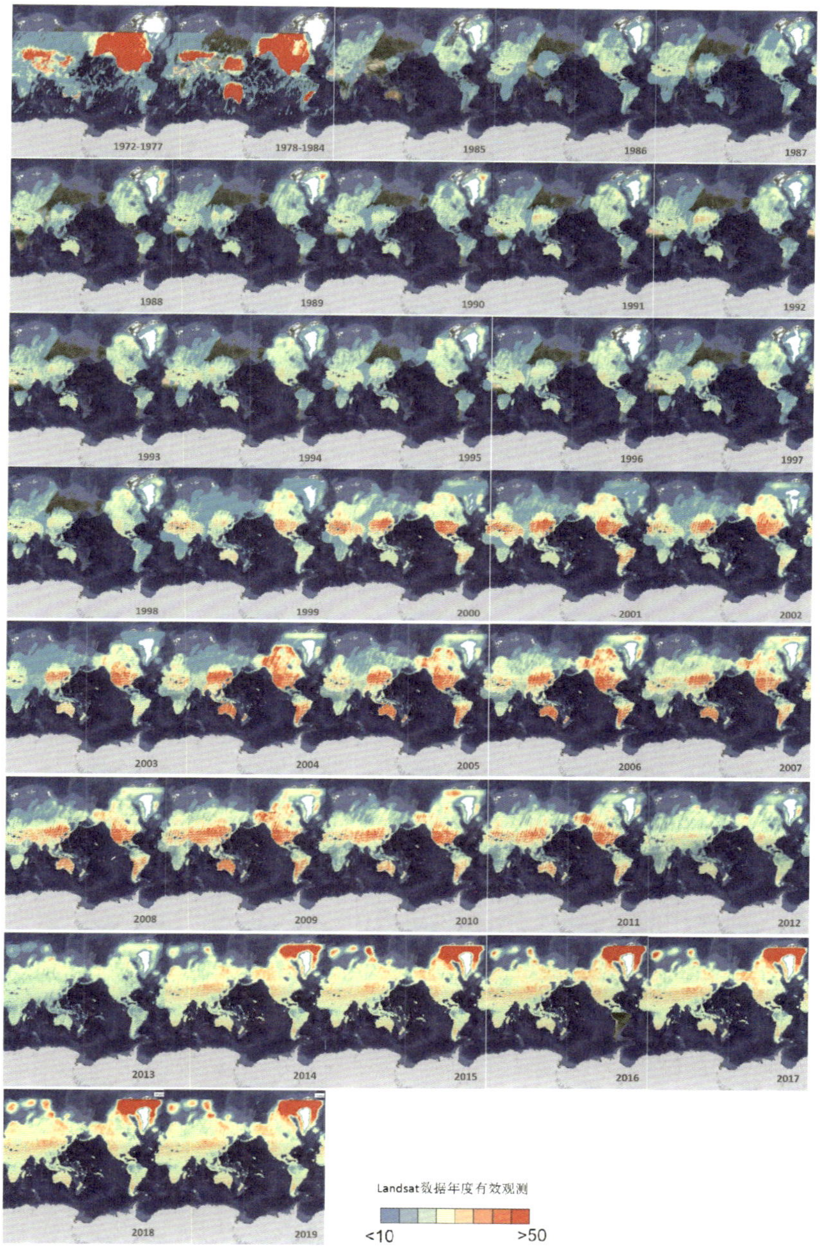

图 6.1 全球 Landsat 影像有效观测数
（云覆盖率小于80%的Landsat影像视为有效）

6.1.3 全球不透水面自动化制图

考虑到早期Landsat数据时空覆盖缺失（图6.1），利用1972—1977年，1978—1984年合成数据分别进行第一期和第二期全球不透水面制图；自1985年起，利用每年度数据进行一期不透水面制图。整体技术路线采用分布式监督分类（图6.2），将全球陆表以边长为

2° 的六边形划分成1221个格网，在每一期中逐格网利用局部不透水面和非不透水面样本训练随机森林分类器进行监督分类，然后在整个48年间进行多时序时空后处理。

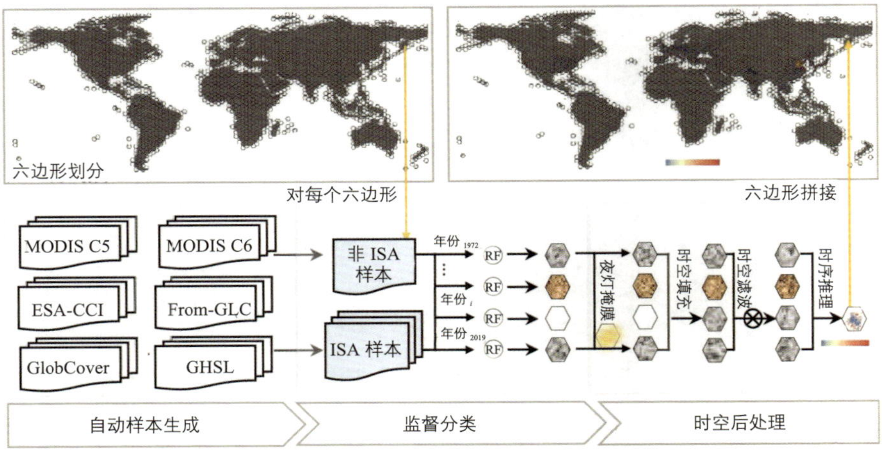

图 6.2　全球不透水面制图方案流程图

对于待制图年的每个六边形格网，用格网内的样本训练一个随机森林分类器，其特征包括：Landsat时序—光谱信息和数字高程模型（DEM）数据计算出的地表高程和坡度信息。光谱特征来自所有Landsat时序存档观测。考虑到各个传感器的服役时间范围，我们将所有时序分成三段。1972—1984年采用MSS传感器，观测数据包含RGB，NIR四个光谱反射率波段；1985—2013年，鉴于TM和ETM+两种传感器光谱通道一致性好，将这两种传感器获取的数据混合在一起，使用除热红外（即波段6）之外的光谱信息；2014—2019年，所使用的数据由ETM+和OLI拍摄。考虑到ETM+与OLI数据存在光谱差异性，从每一种数据源的多光谱观测（除热红外之外）中各自进行特征提取，然后堆叠使用。

为了充分捕捉时序—光谱信息，首先利用Landsat源信息滤除存在质量问题的观测，将高质量密集时序Landsat观测作为集合，分别从三个方面提取光谱特征。

（1）光谱反射率，提取该年内所有观测的各光谱反射率第20，50，80百分位。例如，对于MSS传感器获取的光谱观测，其光谱反射率特征有$3\times4=12$个维度。

（2）归一化差分光谱指数，提取该年内所有观测归一化差分光谱指数的第20，50，80百分位。归一化差分光谱指数能够通过波段间的组合运算增强影像上的感兴趣地物。（B5, B4）=（NIR-R）/（NIR+R），表示的是近波红外（即波段5）和红光（即波段4）的归一化差分，（B5, B4）能够有效地反映地表的植被覆盖情况，也即是常用的归一化植被指数NDVI。在本节中，为了充分反映自然地表与不透水层的差异，对Landsat获取的光谱反射率进行成对组合来构造光谱—指数统计特征。

（3）进一步采用±1年内所有观测的光谱反射率和光谱指数的标准差来描述不透水

面的光谱在时序的稳定性。在1972—1984年内，光谱指数采用NDVI和NDWI这两种对植被和水体敏感的特征描述，在其他时段内，在这两个指数的基础上增添MNDWI以进一步增强对自然地表的描述能力。地形特征包括高程和坡度两个维度，用以区分由地形起伏（如山体阴影）造成的建成区虚警。考虑不同DEM数据质量差异，58°N以上的高纬度地区采用GMTD2010数据反演这两个特征；58°N以下地区采用SRTM_30数据反演这两个特征。

后处理。利用夜间灯光数据抑制干旱地区的不透水面虚警，并提出时序缺失填充、时空滤波和时序推理的方案来进一步优化制图结果。

干旱区后处理。沙漠戈壁的光谱反射率高，易与不透水层产生混淆。考虑到不透水层上的人类活动强度高于自然地表，引入夜间灯光信息来抑制虚警。具体来说，即利用2018年度合成VIIRS夜间灯光DNB平均值，对干旱半干旱地区进行夜灯掩模，对于DNB均值小于2的区域，其标签改成非ISA。

以2018年全球干旱区为例来分析夜灯阈值对制图结果的影响。图6.3中各子图横坐标表示夜灯阈值，纵坐标表示ISA（红色曲线）或非ISA（蓝色曲线）的F-Score精度。由图6.3可见，ISA和非ISA提取的最高精度对应夜灯阈值均在2~3之间。因此，为减少ISA漏检，在全时序干旱区后处理中，设置夜灯阈值为2。

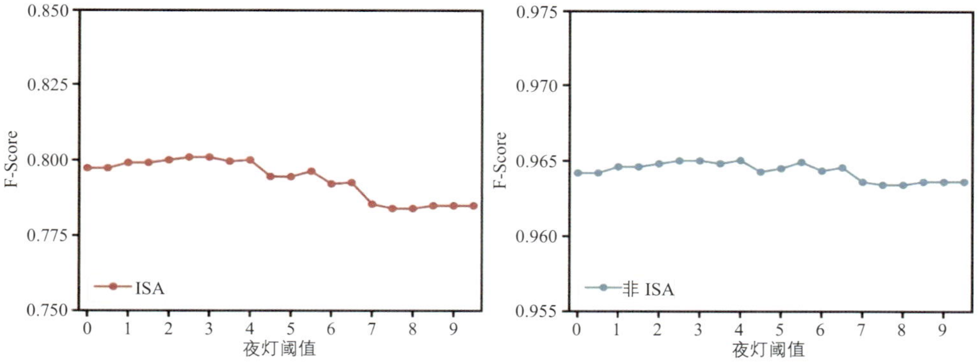

图 6.3　全球干旱地区 ISA 和非 ISA 提取结果随夜灯阈值变化的精度曲线

时空后处理。采用以下时空后处理步骤来修正制图结果：

步骤1，缺失填充。Landsat的观测缺失（如20世纪80年代亚洲、大洋洲、非洲等）、成像条件（如云、云阴影）和传感器故障（如ETM+的条带缺失）等问题，不仅会造成ISA制图中时序特征描述的不稳定，也会出现观测为空的情况。对不存在有效Landsat观测的地表，采用相邻有效观测的结果进行填充，规则如下：①相邻前后时序产品标记一致，则用该标记填充缺失的产品；②如前后时序标记不一致，则采用后时序的结果填充。

步骤2，时空滤波。对1985—2019年经过步骤1初始改正的结果，利用时空$5\times3\times3$开卷积窗口滤波（其中5为时间窗口大小，3为空间窗口大小）滤除像素级分类可能产生的“椒盐”错分。滤波采用高斯模板，窗口内每个像素的权重与其到中心像素距离成反比。对于ISA概率>0.5的标定为ISA，否则为非ISA。

步骤3，城市不可逆假设。根据城市化不可逆的原则进行滤波，即第一次出现ISA的年份作为该像素城市化开始的年份，将后续年份中该像素的类别均设置为ISA。

如表6.2所示，使用全球不同等级270个城市的分层随机采样验证，GISA中不透水面的遗漏率、虚警率和F-Score分别为4.36%、2.09%和0.968；如表6.3所示，使用全球45个城市高分辨率产品的验证点，GISA中不透水面的遗漏率、虚警率和F-Score分别为14.92%，14.25%和0.854，表明GISA的高可靠度。进一步分析GISA在城市和农村不透水面制图上的表现，表6.4将1990年和2015年现有30m全球产品与GISA进行对比。可以看出，无论是在城市还是农村地区，GISA的F-Score都为最高值。此外，GISA所识别的农村不透水面的面积也大于GAIA和GAUD，这在一定程度上反映出GISA对小块不透水面的遗漏更少。

表6.2　GISA与现有30m全球不透水面产品精度对比（使用全球270个城市的分层随机采样验证）

产品		不透水面	非不透水面	精确率
GAIA	不透水面	12765	638	95.24%
	非不透水面	2640	77024	96.69%
	召回率	82.86%	99.18%	
	不透水面遗漏率	17.14%		
	不透水面的F-Score	0.886		
	不透水面虚警率	4.76%		
	整体精度	96.48%		
GAUD	不透水面	14339	820	94.59%
	非不透水面	1132	76842	98.55%
	召回率	92.68%	98.94%	
	不透水面遗漏率	7.32%		
	不透水面的F-Score	0.936		
	不透水面虚警率	5.41%		
	整体精度	97.90%		
GISA	不透水面	14734	314	97.91%
	非不透水面	671	77348	99.14%
	召回率	95.64%	99.60%	
	不透水面遗漏率	4.36%		
	不透水面的F-Score	0.968		
	不透水面虚警率	2.09%		
	整体精度	98.94%		

表6.3 GISA与现有30m全球不透水面产品精度对比（使用全球45个典型城市的高分辨率建筑区产品评价）

产品		不透水面	非不透水面	精确率
GAIA	不透水面	29912	7237	80.52%
	非不透水面	6033	69006	91.96%
	召回率	83.22%	90.51%	
	不透水面遗漏率	16.78%		
	不透水面的F-Score	0.818		
	不透水面虚警率	19.48%		
	整体精度	88.17%		
GAUD	不透水面	29722	5389	84.65%
	非不透水面	6223	70854	91.93%
	召回率	82.69%	92.93%	
	不透水面遗漏率	17.31%		
	不透水面的F-Score	0.837		
	不透水面虚警率	15.35%		
	整体精度	89.65%		
GISA	不透水面	30583	5081	85.75%
	非不透水面	5362	71162	92.99%
	召回率	85.08%	93.34%	
	不透水面遗漏率	14.92%		
	不透水面的F-Score	0.854		
	不透水面虚警率	14.25%		
	整体精度	90.69%		

表6.4 GISA与现有全球30m产品（GHSL、GAIA和GAUD）在城区和农村的对比

年份	地区	测度	GHSL	GAIA	GAUD	GISA
1990	城区	F-Score	0.7989	0.7636	0.8646	0.9274
		面积/10^5 km^2	2.0277	1.3364	1.6688	2.0149
	农村	F-Score	0.8923	0.8074	0.8949	0.9299
		面积/10^5 km^2	3.2913	1.9513	2.0974	2.3294
2015	城区	F-Score	0.9527	0.9372	0.9696	0.9882
		面积/10^5 km^2	2.6305	2.7033	2.5606	2.7477
	农村	F-Score	0.9573	0.9699	0.9878	0.9913
		面积/10^5 km^2	5.1182	4.6907	4.1050	4.7887

注：F-Score评价采用在Landsat 影像（1990年）和Google™ Earth上（2015年）分别随机选择27个城市的目视解译验证点。

有效观测（特别是早期观测）不足会影响长时序不透水面产品的可靠性。整体来看，Landsat的有效观测随时间推移变多，自1999年起，年度有效观测基本能实现全球陆地覆盖。图6.4统计了Landsat数据缺失率（DR）和GISA产品缺失率（PR）。某时期DR或PR分

别表示在2019年全球不透水面范围内该时期内Landsat数据缺失或GISA产品缺失的面积百分比。Landsat有效观测在1985—1988年间缺失较多，主要分布在亚洲、大洋洲、非洲。更为严重的是，在西伯利亚和几内湾区域，1999年前仅有少量观测。为了克服数据缺失的问题，GISA对早期影像进行多年度合成，提供了2期低产品缺失率的全球不透水面产品（1972—1977年和1978—1984年各一期）。早期（如1999年以前）不透水面分类的缺失能够通过时空后处理算法得到有效的解决，如图6.4所示，PR显著低于DR。

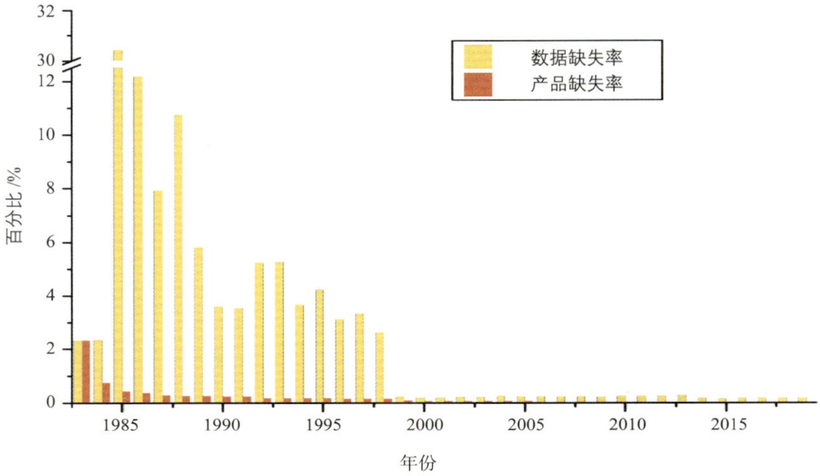

图 6.4　用于生产 GISA 的 Landsat 数据缺失率与 GISA 产品缺失率

6.2　基于知识推理的无监督居民地要素自动提取方法

卫星遥感数据具有大范围同步观测、较高的重访频率，以及数据获取方式便捷、成本较低等优势，被广泛应用于国土、资源、农业、林业、海洋、环境等多个领域，成为观测和研究地球最重要的数据源之一。随着航空航天技术的快速发展，大量高分辨率光学、雷达遥感卫星相继发射升空，遥感影像的空间分辨率有了很大的提高。常见的国外高分辨率遥感数据主要有IKONOS（1m）、Pleiades-2（0.5m）、WorldView-1/2（0.5m）、WorldView-3（0.31m）、Cartosat-1（2.5m）、QuickBird（0.6m）、SPOT-6/7（1.5m）等。国内的高分辨率遥感卫星虽然起步较晚，但随着国家重大专项“高分辨率对地观测系统”的提出和实施，我国高分对地观测进入蓬勃发展的时代。近年来我国陆续发射了天绘一号（5m）、资源三号01/02星（2.1m）、高分一号（2m）、高分二号（0.81m）、高分三号（1m）、吉林一号（0.72m）、高景一号（0.5m）等一系列高分辨率光学和合成孔径雷达（Synthetic aperture radar，SAR）卫星，极大地提高了我国高分辨率卫星数据获取的能力。高分辨率卫星影像极大地减少了混合像元现象，带来更清晰的地物细节、空间纹理、几何结构等特征，有利于区分城市内部的不同地物类型，支持精细化的建成区提取，也让郊区、农村地区小面积建成区或独栋房屋的检测成为可能。此外，通过卫星组网、摇姿、同轨或异轨等观测模式，许多高分辨率遥感卫星具备立体成像的能力，能够实现对同一地区的高分辨率、多角度观测。例如，我国发射的资源三号卫星（包括01星和02星）通过搭载三线阵传感器，能够方便地提供兼具二维与三维信息的多角度高分辨率影像。由于建成区主要由高于地表的建筑物聚集而成，三维信息具有区分建成区与其他地物类型的潜力。

近年来，随着信息技术和传感器技术的飞速发展以及人们对地球环境的认识和研究不断深入，用户对传感器所获取的数据的要求越来越高，对数据在空间分辨率、时间分辨率和观测模式等方面都提出了更高的要求。卫星遥感影像的空间分辨率有了很大提高，当前高分辨率（小于10m），乃至甚高分辨率（Very-High-Resolution，VHR）（1~5m）遥感影像可以通过众多卫星传感器获取，包括IKONOS、QuickBird、GeoEye、WorldView-4、SPOT-5、Pleiades、Kompsat-2、EROS-B、Cartosat-2、资源三号、高分一号、高分二号和高景一号等。其中，美国DigitalGlobe于2016年发射的高分辨率商业卫星WorldView-4的空间分辨率达到0.3m，法国2012年发射的Pleiades-2卫星分辨率也达到0.5m，韩国2012年发射了分辨率为1m的Kompsat-2卫星，以色列和印度分别发射的EROS-B（2006年）和Cartosat-2（2007年）卫星分辨率均达到0.7m。中国的高分辨率起步相对较晚，但是随着国家重大专项“高分辨率对地观测系统”实施，近年来我国也陆续发射了多颗高分辨率卫星，2012年资源三号卫星成功发射，其分辨率达到2.1m，2014年发射的高分二号分辨率达到1m，2016年高景一号商业遥感卫星成功发射，空间分辨率提升为0.5m，标志着我国高分辨率遥感数据水平迈入国际一流行列、高分辨率遥感卫星逐步实现了商业化。为了提高对地观测的连续性和实时性，一方面，新一代卫星系统如法国的Pleiades星座，韩国的Kompsat卫星，美国的Skysat、PlantLabs，中国的高景一号、吉林一号等均采用多颗卫星组网运行观测的模式；另一方面，现有的传感器一般具备快速精确的姿态机动能力，通过灵活地调整姿态可以实现对同一场景进行多次观测。卫星组网运行和传感器姿态机动能力可以大大地缩短卫星重访周期，兼顾数据的空间和时间分辨率。再者，从观测模式而言，卫星逐步由单一角度观测向多角度观测发展。根据传感器的排列和设计的不同，我们可以将其分为单线阵和多线阵传感器。为了实现多角度多地观测，单线阵传感器一般采用轨道回归或者左右侧摆成像，如美国的IKONOS、QuickBird、Wordview-4，韩国的Kompsat-2等。本书中，单线阵传感器所获取的不同时刻的多角度影像称之为单线阵多角度影像。多线阵传感器则通过多台相机或者多线阵对同一场景几乎同时进行不同角度拍摄来实现多角度观测，如我国发射的资源三号卫星就是一颗三线阵卫星，卫星上同时搭载有前、正、和后视三台相机，相机交会角设计为22°。这里，多线阵传感器所获取的几乎相同时刻成像的多角度影像称之为多线阵多角度影像。当前的光学卫星成像技术的状况可以总结如下：①影像空间分辨率已达到亚米级；②传感器重访周期已能达到1天；③多数传感器具备多角度对地观测能力。因此，如何充分挖掘多时序多角度高分辨率遥感数据来进行城市变化监测具有重要的研究意义和实用价值。

本章首先介绍高分辨率多视角数据，接着详细阐述建筑物自动提取方法，包括多角度建筑指数提取及基于光谱信息和几何信息的后处理方法，最后通过实验验证该方法的有效性。

6.2.1 国产高分辨率多视角数据

资源三号卫星系列目前有两颗在轨卫星：资源三号01星（ZY3-01）和资源三号02星（ZY3-02），如图6.5所示。其用户主要包括自然资源部、生态环境部、水利部、交通运输部、应急管理部、住房和城乡建设部、农业农村部等。

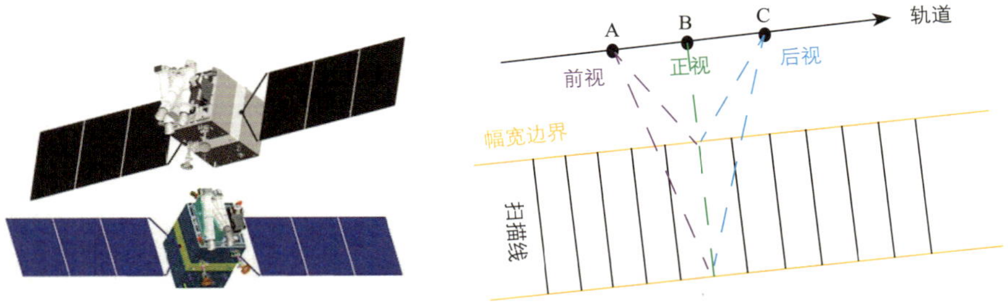

（a）双星效果图　　（b）三线阵相机成像示意图

图 6.5　资源三号卫星示意图

ZY3是我国第一颗民用高分辨率立体测图卫星。ZY3-02星是ZY3-01星的后续业务星，发射于2016年5月30日。双星组网运行可使同一地点的重访周期由5天缩短至3天之内，全球覆盖的周期缩短一半，大幅度提高了我国1：5万和1：2.5万立体测图信息源的获取能力和效率。

ZY3两颗卫星均采用了三线阵测绘方式，即通过具有一定交会角的前视、正视和后视相机对同一区域进行不同视角的观测，能够在极短的时间内获取该地区三个角度的立体影像。ZY3-01星搭载了四台光学相机，包括一台正视全色相机（2.1m），两台前、后视全色相机（3.5m）和一台多光谱相机（5.8m）。前、后视相机与正视相机的夹角为±22°，对应的基高比为0.88。在无控制点的情况下，ZY3-01星的平面和高程精度分别为10m和5m；当具备少量控制点时，其平面精度可优于3m，高程精度可优于2m。ZY3-02与01星的设计相似，但其前、后视相机分辨率从3.5m提高到了2.5m，此外还搭载了一套试验性激光测高载荷，相比于01星具有更优异的影像融合能力和高程测量精度。

6.2.2 建筑物自动提取

基于多视角影像的建筑物自动提取方法的流程如图6.6所示。首先，从ZY3全色多角度影像中提取多角度建筑指数（angular building index, ABI）。然后，通过设定特征阈值获得初始建筑物提取结果。最后，基于ZY3多光谱影像计算归一化植被指数（NDVI）和归一化水体指数（NDWI），使用光谱约束和形状约束来优化建筑物提取结果。

表6.5　资源三号卫星星座主要技术参数

参数		资源三号01星	资源三号02星
发射时间		2012年1月9日	2016年5月30日
设计寿命		5年	5年
轨道高度		约506 km	约505 km
轨道倾角/过境时间		97.421° / 10：30 a.m.	97.421° / 10：30 a.m.
轨道类型		太阳同步	太阳同步
相机模式		正视全色、前视全色、后视全色、正视多光谱	正视全色、前视全色、后视全色、正视多光谱
幅宽		正视全色：50 km 正视多光谱：52 km	正视全色：50 km 正视多光谱：52 km
重访周期		5天	5天
影像日获取能力		近1000000 km² /天	近1000000 km² /天
空间分辨率	正视全色	2.1 m	2.1 m
	前视全色	3.5 m	2.5 m
	后视全色	3.5 m	2.5 m
	多光谱	5.8 m	5.8 m
光谱范围	全色	500~800 nm	500~800 nm
	蓝	450~520 nm	450~520 nm
	绿	520~590 nm	520~590 nm
	红	630~690 nm	630~690 nm
	近红外	770~890 nm	770~890 nm

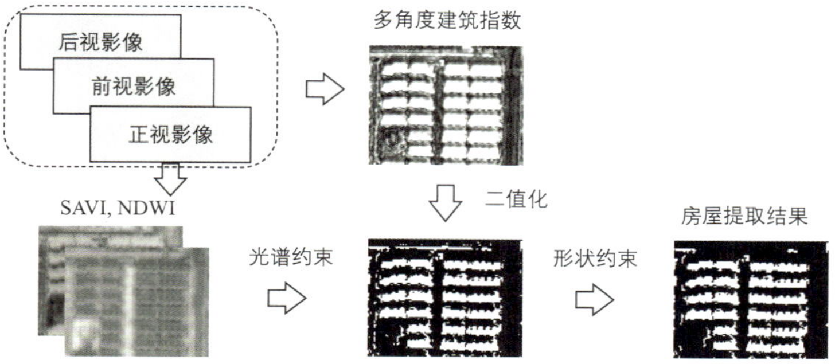

图 6.6　建筑物自动提取流程

6.2.2.1　多角度建筑指数

多视角影像（如ZY3影像）能够提供丰富的三维信息，有助于在具有复杂垂直结构的城市场景中进行建筑物提取。建筑物在不同的视角下表现出较大的差异，而道路和土壤在不同的视角下呈现相对一致的结构。因此，建筑物在多角度影像中显示角度差异的特点，可以用于城市场景中的建筑物提取。为了描述角度差异，ABI被定义为立体影像之间差异的最大值，如式（6.1）所示。

$$\mathrm{ABI}=\max\left(X_{\gamma}-X_{\beta},X_{\beta}-X_{\alpha},X_{\gamma}-X_{\alpha}\right) \tag{6.1}$$

式中：X_{α}，X_{β}和X_{γ}分别表示在同一区域上获得的前视、正视、后视全色影像。

在提取ABI特征之前，对前视和后视影像进行重采样，使其空间分辨率与正视影像相同。然后以正视影像作为参考，用直方图匹配的方法对多角度全色影像进行灰度值的归一化。如图6.7所示，ABI能够突出角度差异显著的像素，因此可用于识别有一定高度的物体（例如建筑物），并将其与诸如道路和土壤的地物区分开。然后，根据传感器和场景的特点，设定特征阈值获得初始建筑物提取结果。

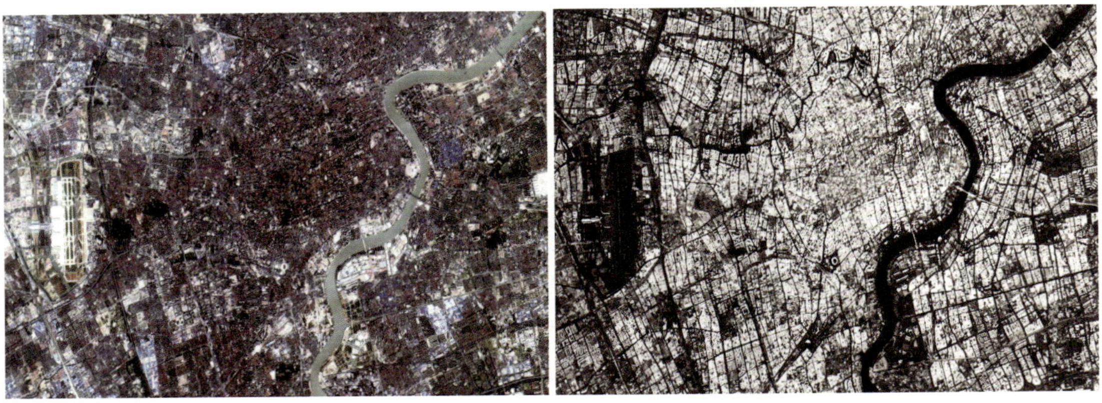

（a）RGB影像　　（b）多角度建筑指数

图 6.7　多角度建筑指数计算结果

6.2.2.2　基于光谱信息和几何信息的后处理

初始建筑物提取结果中可能会存在由噪声引起的虚景。此外，ABI可能对其他具有垂直结构的地物（例如树木和桥梁）敏感。为了解决上述问题并更准确地提取建筑物，本书使用光谱约束和形状约束来优化初始建筑物提取结果。

1）基于光谱信息的后处理

基于多光谱影像提取水体指数和植被指数，通过结合光谱信息来改善建筑物提取的结果。因为具有显著垂直结构的植被（例如树木和灌木）可能被ABI错误识别为建筑物，所以将土壤调整植被指数（SAVI）用于减少建筑物与植被之间的混淆。此外，由于水体表面的波纹也可能导致虚景，本书使用归一化水体指数（NDWI）掩膜水体。 基于光谱信息的约束规则表示如式（6.2）所示。

$$\text{IF SAVI}(x) \geqslant V_{th} \text{ OR NDWI}(x) \geqslant W_{th} \quad (6.2)$$
$$\text{THEN ABI}(x) = 0$$

式中：x表示影像中的像素；V_{th}和W_{th}分别表示植被和水体指数的阈值。

2）基于几何信息的后处理

为了减少虚景，考虑提取到目标的面积和长度来去除小而窄的物体（例如道路和桥梁）。首先将连通分量分析应用于建筑物提取结果，将检测到的区域划分为单独的对象。然后，从结果中移除所有面积小于A_{th}或长宽比比R_{th}大的对象。基于几何信息的形状约束规则表示如式（6.3）所示。

$$\text{IF Area}(obj) < A_{th} \text{ OR LWR}(obj) > R_{th} \quad (6.3)$$
$$\text{THEN } obj \text{ is identified as nonbuilding structure}$$

式中：A_{th}为对象obj面积（Area）的阈值；R_{th}为其长宽比（LWR）的阈值。

6.2.2.3　实验与分析

将ABI与形态学建筑指数（MBI）、增强建筑指数（EBI）、归一化数字表面模型（nDSM）三种方法进行比较。MBI是一个通过整合多尺度和多方向的形态学算子来表征建筑物特性（亮度，大小，对比度，方向性和形状）的建筑物指数。EBI是MBI的改进版本，它使用了光谱，几何和上下文信息来进行后处理。MBI和EBI的参数根据原文设定。使用半全局匹配算法基于多角度影像计算DSM。随后，用DSM计算nDSM，它可以表示地表物体的高度。nDSM的二值化阈值设置为3m，即数据集中建筑物一层楼的高度。为了减少由树木引起的虚景，nDSM的建筑物提取结果也用上述后处理方法进行了优化。后处理步骤的参数依据Huang等（2017）的建议设置。实验数据是在中国三个城市获得的三张ZY3影像（表6.6）。通过对ZY3影像和Google Earth影像的人工目视解译，在相应的ZY3正视影像上人工勾绘参考数据。我们用总体准确度（Overall Accuracy, OA）、漏分误差（Omission Error, OE）、错分误差（Commission Error, CE）和Kappa系数来评估算法性能。本节将展示用ABI方法在三个数据集上进行建筑物提取的结果。

表6.6　ZY3数据集

传感器	获取日期	面积/km^2	地理位置	主要地物
ZY3-01星	2013-08-12	3 × 3	武汉	房屋密集的城区
ZY3-01星	2014-10-15	3 × 3	上海	城郊
ZY3-02星	2017-05-29	3 × 3	哈尔滨	城区

（1）武汉数据集：该区域除了少量湖泊和公园外，场景中的大部分地物都是道路和密集的建筑物。由图6.8（a）目视比较MBI，EBI，nDSM和ABI的建筑物提取结果，可见

ABI的表现最好，总体准确度达到89.8%（表6.7）。MBI和EBI对具有屋顶明亮和局部对比度大的建筑物更敏感，但是可能会忽略屋顶颜色较暗和局部对比度低的建筑物。而ABI是从多视角影像提取的，可以反映地物的角度特征和三维特性，因此ABI能识别有暗色屋顶的房屋。nDSM建筑物提取精度取决于DSM的精度，若DSM不够精确，可能会导致所提取的建筑物形状轮廓不准确，甚至会导致建筑物整体漏检。此外，在建筑密集分布区域，nDSM的提取结果有时呈现团状，建筑物之间没有清晰的边界，这种模糊的边界也不利于建筑物检测。

（2）上海数据集：该区域位于上海的城郊，其特点是建筑较为稀疏，且主要是不到3层的小型建筑。实验结果表明，使用ABI可以较好地提取这些小型建筑物。从图6.8（b）可以看出，MBI的结果中有较多农田造成的虚景，与MBI相比，EBI的虚景明显减少，错分误差从20.3%降低到6.9%。然而，由于这些郊区的独栋建筑与周围的自然地物之间的对比度较低，MBI和EBI都漏检了许多位于影像上侧的分散建筑物。该数据集中建筑物的高度较低，大部分少于3层，也对nDSM提取建筑物带来了挑战，所以导致了38.9%的漏分误差。结果表明，与对比方法相比，ABI在提取郊区分散的小型建筑物上具有一定优势。

（3）哈尔滨数据集：哈尔滨数据集是由ZY3-02星获得的。该数据集是典型的城市场景，包含各种人造地物，包括不同的高度，大小和形状的建筑物及道路。实验显示，四个特征均表现出较低的漏分误差，然而，与MBI，EBI和nDSM相比，ABI中由广场和道路引起的虚景较少。MBI和EBI中的大部分遗漏的是异质和暗色的屋顶，而错分误差则主要与明亮的土壤，开阔地带和道路有关，因为这些地物比其周围环境更亮。由于ZY3-02星的前视和后视影像的分辨率提高，nDSM显示出更多的细节和更清晰的建筑边界。然而，与ABI、MBI和EBI相比，nDSM仍然难以保留建筑物边界，如图6.8（c）的中下部分所示。ABI能够提取不同高度和颜色的建筑物，精度较高。

表6.7　建筑物提取精度

数据集	方法	OE/%	CE/%	OA/%	Kappa
武汉	MBI	19.6	12.2	82.3	0.724
	EBI	20.1	7.6	84.6	0.756
	nDSM	16.5	6.6	87.1	0.788
	ABI	11.7	6.3	89.8	0.826
上海	MBI	26.4	20.3	77.0	0.660
	EBI	26.9	6.9	83.5	0.742
	nDSM	38.9	4.2	78.7	0.684
	ABI	11.8	8.5	89.7	0.826
哈尔滨	MBI	15.9	17.8	86.8	0.777
	EBI	16.6	8.1	90.7	0.831
	nDSM	9.4	27.1	83.4	0.738
	ABI	6.6	4.2	95.8	0.919

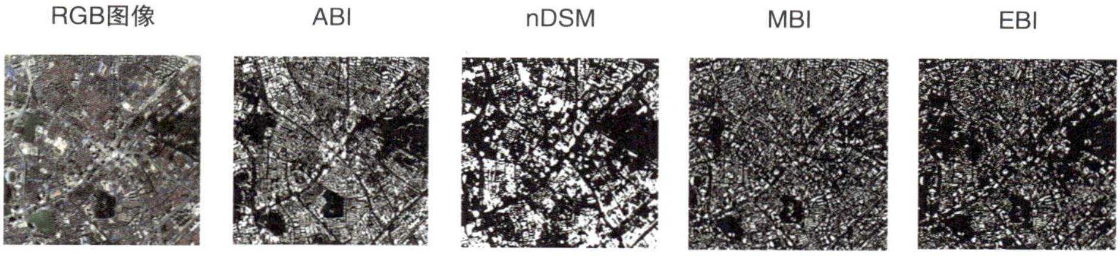

（a）武汉

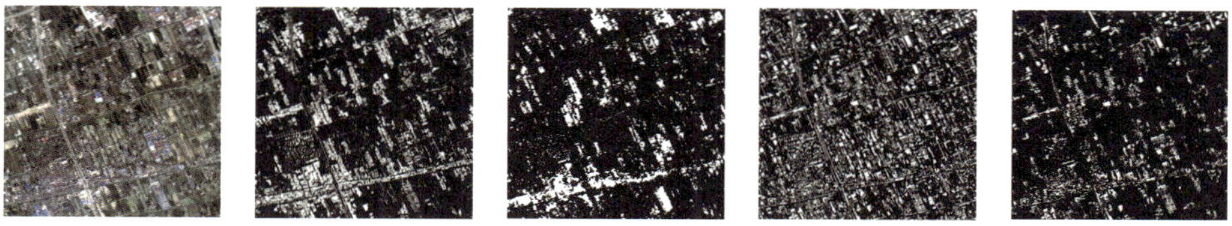

（b）上海

（c）哈尔滨

图 6.8　建筑物提取结果

6.2.3　房屋高度提取

本节涉及的实验区域位于武汉中心城区。武汉市是湖北省省会，位于长江中游，是我国中部地区的中心城市，截至2018年其常住人口已突破1100万。武汉具有我国内陆最大的水陆空交通枢纽，其便利的交通条件和突出的区位优势为城市发展提供了优良的条件。在过去的几十年里，武汉的建成区在二维和三维平面上都发生了显著扩张，中心城区的建筑物十分密集且高楼林立，准确提取这些建筑物的三维信息对城市规划、人居环境、公共安全等具有重大意义。

本节选取覆盖武汉中心城区的ZY3-01影像进行实验，该影像拍摄于2013年8月，包含多光谱波段和3个角度的全色影像，实验区面积为173.3 km^2。图6.9展示了研究区ZY3正射影像。此外，本节选取了WV-2同轨、同天获取的立体像对进行对比实验。该立体像对会聚角为40.35°，获取时间为2015年7月，覆盖范围为图6.9中蓝色边框所示。用于精度验证的真实房屋高度数据由武汉市规划局提供，共包含400栋不同高度水平的建筑，其空间分布标记如图6.9所示。

图6.10展示了具体的实验步骤，主要包括房屋高度估计和高度精度验证两大部分。为了实现单栋房屋高度信息的提取，需要得到准确的房屋轮廓，然后对每个房屋赋以高度属性。因此，基于ZY3正射影像进行分类和分割提取房屋，并优化房屋结果。高度精度验证的参考数据为武汉市规划局提供的400栋真实房屋高度数据，本节对比分析了利用ZY3不同角度组合生成的房屋高度，以及ZY3与WorldView-2立体像对提取房屋高度的差异。

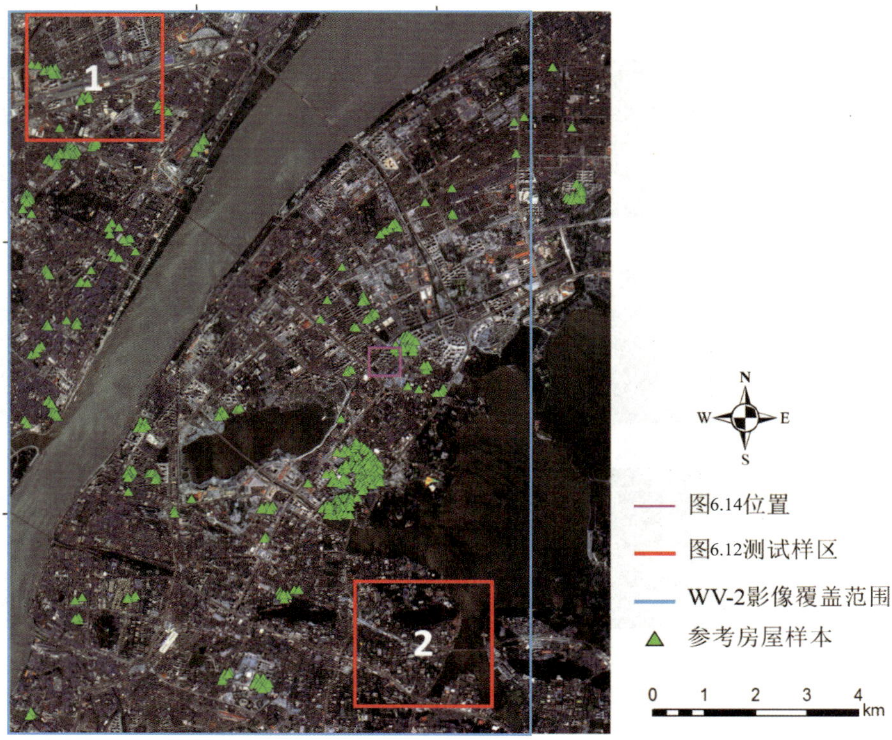

图 6.9　实验区 ZY3 正射影像以及数据分布情况

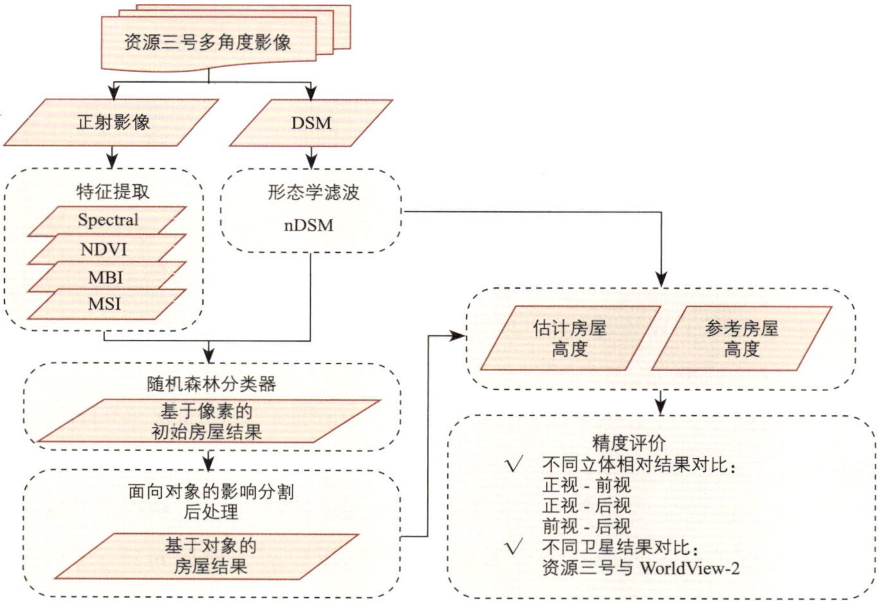

图 6.10　基于资源三号多角度影像的房屋高度提取及精度验证流程图

6.2.3.1　DSM与正射影像生成

ZY3同时提供了正视（NAD）、前视（FWD）和后视（BWD）三个角度影像，因此本书在无控制点的情况下基于NAD-FWD、NAD-BWD和FWD-BWD三组立体像对分别生产了三个DSM，记为DSMNF、DSMNB、DSMFB。生成DSM的流程主要包括：对待匹配影像进行内定向和外定向，基于立体匹配算法获得同名点计算视差，最后通过前方交会求解地表三维坐标。立体匹配是获取高精度DSM的关键，由于SGM算法具有较高的效率和可靠性，适用于大多数高分辨率遥感影像三维重建，因此本节选用该算法对ZY3多角度影像进行匹配计算。SGM通过在待匹配像素点的多个方向上做动态规划来近似全局优化，从而确定视差图，具体包括以下步骤：

1）匹配代价计算

匹配代价是衡量待匹配像点与候选像点之间的相似性测度，匹配代价越小说明相关性越高，是同名点的概率越大。SGM一般基于互信息量（Mutual Information，MI）来计算匹配代价，对图像的辐射差异和噪声不敏感。匹配代价的计算公式如下，其中H_1和H_2为左、右影像的信息熵，H_{12}为其联合信息熵，如式（6.4）所示。

$$C_{\mathrm{MI}} = H_1 + H_2 - H_{12} \tag{6.4}$$

2）匹配代价聚合

匹配代价聚合的目的是更准确地反映像点之间的相关性，通过式（6.5）求解最小能量函数实现。

$$E(D) = \sum_p C_{\mathrm{MI}}(p, D_p) + \sum_{q \in N_p} P_1 T\left[\left|D_p - D_q\right| = 1\right] \tag{6.5}$$

式中：p为影像上任意一点；D_p为像点p与其同名点的视差；N_p为像点p的邻域。SGM对能量函数引入平滑约束，从而顾及匹配结果的整体一致性并提高准确性。具体地，公式后两项通过对像素邻域视差的不同变化施加不同的惩罚系数（P_1, P_2）实现平滑约束。其中$P_1<P_2$，即对较小的视差跳跃采用较小的惩罚系数P_1，对较大的视差跳跃采用较大的惩罚系数P_2，P_2可随灰度变化自适应调节。T为选取惩罚系数的布尔函数。

公式6.5在二维图像的全局优化已被证明是NP（Non-deterministic Polynomial）完全问题，SGM采用动态规划算法来高效求解。通过在待匹配像点p处沿8个或16个方向做动态规划，将多方向的匹配代价聚合得到总匹配代价。如式（6.6）所示，其中，$S(p, D)$为总匹配代价，r为方向编号，$L_r(p, D)$为单个方向的匹配代价。

$$S(p,D) = \sum_r L_r(p,D) \tag{6.6}$$

3）视差计算和优化

视差计算通过总匹配代价$S(p, D)$确定每个像点的最优视差值。如公式（6.7）所示，选择代价最小的视差值作为像点p的最优视差D_p。对于右影像的视差，可采用反向匹配确定。SGM算法在匹配过程中不可避免地存在错误的匹配，并且难以计算遮挡区域的视差值，导致视差图存在误匹配点。通过对视差图进行一致性检查检测出误匹配点，后续则可以采用插值法或结合多视影像进行填充和优化。

$$D_p = \min_D S(p, D) \tag{6.7}$$

本节基于ZY3不同角度影像的组合生成了3个DSM，因此可以通过DSM融合的方式进行空洞填充。具体地，对于DSMNF存在空洞的区域，通过比较DSMNB和DSMFB在同一空间位置的值，选择与其邻域最相近的值填补空洞，剩余少量的空洞区域则通过简单的插值填充。DSMNB与DSMFB也使用同样的方式进行后处理。图6.11（b-g）展示了ZY3不同立体像对生成DSM，以及经过优化之后的结果。可以看出优化前的DSM中，正视—前视立体像对取得了相对较好的效果；通过DSM融合优化之后，DSM中大部分的空洞可被填充，同时能够保持较好的地物形状。最后利用优化后的DSM对ZY3正视影像进行正射纠正，生成正射影像。此外，本节采用同样的匹配算法对WV-2立体像对进行处理得到DSMWV，图6.11（i）显示其局部效果，可以观察到中低层房屋的轮廓相对于ZY3的结果更清晰，而由于视差过大导致高层房屋出现了很多匹配失败的情况。

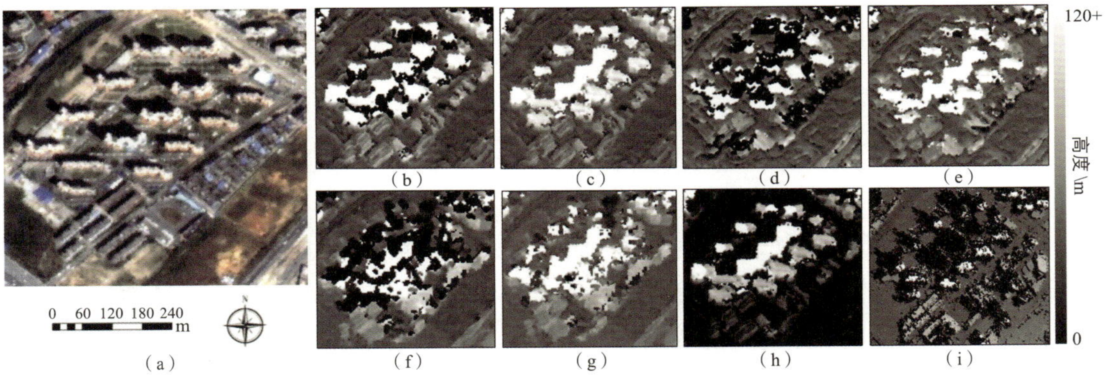

图 6.11　DSM 与 nDSM 局部效果展示

（a）ZY3正射影像；（b, c）DSMNF融合前、后效果；（d, e）DSMNB融合前、后效果；（f, g）DSMFB融合前、后效果；（h）DSMNF生成的nDSM；（i）DSMWV

6.2.3.2　nDSM生成

DSM包含了地面以及地物的高程，因此需要生成nDSM反映地表以上地物的高度。理论上利用DSM减去DTM则可得到nDSM，但由于高精度的DTM数据缺乏，一般采用对DSM滤波的方式近似DTM。本节利用形态学顶帽重建（top-hat reconstruction）的方法处理DSM从而得到nDSM，运算公式如式（6.8）所示。

$$\mathrm{nDSM} = f - R_{\varepsilon}(f, e) \tag{6.8}$$

式中：f表示掩膜图像（这里指DSM）；e为形态学操作中的结构元素，选用半径为80m的圆形结构；R_ε表示形态学开重构运算。

由于部分房屋和树木相邻且具有相似的高度，导致顶帽重建无法准确提取这些房屋的高度，因此在形态学处理之前，利用NDVI将这部分植被进行滤除，NDVI的阈值为0.23。图6.11（h）展示了正视—前视立体像对生成的nDSM效果。

6.2.3.3 房屋轮廓提取

为了获取准确的房屋位置和轮廓，首先采用随机森林（Random Forest，RF）分类器对正射影像进行基于像素的影像分类。选取2个样区（图6.12）进行参考样本的选择，总共选取了63121个房屋样本和70920个非房屋样本。其中每类选取5%的随机样点作为训练样本，其余的则作为测试样本用于精度评价。由于城市场景主要包括建筑、植被和阴影，因此选取一系列基本特征，包括光谱、NDVI、MBI、MSI和nDSM，输入到RF分类器中。图6.13展示了这些特征在RF分类中的特征重要性，其中立体特征nDSM的重要性程度显著高于其他特征，说明nDSM对房屋和道路、裸地等其他地物具有较好的区分能力。随后，对正射影像进行面向对象的分割，再利用房屋分类结果和nDSM对初始分割对象进行规则判断：若该对象内房屋类别比例高于10%，且nDSM最大值高于3m，则保留该对象。最后，通过少量人工后处理剔除明显错误，保证房屋提取质量。表6.8列出了房屋提取过程中每一步所得到的总体精度（OA）和Kappa系数（K）。在得到nDSM和房屋对象后，将房屋对象内nDSM的最大值作为估计的房屋高度。图6.14展示了将房屋高度与研究区正射影像叠加的效果。

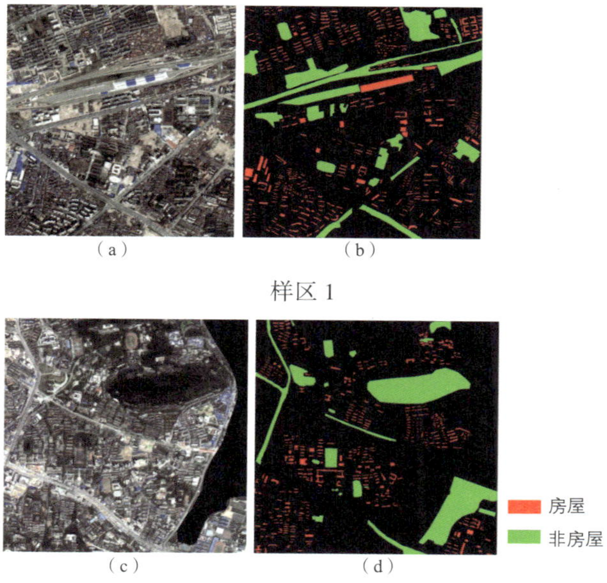

图 6.12 测试样区及其参考样本

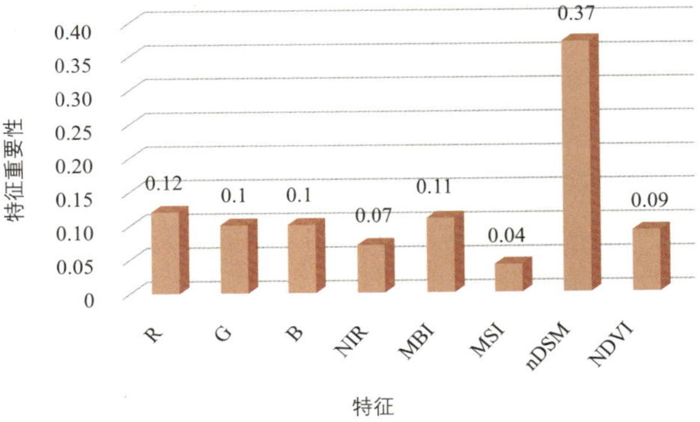

图 6.13　特征重要性评估

表6.8　房屋提取精度

测试样区	基于像素的分类		基于对象的分类		人工后处理	
	OA /%	K	OA/%	K	OA/%	K
测试样区1	92.23	0.85	94.59	0.86	96.47	0.87
测试样区2	2.11	0.85	93.21	0.85	95.60	0.86

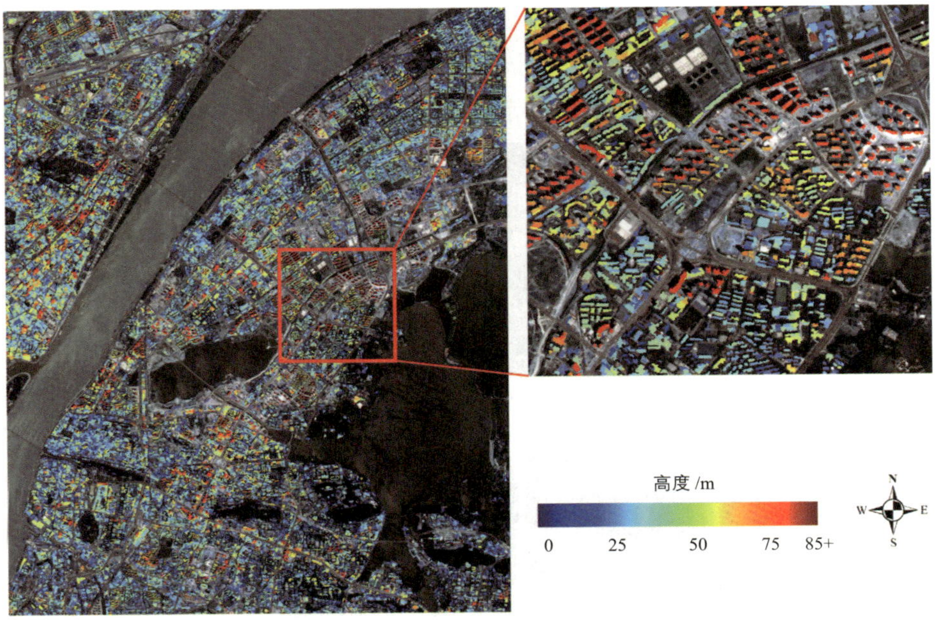

图 6.14　房屋高度与 ZY3 正射影像叠加显示

6.2.3.4　房屋高度精度验证

基于ZY3正视—前视、正视—后视和前视—后视立体像对得到的房屋高度估计分别记为HNF、HNB和HFB，此外本节采用了同样的方法对WV-2立体像对进行处理，其结果记为HWV。利用武汉市规划局提供的400栋真实房屋高度数据进行精度评价，将不同立体像对得到的房屋高度估计值与真实值进行比较生成如图6.15所示的散点图，可以看到大部分点都在$y = x$趋势线附近浮动，说明高度的估计值与参考值较为接近，但也存在少数异常值。HNF、HNB、HFB和HWV的总体上的均方根误差（RMSE）分别为10.05m、16.78m、17.82m和13.08m，R2分别为0.87、0.64、0.62和0.81，相对来说ZY3正视—前视影像取得的精度较高、一致性较好。

通过设置三个高度等级：低于30m、30~90m和高于90m，本节进一步分析了不同立体像对在这些高度等级下的精度情况（表6.9）。可以发现，ZY3正视—前视立体像对取得的结果在不同高度等级下的精度均高于其他结果，其中HNF对高层房屋的高度误差约为5m，较为可靠；而对于中低层房屋来说，不同立体像对取得的结果可靠性不高。

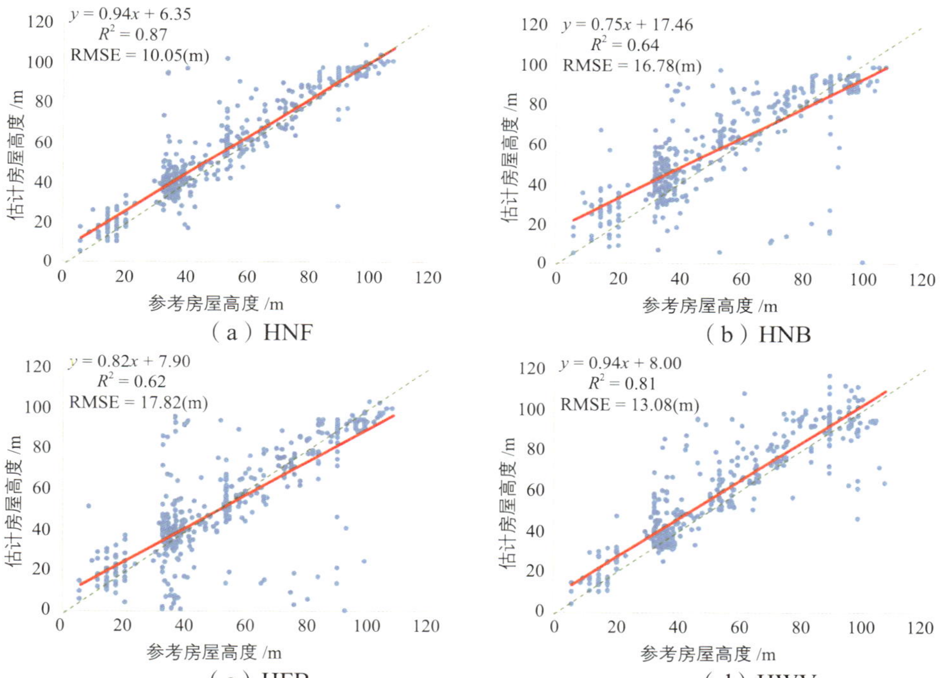

图 6.15　房屋高度精度验证

表6.9　不同高度等级下的房屋高度误差RMSE

	低层房屋（< 30 m）	中层房屋（30 ~ 90 m）	高层房屋（> 90 m）
HNF	5.73	11.19	4.64
HNB	14.51	16.88	18.21
HFB	9.78	18.57	19.36
HWV	7.71	12.78	18.10

6.2.4 居民地要素自动提取

6.2.4.1 面向国产多视角卫星的居民地多特征自动提取

突破传统的二维特征体系，本章提出面向多视角的居民地立体感知模型，通过“角度—尺度”特征融合，实现居民地的精确自动提取。该方法融合了平面—立体特征，基于居民地的光谱、结构、角点以及立体特征来描述居民地的不同特点。具体地，平面特征包括形态学房屋指数（MBI）和Harris角点特征，立体特征利用本书提出的多角度居民地指数（MABI），分别从二维和三维的角度刻画建筑物特点，然后利用光谱特征如亮度、植被指数、水体指数等进行约束和后处理，再基于多尺度运算得到居民地强度，最后通过阈值分割生成准确的居民地范围。图6.16展示了该方法的整体流程，其中虚线部分表示可选项，即当具备多角度影像时计算MABI特征，否则不参与计算。

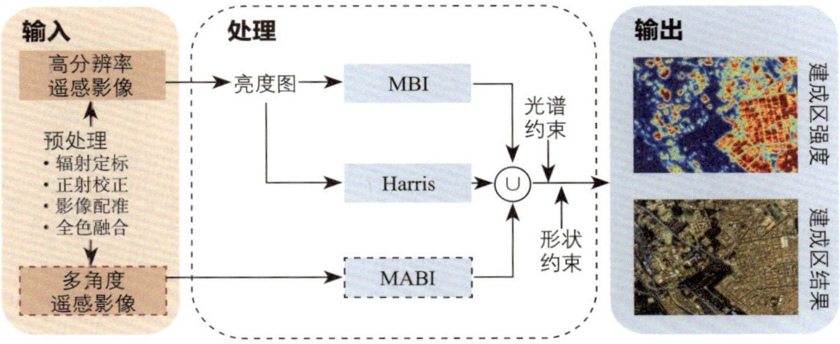

图 6.16 居民地提取流程

6.2.4.2 MABI特征计算

本书针对居民地提取，提出一种新的立体特征——多角度居民地指数（Multi-angular built-up index，MABI），该指数从多角度高分辨率遥感影像直接计算得到，并不需要生成视差图或DSM。对于一部分的城市应用（如城区分类、居民地提取、二维变化检测等），立体特征的加入有助于区分垂直结构和地表地物，但在实际应用时往往不需要地物的真实高度信息。

如图6.17所示，在不同视角的高分辨率遥感影像上，具有高度的垂直地物（如房屋）会表现出明显的角度差异特性，具体表现在光谱和形态结构的变化；而地面地物（如道路、草地、裸地）则保持较高的一致性。基于这一现象，本书提出的MABI特征的基本思想是通过描述多角度影像之间的角度差异性来突出建筑物以及居民地，同时抑制地表地物。

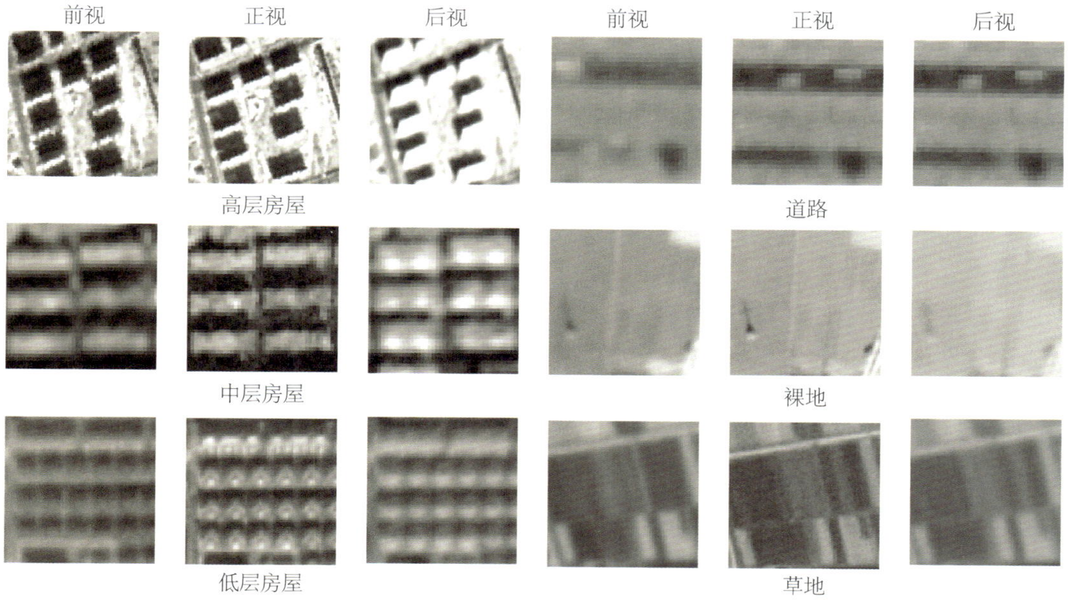

图 6.17 不同地物在 ZY3 多角度影像上的差异

MABI的基本思想是刻画多角度影像之间的差异，从而突出具有垂直结构的建筑物，因此可以参考变化检测方法找到不同角度影像之间的“变化”。广泛使用的变化检测方法有直接比较法、分类后比较法、统一模型法等。直接比较法是指对不同影像进行直接比较计算，得到变化信息的方法，包括差值法、比值法、回归法、变化向量分析法等，具有计算简单、快捷的特点。本书参考直接比较法对多角度影像进行计算，为了强化建筑物的角度变化特性，并同时抑制地表地物的“伪差异”，本书提出两种方法构造MABI：比值法和归一化差分法。

比值MABI（Ratio multi-angular built-up index, RMABI），通过对不同角度的影像进行两两组合，计算每个影像组合的比值，并求最大值得到，运算公式如式（6.9）所示。

$$\mathrm{RMABI}=\max\left\{\frac{X_n}{X_f},\frac{X_n}{X_b},\frac{X_f}{X_b},\frac{X_f}{X_n},\frac{X_b}{X_n},\frac{X_b}{X_f}\right\} \tag{6.9}$$

式中：X_f、X_n和X_b分别表示配准之后的ZY3前视、正视和后视影像。

归一化差分MABI（Normalized difference multi-angular built-up index, NDMABI），计算不同角度影像组合的差值，并除以该组合中的较大值进行归一化，然后求最大值得到，运算公式如式（6.10）所示。

$$\mathrm{NDMABI}=\max\left\{\frac{|X_n-X_f|}{\max(X_n,X_f)},\frac{|X_n-X_b|}{\max(X_n,X_b)},\frac{|X_f-X_b|}{\max(X_f,X_b)}\right\} \tag{6.10}$$

RMABI和NDMABI的计算还需要进行异常值去除和归一化拉伸，具体方法为统计特征像素值，去除2%比例的最大、最小值，再对特征进行归一化。

为了测试MABI的效果，计算不同场景下的RMABI和NDMABI特征，并与nDSM进行对比。图6.18展示了基于ZY3影像生成的RMABI、NDMABI和nDSM对不同高度等级的房屋所取得的效果。通过对比可以发现：

（1）通常情况下，房屋越高，MABI和nDSM特征都越显著。但是对于超高层房屋（如摩天大楼），由于遮挡和视差过大容易发生匹配失败，导致nDSM产生明显的错误。MABI特征由于不需要进行立体匹配，不会受到该因素影响。

（2）对于普通中层和高层房屋，MABI和nDSM均能够较好地区分，且响应显著。

（3）对于中低层房屋，nDSM值较小，MABI相对于nDSM具有更明显的房屋形状和边界。

（4）对于低矮的房屋（如城中村、农村居民地），RMABI和nDSM均不显著，但NDMABI仍然表现出较高的响应。

（5）对于大型中低层建筑（如工厂、体育馆），若其屋顶为单一颜色，由于角度差异不明显，MABI仅能够在建筑边缘处具有较高响应，难以完整地提取这类型建筑，nDSM具有更好的效果。

基于以上对比和分析，说明RMABI和NDMABI均能够增强垂直结构，同时有效抑制地表地物（如道路、草地和裸地）的光谱差异，在大部分区域能够获得与nDSM相当或更好的特征响应。此外，MABI计算简单、效率高，因此可以作为一种有效的立体特征，用于大范围居民地提取。

6.2.4.3 融合平面—立体特征的建成区检测框架

本节提出的融合平面—立体特征的建成区检测方法，基于建成区的光谱、结构、角点以及立体特征来描述建成区的不同特点。具体地，平面特征包括形态学房屋指数（MBI）和Harris角点特征，立体特征利用本书提出的多角度建成区指数（MABI），分别从二维和三维的角度刻画建筑物特点，然后利用光谱特征如亮度、植被指数、水体指数等进行约束和后处理，再基于多尺度运算得到建成区强度，最后通过阈值分割生成准确的建成区范围。图6.16展示了该方法的整体流程，主要分为三个模块：输入、处理和输出。其中虚线部分表示可选项，即当具备多角度影像时计算MABI特征，否则不参与计算。

形态学房屋指数（Morphological building index, MBI）是一种自动房屋检测算子，其基本原理是通过一系列形态学运算来表达高分辨率遥感影像上建筑物的光谱-空间特征，包括亮度、大小、局部对比度、各向同性、类矩度等。MBI的实现是利用多尺度、多方向的形态学顶帽重建变换（White top-hat by reconstruction, WTH）结合差分形态学谱（Differential morphological profiles, DMPs）计算得到，运算公式如式（6.11）所示。

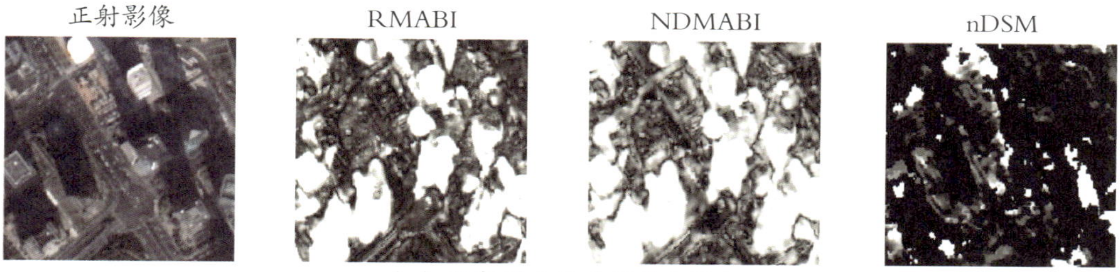

（a）超高层房屋（摩天大楼）

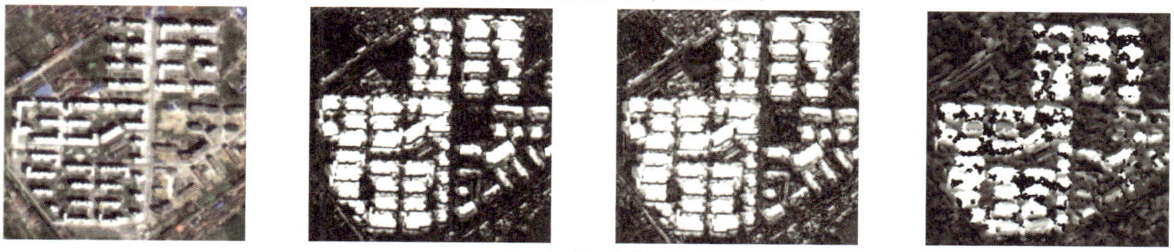

（b）高层房屋

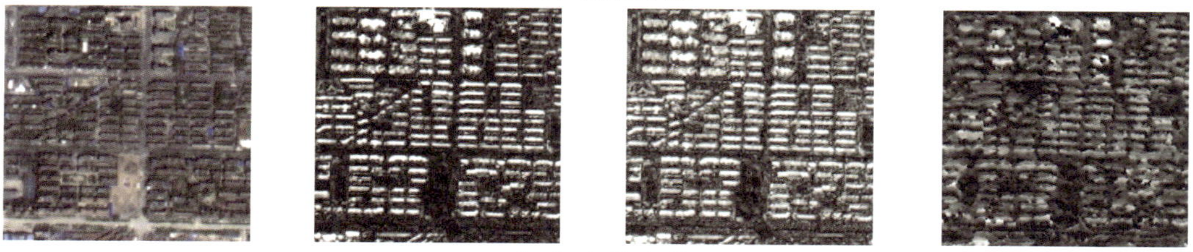

（c）中层房屋

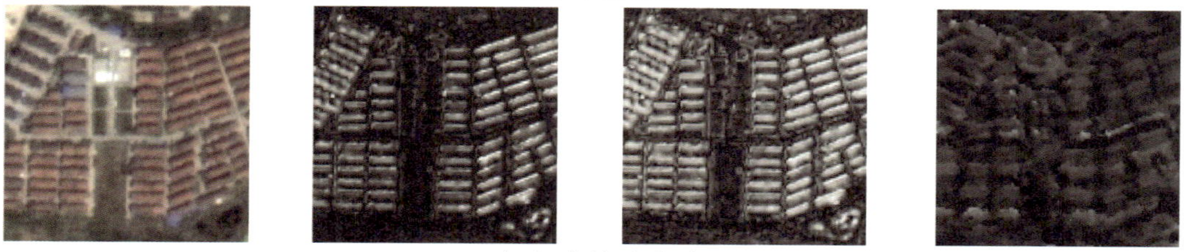

（d）中低层房屋

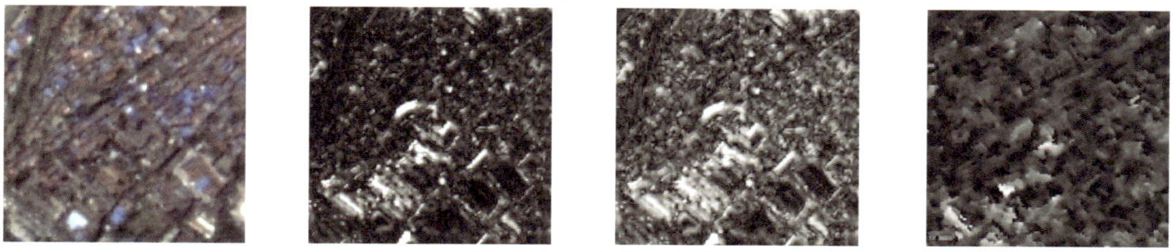

（e）低矮房屋（城中村）

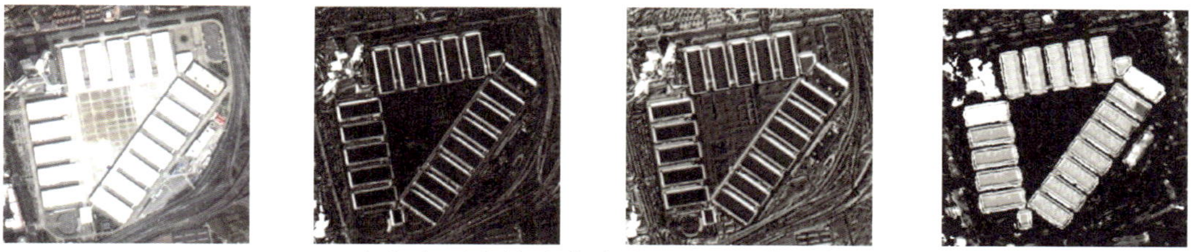

（f）大型中低层建筑（工厂、体育馆）

图 6.18　对比 RMABI、NDMABI 和 nDSM 提取不同高度房屋的效果

$$\mathrm{MBI}=\frac{\sum_{s\in S}\sum_{d\in D}\mathrm{DMP}_{\mathrm{WTH}}(B,s,d)}{N_S\times N_D} \tag{6.11}$$

式中：$\mathrm{DMP}_{\mathrm{WTH}}$（$B,s,d$）运算公式如式（6.12）所示。

$$\begin{aligned}\mathrm{DMP}_{\mathrm{WTH}}(B,s,d)&=\mathrm{WTH}(B,s+\triangle s,d)-\mathrm{WTH}(B,s,d)\\&=[B-\gamma^{re}(B,s+\triangle s,d)]-[B-\gamma^{re}(B,s,d)]\\&=\gamma^{re}(B,s,d)-\gamma^{re}(B,s+\triangle s,d)\end{aligned} \tag{6.12}$$

式中：B表示亮度图；$\gamma^{re}(B,s,d)$表示基于结构元素（SE）对B进行形态学开重构运算；s表示SE的大小或尺度；$\triangle s$为尺度变化的间隔；d表示SE的方向；$S\in[s_{\min}, s_{\max}]$；$D\in[d_{\min}, d_{\max}]$；N_S和N_D分别为尺度和方向的总个数。（$s_{\min}, s_{\max}$）在实际应用中需要根据影像的空间分辨率和房屋尺寸进行调节。考虑到需要包含较小的村舍以及较大的商业/工业建筑，其房屋的尺寸一般在10～350m的范围内。本节中影像分辨率统一为2.5m，因此将（$s_{\min}, s_{\max}$）设置为（4, 140）。此外，D设置为0°、45°、90°和135°四个方向。

由于MBI对亮的裸地和道路容易产生虚警，在对MBI进行二值分割得到候选房屋后，通常利用阴影信息对MBI进行约束，滤除虚警。具体地，阴影Q可通过对近红外波段进行直方图分割获得，然后根据公式（6.13）建立房屋和阴影的空间相邻关系。其中，$\delta_Q(x)$表示利用线性结构元素对Q朝着与太阳入射角相反的方向进行膨胀，判断候选房屋对象与阴影膨胀区域有无重合，若没有则将该房屋对象作为虚警删除。图6.19展示了MBI特征、候选房屋，以及阴影约束之后的效果，可以看到裸地、道路等虚警被成功滤除。

$$\text{IF MBI}(x)\cap\delta_Q(x)=\varnothing,\ \text{THEN MBI}(x)=0 \tag{6.13}$$

Harris角点检测算子（简称Harris）是一种使用最广泛的局部特征点检测算法，其基本思想是通过定义一个小窗口并在图像的各个方向上移动这个小窗口，如果窗口内的灰度发生了显著变化，则认为窗口内存在角点。Harris的实现是基于自相关函数来度量图像中每个像元在其邻域内的灰度变化强度，计算公式如式（6.14）所示。

$$\mathrm{H}(\boldsymbol{M})=det(\boldsymbol{M})-ktr^2(\boldsymbol{M}) \tag{6.14}$$

式中：$det(\boldsymbol{M})$和$tr(\boldsymbol{M})$分别表示矩阵$\boldsymbol{M}$的行列式和迹；k为经验常数，一般取值范围在[0.04, 0.15]，本节中k设置为0.06。矩阵$\boldsymbol{M}$是一个实对称矩阵，用于描述像元（x,y）局部邻域内的灰度结构信息，运算公式如（6.15）所示。

$$\boldsymbol{M}=G(x,y)\otimes\begin{bmatrix}B_x^2 B_x B_y\\ B_x B_y B_y^2\end{bmatrix} \tag{6.15}$$

式中：B_x和B_y分别表示亮度图B在水平和垂直方向的偏导数；$G(x,y)$表示高斯函数；⊗为卷积操作。图6.20展示了Harris特征对不同大小房屋的响应程度，通过对该特征进行阈值分割，得到房屋角点位置，可以看到该特征对较小和中等房屋的提取效果较好，而对面积较大的房屋（如工厂厂房、商业大楼）提取效果一般，特征点稀疏。

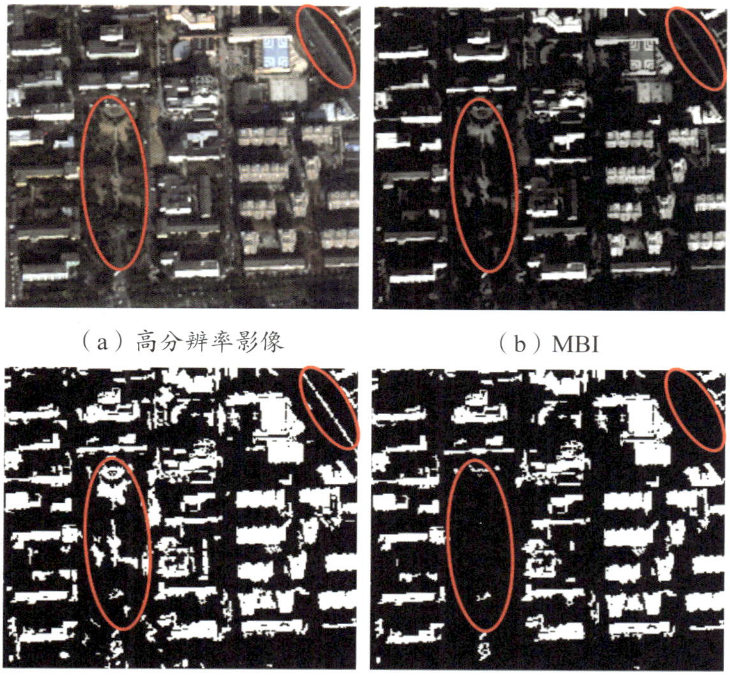

（a）高分辨率影像　（b）MBI
（c）候选房屋　（d）阴影约束

图 6.19 MBI 特征及其阴影约束效果示例

本书提出的居民地多特征自动提取方法可分为三个模块：输入、处理、输出。输入模块主要指进行数据准备，即影像预处理。以ZY3影像为例，预处理包括辐射定标、正射校正、影像配准和全色融合。图6.21展示了预处理的具体流程。ZY3的多光谱波段具有5.8m的空间分辨率，包括蓝色、绿色、红色和近红外波段，首先需要对其进行辐射定标，将多光谱影像的DN值转换为表观（top-of-the-atmosphere, TOA）反射率。然后将多光谱以及不同角度的全色影像进行正射校正，所使用的DEM模型为美国地质调查局USGS制作的GMTED2010全球地形高程数据。接着将所有影像重采样到2.5m的统一分辨率下，并以正视影像为基准，将多光谱以及前视、后视影像自动配准到正视影像，配准误差在1个像素以内。由于多光谱影像空间分辨率较低，因此采用Gram-Schmidt方法将配准的多光谱和正视全色影像进行融合，得到空间分辨率增强的多光谱影像。此外，为了减少多角度影像的光谱差异，需要进行相对辐射校正使得多角度影像上地面部分的光谱值大致相同，以降低角度差异带来的虚警。本书以正视全色影像为基准，采用直方图匹配的方法将前、后视影像进行相对辐射校正。最终，通过以上预处理操作后，得到的全色融合影像将用于提取光谱、MBI和Harris角点特征；NAD、FWD和BWD多角度影像则将用于MABI特征提取。

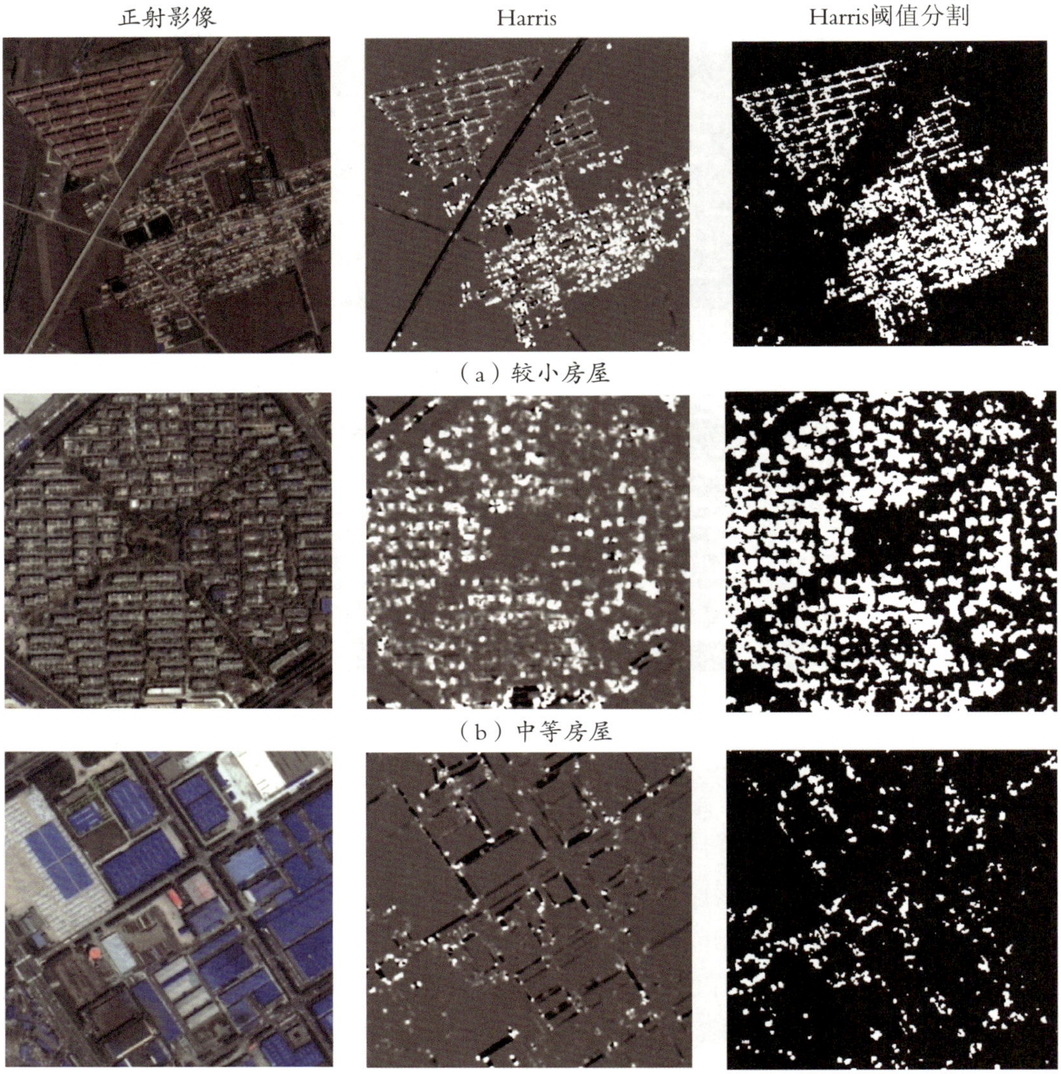

（c）大型房屋

图 6.20　Harris 角点特征对不同大小房屋的响应程度

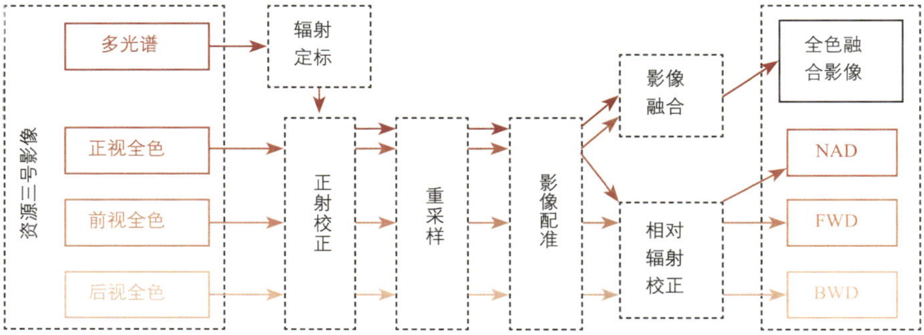

图 6.21　资源三号影像预处理

处理模块指对准备好的影像进行特征提取、融合及后处理的过程，是该方法的核心部分。因为对于大范围居民地提取，单一特征往往无法有效表达所有类型房屋的特点，不同特征会产生不同的虚警和遗漏情况。具体来说，MBI能够描述不同形状、大小的房屋，但对具有与房屋光谱和空间特征相似的地物（如亮裸地）容易产生虚警；对亮度值和局部对比度低的暗房屋容易造成遗漏。Harris算子能够直接反映建筑的角点，适合提取较小的房屋（如农村的小房屋、“城中村”的房屋），但也会对其他纹理区域（如树木、农田）敏感，在这些区域产生虚警；另一方面，由于大型建筑（如商业楼、工厂）的角点稀疏，Harris对这类区域容易产生遗漏。MABI立体特征对中高层房屋响应显著，同时对地面地物的噪声具有较强的抑制性；但也对其他地上地物（如树木、高架桥、山脊）较为敏感，带来虚警。由于平面特征与立体特征对建筑物具有不同的刻画能力，且相互补充，因此为了充分利用特征之间的互补性，提高查全率，对多特征进行融合；随后，对融合结果进行后处理，滤除虚警，以提高查准率。

特征融合采用并集操作的方法，包括以下三个步骤：

（1）特征归一化。将MBI、Harris和MABI的特征值都归一化到[0, 1]区间内。

（2）阈值分割。定义MBI、Harris和MABI的分割阈值分别为θ_1、θ_2和θ_3，根据现有文献以及实践经验，θ_1可取固定值0.1，从而能够保留较多的候选房屋；由于Harris特征在非角点处的值为负数或接近0，因此θ_2取一个较小值0.01用于提取大多数房屋角点；根据经验，θ_3的可调节范围为[0.8, 0.9]，为了抑制地面虚警，本节中将RMABI和NDMABI的分割阈值均其设置为0.9。

（3）取并集。将二值化后的特征图进行并集操作，得到初始居民地范围BUA_ori，运算公式如式（6.16）所示。

$$\text{BUA}_{\text{ori}} = \{\text{MBI} > \theta_1\} \cup \{\text{Harris} > \theta_2\} \cup \{\text{MABI} > \theta_3\} \tag{6.16}$$

后处理的目的是进行虚警滤除，包括光谱约束和形状约束。

（1）光谱约束。光谱约束后处理通过利用植被和水体指数去除树木、草地、农田和水体带来的噪声。常见的植被指数有归一化植被指数（NDVI）、比值植被指数（RVI）、差值环境植被指数（DVI）、土壤调节植被指数（SAVI）等。NDVI是使用最广泛的植被指数，但有研究表明，NDVI容易受到土壤背景噪声的影响，不适用于城市区域。SAVI可以降低土壤背景的影响，在植被覆盖程度较低的区域仍具有较好的区分性，因此本书采用SAVI指数用于消除植被虚警。SAVI的计算公式如式（6.17）所示。

$$\text{SAVI} = \frac{\text{NIR} - \text{R}}{\text{NIR} + \text{R} + L} \times (1 + L) \tag{6.17}$$

式中：NIR和R分别为多光谱影像的近红外和红色波段；L为土壤调节系数，取值范围为[0, 1]，本书中L的取值为0.5。常用的水体指数有归一化水体指数（NDWI）和改进的归一化差异水体指数（MNDWI）。本节数据仅具备四个多光谱波段，因此使用NDWI进行水体移除。如公式（6.18）所示，NDWI通过对绿波段（G）和近红外波段（NIR）进行波段组合运算得到。公式（6.19）展示了进行光谱约束的具体方法，即通过设定植被阈值v和水体阈值w对BUA_{ori}进行掩膜处理，其中v和w的确定可通过统计学的方法自动估计。

$$\text{NDWI} = \frac{\text{G} - \text{NIR}}{\text{G} + \text{NIR}} \tag{6.18}$$

$$\text{IF SAVI}(i) \geqslant v \text{ OR NDWI}(i) \geqslant w, \text{THEN BUA}_{\text{ori}}(i) = 0 \tag{6.19}$$

（2）形状约束。对象的形状属性如面积和长宽比可以作为约束条件对候选区域进行后处理，从而移除面积较小的噪声和长宽比过大的道路。通过对候选房屋进行连通域分析，将连通像素的总个数作为该对象的面积Area(x)，并计算连通像素的长宽比作为该对象的长宽比LWR(x)。φ和ω分别表示面积和长宽比的阈值，在本书设置为10和8。如公式（6.20）所示。

$$\text{IF Area}(x) < \varphi \text{ OR LWR}(x) > \omega, \text{THEN BUA}_{\text{ori}}(x) = 0 \tag{6.20}$$

输出部分采用多尺度方法将房屋特征转化为居民地强度特征，然后得到居民地结果。居民地包含了房屋及其邻域，现有研究大多以一个固定大小的窗口为基本单元，通过判断该窗口范围内是否存在建筑物或计算建筑物密度来判断这个窗口是否为居民地。然而居民地具有多尺度的特性，通常难以判断合适的窗口大小：窗口过小会导致结果存在较多噪声；而窗口过大会使结果分辨率较低、边界粗糙。为了保持精确的居民地边界，同时能够区分居民地内部较大的裸地、道路、绿地和水体等其他类型地物。居民地强度特征能够刻画居民地的空间分布模式，兼顾局部（房屋尺度）和邻域（格网尺度）。具体流程图6.22所示，包括：①多尺度强度图计算，本书基于三种大小的窗口，采用半重叠窗口移动的方式计算窗口内建筑物的密度，得到不同尺度下的强度值；②多尺度融合，将三个尺度的强度值直接相加得到居民地强度（Built-up area intensity, BUAI），并将BUAI进行归一化；③阈值分割，最后对BUAI进行二值化得到最终的居民地结果（Built-up area, BUA），分割阈值为θ_4。窗口尺度的大小可以根据真实情况以及用户需求进行设置，在本节中设置为12、20、28，对应的实地距离为30m、50m、70m。通过对多个典型城市进行测试，θ_4的值设置为0.1时能够取得稳定的精度，如图6.23所示。

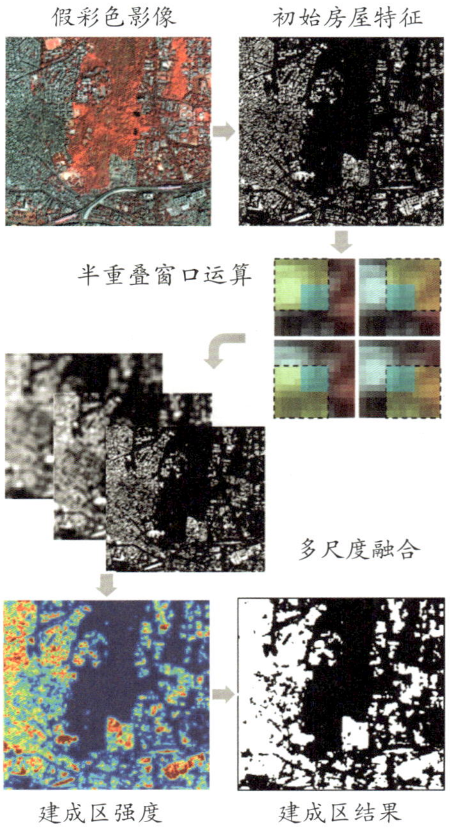

图 6.22　利用多尺度融合方法生成居民地流程

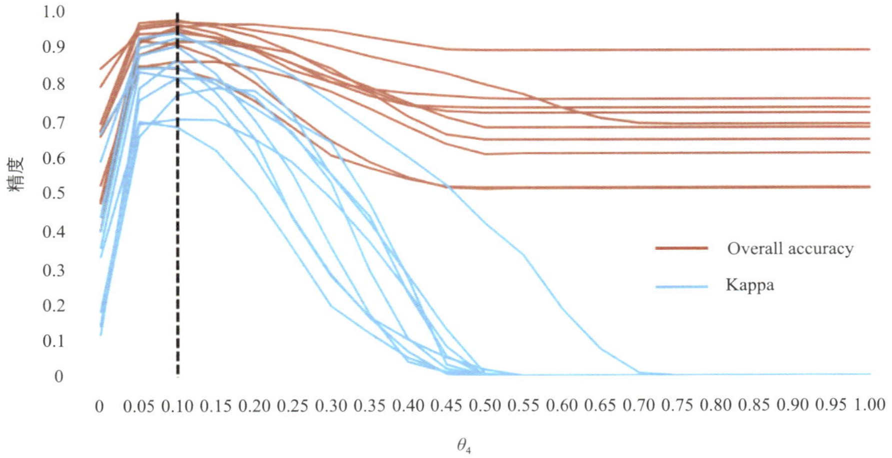

图 6.23　不同的 θ_4 下的居民地提取精度

图6.24至图6.26利用三个例子展示了MBI、Harris、RMABI、融合特征以及居民地强度和最终结果。图6.24是一个城市场景，包含不同尺寸聚合和离散的房屋；图6.25是乡村

场景，主要包含密集较小房屋；图6.26是典型的居民地。可以看到三种特征对房屋的描述能力不一样，并能够相互补充。MBI能够还原房屋的形状和结构，尤其是对大型建筑，因此对于取得准确的居民地边界具有十分重要的作用；Harris适合于提取小型房屋组成的居民地，对于城中村、郊区、农村等地区效果显著；MABI对中高层房屋响应较高，包含亮度值和局部对比度低的居民地域，因此能够很好地补充平面特征的不足。通过对多特征融合后生成的BUAI能够更准确地反映居民地的强度，最终生成的BUA具有较精确的边界，同时能够区分居民地内部较大的裸地、道路、绿地和水体。

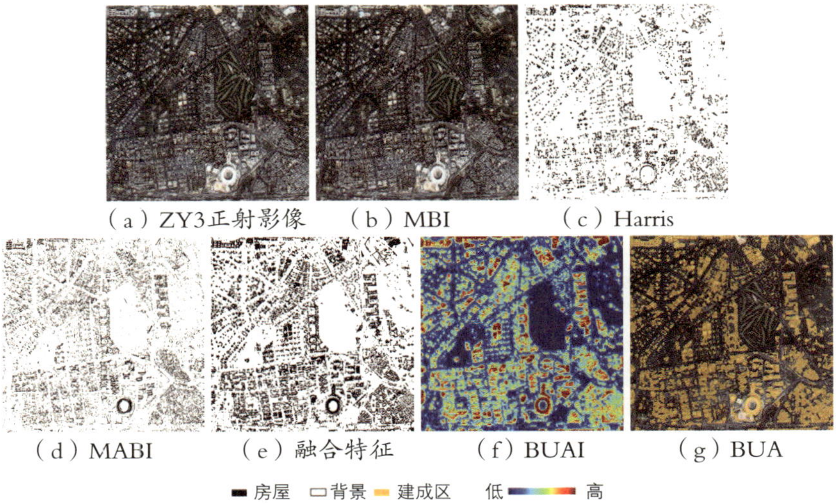

图 6.24　多特征提取与融合示例一

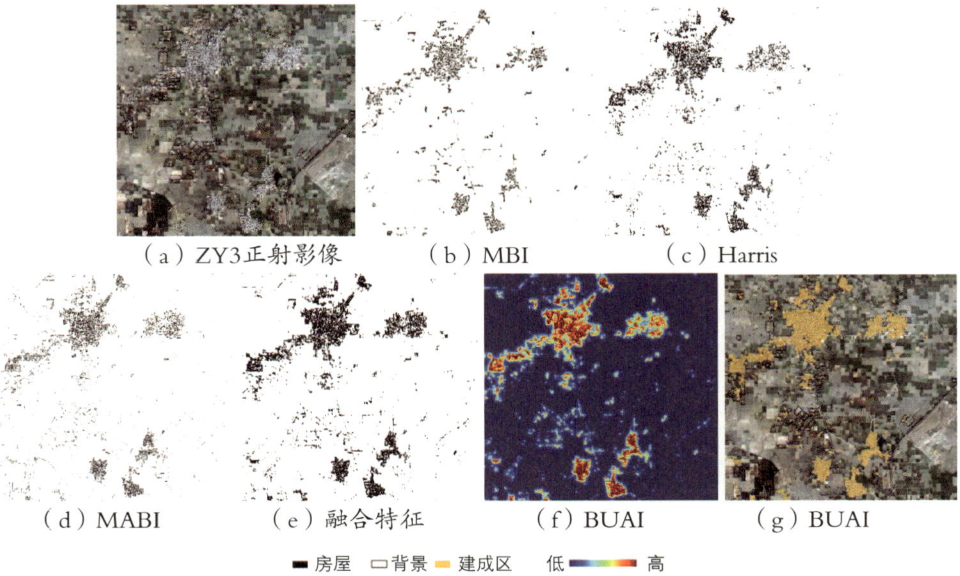

图 6.25　多特征提取与融合示例二

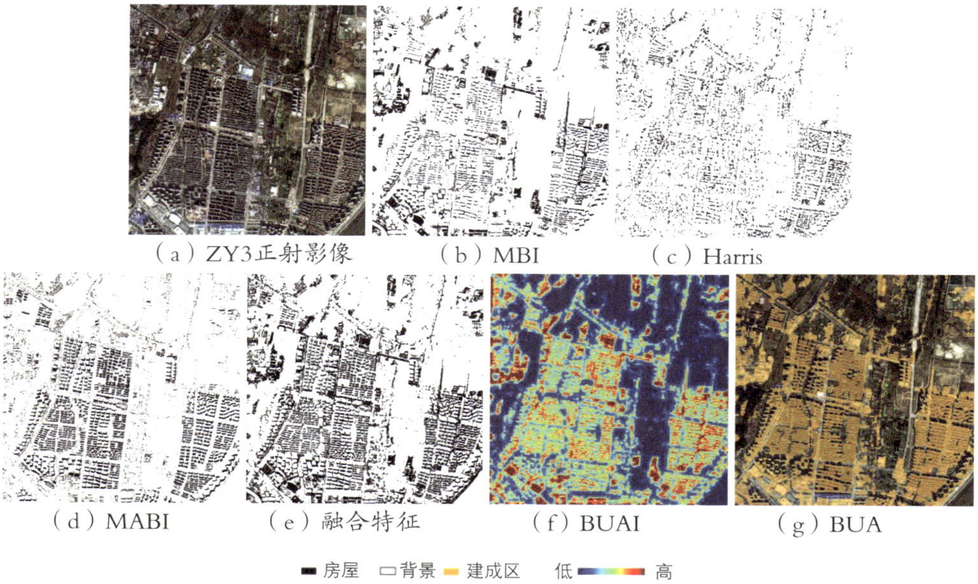

图 6.26 多特征提取与融合示例三

为了对居民地要素提取指标进行验证，本书选取了全球300多个城市的ZY3影像（覆盖33760km^2），进行居民地提取试验，并与较先进的全球产品Global Human Settlement Layer（GHSL）和Global Urban Footprint（GUF）产品进行对比。

图6.27展示了部分研究区的建成区提取结果，并对比了同一地区GHSL和MOD500产品。可以观察到这三个产品具有相似的空间分布模式，但本书结果表现出更准确、更丰富的空间细节。例如在利雅得和珀斯城区，本书结果可以区分城市内部的主道路、河流、裸地、公园等；而在西安、长沙和阿尔及尔，许多郊区/农村的小房屋和独立房屋被GHSL和MOD500遗漏，但能够被本方法检测出。

图6.28展示了一些局部地区的建成区提取效果。这些局部地区裁剪于不同城市的核心城区、郊区和农村，代表了不同的场景。在核心城区，如图中显示的北京、哥本哈根、巴黎和洛杉矶的局部区域，本方法对大型商业区和小型居民区均有较好效果，同时能够区分公园、主干道和河流；在阿尔及尔、伦敦和开普敦的城郊地区，植被覆盖区域和裸地被较好地抑制了；在西安的农村地区，小型村庄的轮廓能够被精确地提取出；其他非建成区地表，如开普敦的机场跑道、珀斯的盐湖等都被有效过滤。

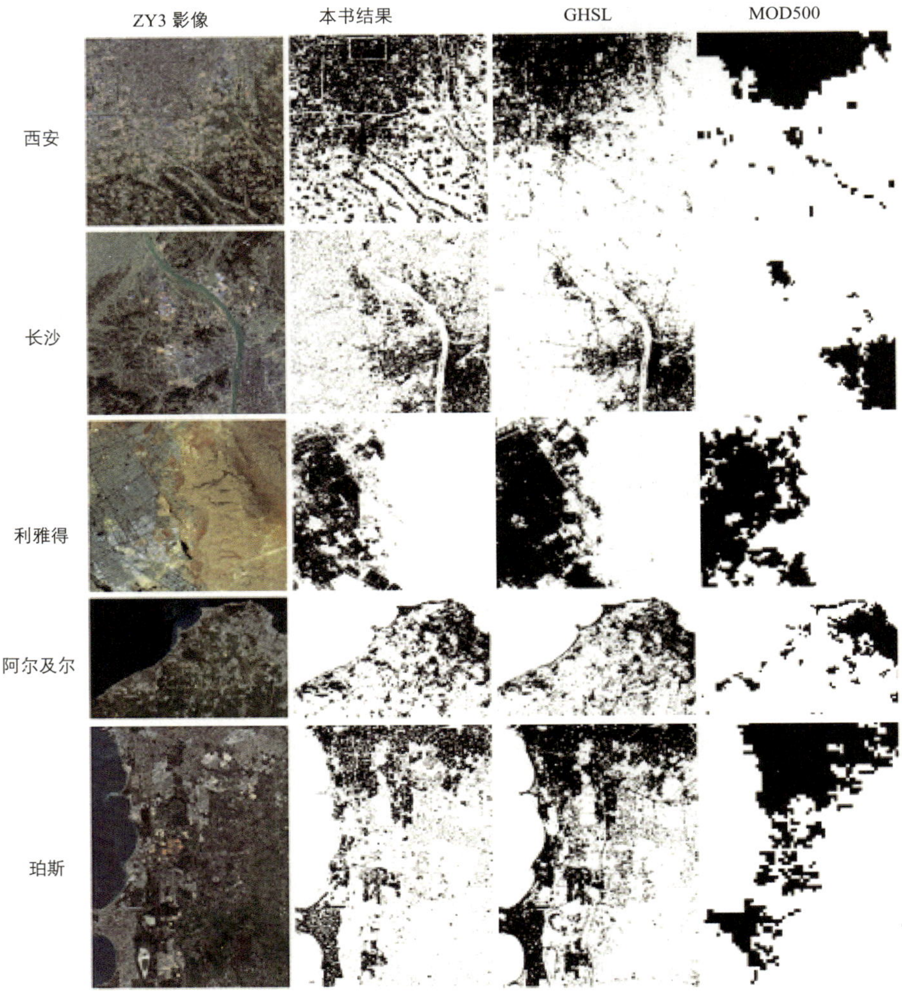

图 6.27　建成区结果示例（黑色表示建成区）

为了对建成区提取结果进行定量的精度测试，本节基于ZY3全色融合影像，对每个研究区采集1000个随机样本，通过目视解译的方式将样本标记为建成区或非建成区两类，并参考同时期Google Earth TM高清卫星或航空影像来辅助样本收集工作。经计算，准确率达86.20%，召回率达89.14%。

将本书结果与先进的全球建成区产品（GHSL和GUF）进行目视和定量的精度对比。本书结果的准确率和召回率的值分别比GHSL高2.14%和20.37%。本书结果在城区和农村的精度水平较为一致，而GHSL在农村地区的漏分误差较大，本书结果在农村的查全率比GHSL高28.08%。与GUF对比，本书得到的精度相似或高于GUF，进一步证实了本方法的有效性。

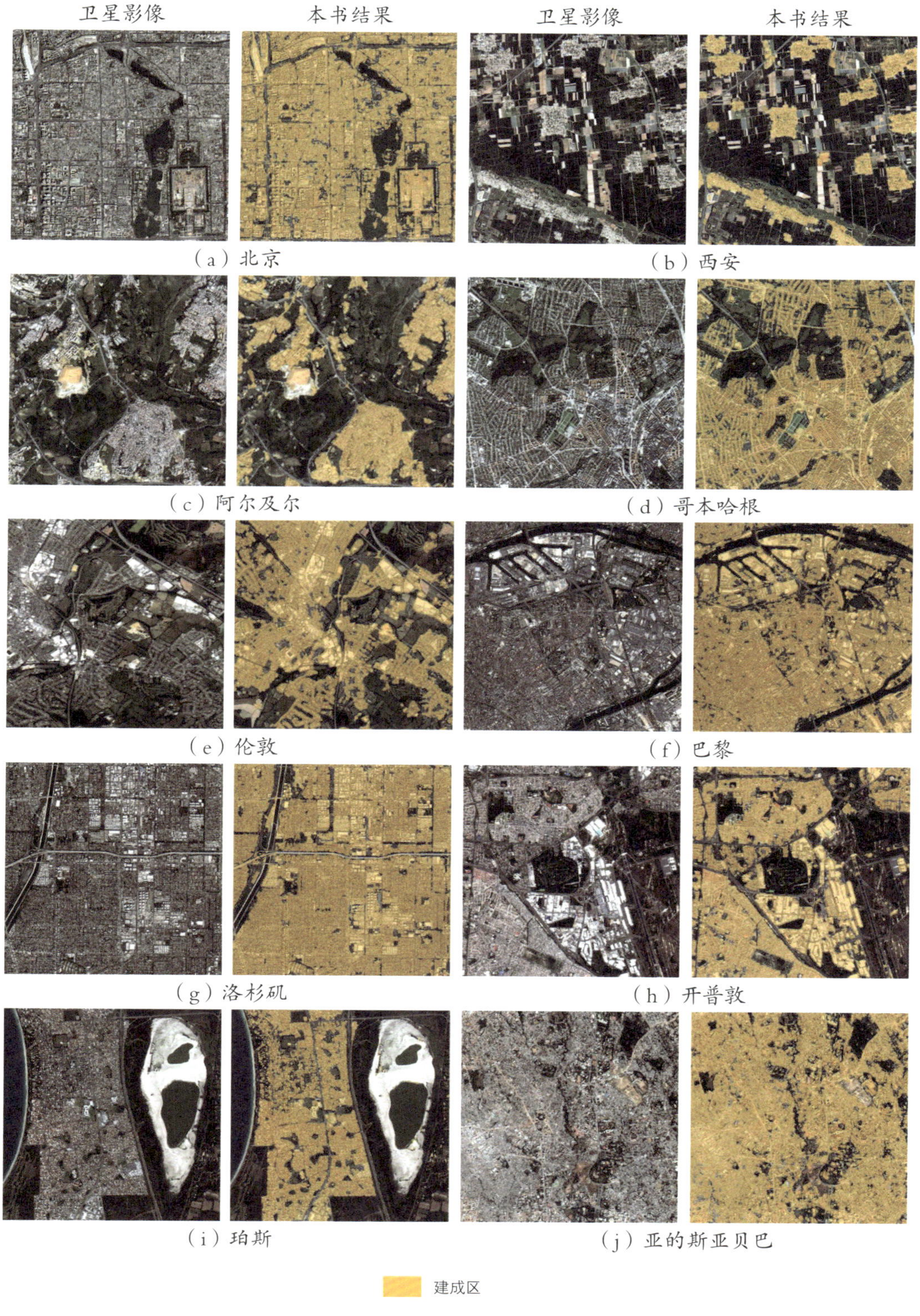

图 6.28　5 km × 5 km 建成区结果局部示例

基于居民地要素的知识推理，突破了传统的二维特征体系，提出一种新的立体特征——多角度建成区指数（MABI）。MABI与传统的基于立体匹配生成的高度特征不同，具有计算简单、快速的特点，更适合用于进行大范围建成区检测。通过融合形态学房屋指数（MBI）、Harris角点特征和MABI这三种特征，实现对建成区的结构、角点和立体特性的综合描述。利用资源三号01星和02星的多角度影像对全球45个典型城市进行广泛实验，结果表明，该方法具有应用于全球建成区提取的能力。

6.2.5 居民地自动提取与真值验证

使用我国7个省的居民地样本作为样本库，对越南测试区（515km^2）进行模型迁移。基于深度学习的高分辨率遥感影像居民地提取方法共分为四个步骤，流程如图6.29所示。

6.2.5.1 样本构建

通过对多个省级行政区的ZY3影像的目视检查，挑选出质量较高的影像。分气候带构建样本集，样本大小为512像素 × 512像素。

6.2.5.2 网络训练

利用多功能重用网络（Multiple-Feature Reuse Network，MFRN），选取和越南测区位于相同气候带的样本，用于网络训练。多功能重用网络（MFRN）针对常用CNN模型使用不同层次图像特征时存在的问题所提出的一种CNN体系结构，其中每一层都连接到所有相同大小的后续层，从而能够直接使用每一层中的层次特征。

注意力机制是提取输入信号的最有用信息的有效工具。通过使用激活函数（如SoftMax、Sigmoid）和顺序技术来实现注意力机制。近年来，注意力机制已广泛应用于图像字幕、图像分类和视觉问答、图像识别等领域。研究表明，注意力机制可以强化目标所特有的一些神经元，提高它们的表现力。

6.2.5.3 结果后处理

为进一步优化提取结果，对网络模型训练得到的预测结果进行了后处理，加入了形状约束和多尺度形态学重建，能有效解决多类型居民地差异化问题。

6.2.5.4 网络微调

将后处理的结果作为越南地区的样本，对网络模型进行微调，经模型预测，得到最终提取结果。

为验证该方法，在越南测区进行了居民地提取试验，并使用越南测区的居民地真值进行了评估。实验是在Pytorch上实现的，使用的是一台带12 GB显存的2080Ti GPU。ADAM优化器使用的初始学习率为0.001，Beta1和Beta2使用的是推荐的默认值。所有比较的方法都从零开始训练了大约100个迭代，并在验证集损失上升后调整学习率到当前学习率的十分之一，直到收敛，批次大小都设置为4。最终提取的准确率87.54%，召回率为85.10%。

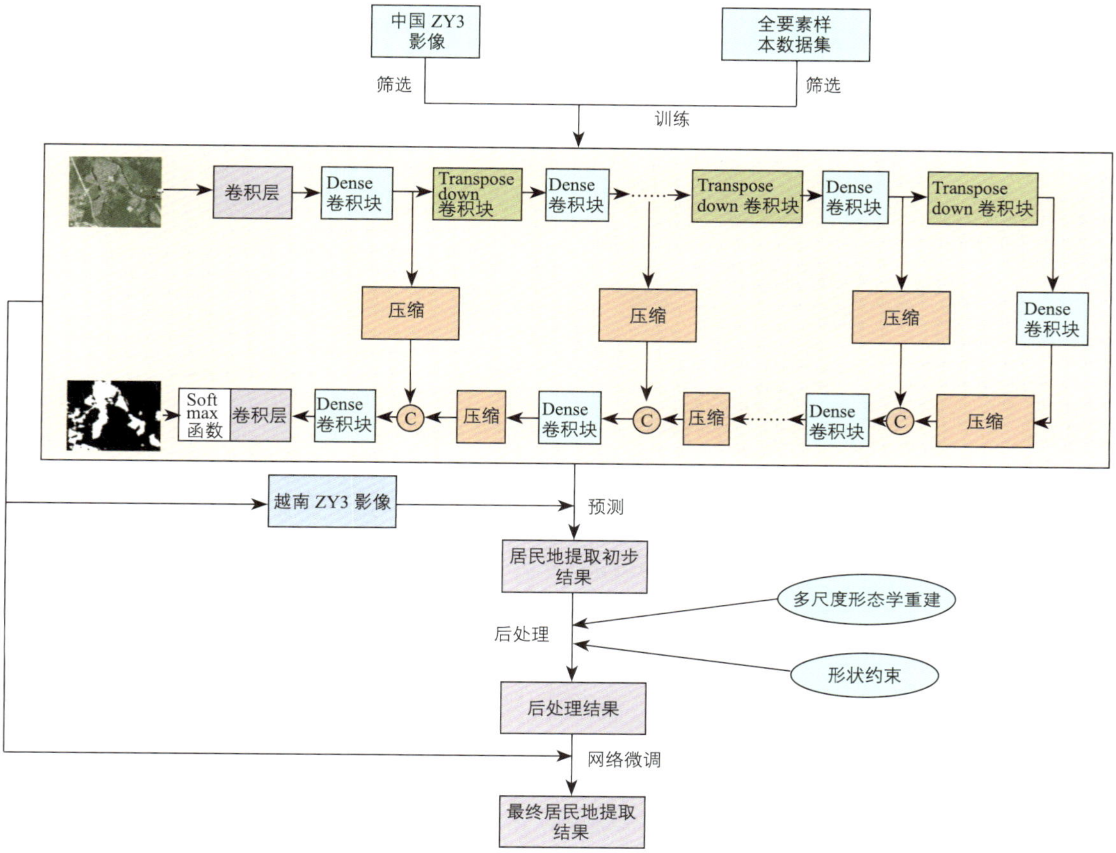

图 6.29　半监督迁移学习提取居民地流程图

得到的提取结果在准确率上要优于召回率。目视检查发现，除部分农田、裸地存在少量虚景外，居民地提取整体比较准确。但是居民地内部容易产生遗漏，比如房屋建筑周围的树木、小区内部的公园等。虽然使用多尺度形态学重建后，能解决一部分遗漏问题，但是整体效果还有待提升。造成召回率较低的原因一是目前网络训练还不充分，二是越南测区的标签勾画太过粗糙，存在将多个居民地直接勾画为一个大的居民地，或是将少量独栋房屋连同周围林草一起勾画为居民地的情况，导致标签范围大于真实居民地的覆盖范围。

在我国范围内构建居民地样本库，使用7个省份的数据，对覆盖面积为515km^{2}的越南测试区进行模型迁移学习。构建一种多特征重利用的深度网络模型对居民地进行提取，该模型在Dense-net的框架下，新增特征过滤与特征迁移模型，在保证精度的前提下加快运算速度。引入多尺度形态学与形状约束作为后处理能有效完善提取结果。对照越南地区居民地真值，该方法能准确提取越南居民地。

第七章

植被要素智能提取方法

本章涉及的植被要素主要包括农林用地和城市绿地。农林用地涵盖耕地、园地、林地和草地；城市绿地包括人工绿地、苗圃、花坛和带状绿化树。利用遥感影像自动提取植被时，面积应大于80像素×80像素，无遮蔽。本章构建了敏感特征自适应学习策略和AAF上下文适配推理模型，采用边缘约束的边界精化方法，解决了特征不均衡、共生混杂地类误提取等问题，实现植被的高精度自动提取。

7.1 植被要素提取技术路线

语义分割网络借鉴了图像分类网络强大的特征提取器。这些特征提取器由多个卷积层与下采样层组合而成，提取深层次的语义特征，即需要对特征图进行降采样以捕获长距离的上下文关系。与图像级的图像分类任务不同，语义分割是密集的像素级分类任务，需要将降采样之后的特征图恢复至原始输入图像尺寸。这个过程通常由网络中的上采样层完成，但是下采样造成的信息损失无法在后续上采样层中完全恢复。因此，当目标任务是像素级的语义分割时，使用强大的特征提取器获取像素的上下文表示能力具有一定的局限：强下采样使得网络能够捕获大量的背景信息，但却会失去局部细节信息，在结果上通常表现为忽略小目标以及边缘模糊、不规则等。因此，如何改善高分辨率遥感影像深度学习语义分割方法的边缘定位不准确问题具有重要的意义。

基于全卷积神经网络模型的语义分割方法，在针对通用的基准数据集的语义分割任务研究中，通常选择的预训练模型具有有限范围的视觉感受域，并且通过下采样操作获取的特征要素图，会丢失较多详细的空间细节和边界定位信息。应用于遥感典型自然资源要素提取任务时，仍存在一些需要进一步研究的问题：一是遥感影像上各类典型自然资源要素目标对象的空间上下文信息和深层次的语义信息利用不充分；二是遥感影像的空间分辨率和待提取的植被要素目标对象的尺度在自然影像上的反映存在差异性；三是由于传感器以及大气等因素，导致遥感影像辐射差异较大，异源遥感影像泛化能力有限；四是语义分割网络中因下采样会造成局部细节损失，从而导致语义分割结果边缘不规则、不准确。

针对以上问题，提出了基于适配上下文推理的高分影像植被提取方法和基于边缘约束的语义分割方法，并对两种方法的结果进行了融合。

考虑建模中心像素和邻域像素组合的亲和力场模型，利用像素光谱信息和在标签空间的语义约束关系，在适配亲和力场损失函数（Adaptive Affinity Field Loss Function，AAF）的启发下，引进了适配上下文推理的目标损失函数，自动获取具备空间结构和局部细节的分割段。基于对抗学习的思想，顾及不同语义类别目标对象的实际尺寸，网络适配地针对每个地物类型学习最佳的亲和力场尺寸，从而转换为极小极大问题，在最坏情况的学习场景中，优化语义分割神经网络。AAF模型将纹理结构表示为以像素为中心的分布式关系集合，建立针对植被要素类型的亲和力场匹配损失函数。能够充分利用图像中的上下文信息，使得同一类地物特征更接近，不同地物特征距离更远，能够在一定程度上解决因辐射差异导致的问题。然后利用边缘约束方法，在图像输入阶段、特征学习阶段、结果输出阶段对地物的边缘进行增强，使得地物边缘更加清晰，增强对小目标的检测效果。最后再对两种方法的结果进行融合，既能保证上下文信息有效地利用，也能增强地物的边缘检测。

植被提取总体技术路线如图7.1所示。

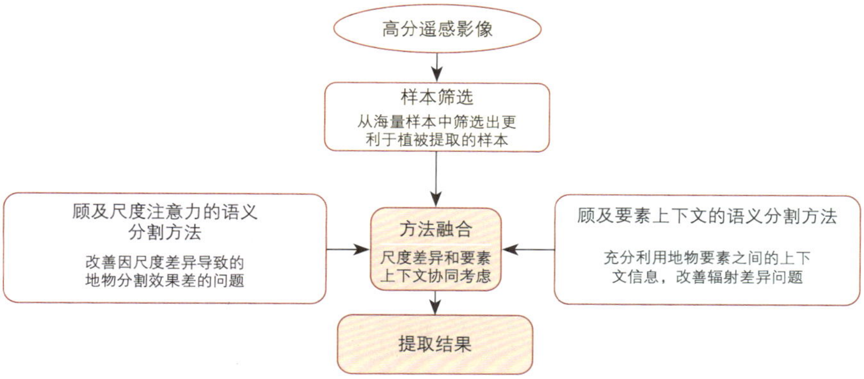

图 7.1　植被提取技术路线

7.2　样本筛选

利用非监督聚类和植被指数自动阈值分割的植被样本自动获取方法，实现植被和非植被样本的自适应自动获取，通过样本训练并进行样本精化，实现较高精度植被自动提取，如图7.2所示。

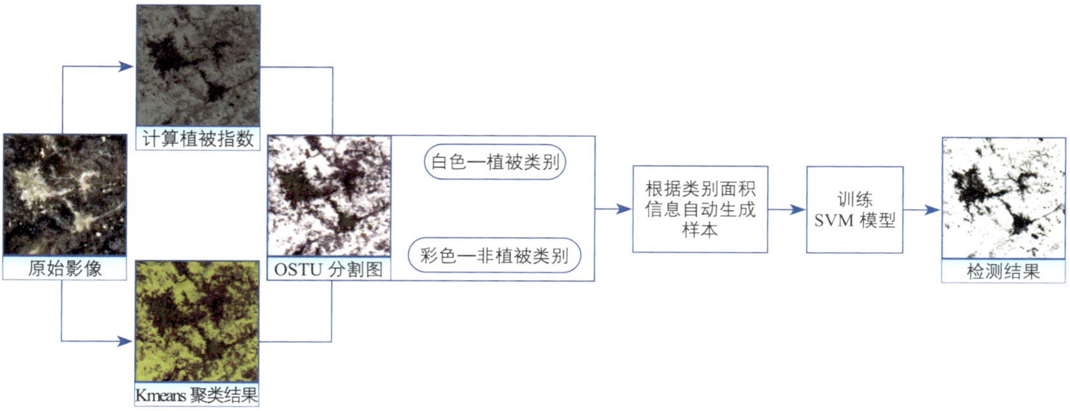

图 7.2　非监督聚类植被自动提取方法制作样本集

利用非监督聚类植被自动提取方法得到影像对应的标签，然后人工目视判读，挑选既含有正样本又含有负样本的影像，将这些影像及对应的标签滑动窗口分块处理，然后按照75%的训练集及25%的验证集导入基于多模块融合的语义分割模型，训练神经网络，挑选精度高的模型进行其余影像的预测。

由于近红外波段、红波段这些光谱信息对于植被识别提取非常重要，所以选择国产影像中的多光谱影像作为植被提取的影像。根据近红外波段、红波段求取的植被指数NDVI，设计了基于非监督聚类的植被自动提取的方法。

首先对原始影像聚类，计算每个类别的NDVI均值，利用OSTU算法自动确定阈值判断每个类别是否为植被类。然后对区分好的植被类与非植被类自动采集数量相当的正负样本，每个聚类类别根据面积自动随机提取样本，保证样本的多样性。最后，对自动采集的样本利用SVM进行训练与测试得到最终植被提取结果。利用非监督聚类和植被指数自动阈值分割的植被样本自动获取方法，实现植被和非植被样本的自适应自动获取，通过样本训练并进行样本精化，实现较高精度植被自动提取。

植被提取结果如图7.3所示。

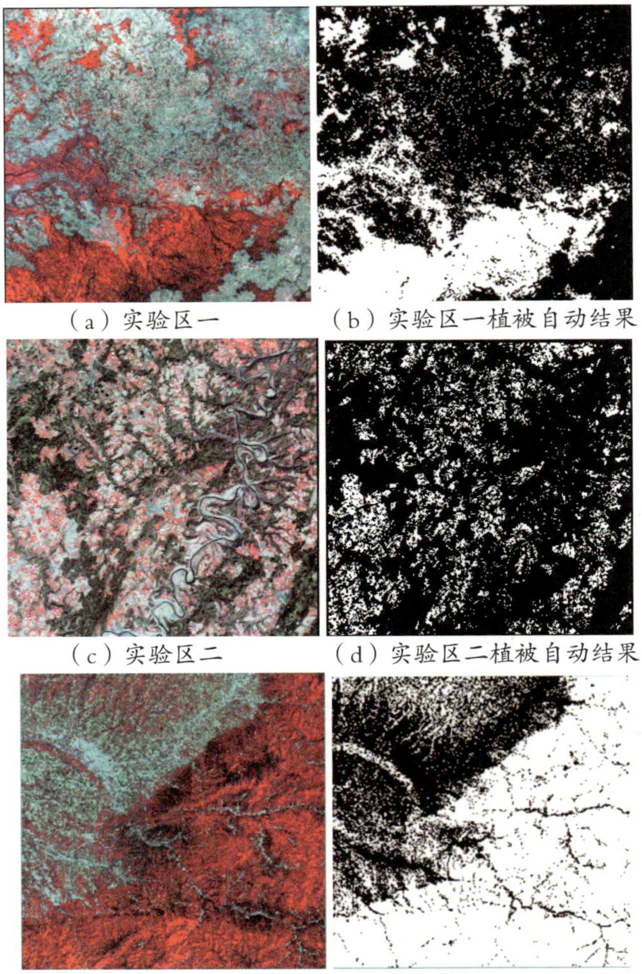

（a）实验区一　（b）实验区一植被自动结果

（c）实验区二　（d）实验区二植被自动结果

（e）实验区三　（f）实验区三植被自动结果

图 7.3　基于非监督聚类的植被自动提取结果

7.3　植被提取的深度神经网络结构

7.3.1　基于适配上下文推理的高分影像植被提取方法

针对遥感影像上各类典型自然资源要素目标对象的空间上下文信息和深层次的语义信息利用不充分的问题，适配地推理像素及其邻域像素之间的语义关系，进一步提高典型植被要素对象的提取精度；针对遥感影像的空间分辨率和待提取的植被要素目标对象的尺度在自然影像上存在差异性问题，设计更为合理的网络结构，充分考虑植被敏感特征，使得计算机视觉领域的语义分割神经网络更适配于遥感影像；针对遥感影像辐射差异较大，异源遥感影像的泛化能力有限等问题，结合传统逐像素遥感影像分类结果的详细空间信息和基于深度学习要素提取结果的边界完整性，耦合传统分类方法的逐像素分类结果和基于深度学习的要素提取斑块，提升最终的植被要素的提取精度。

基于适配上下文推理的高分辨率遥感影像植被提取算法流程如图7.4所示，提出的方法包含2个新颖的模块：①植被敏感特征聚焦感知模块，提取不同类型植被的敏感特征；②适配上下文推理模块，优化在全卷积神经网络框架中提取的语义分割结果的边界信息。

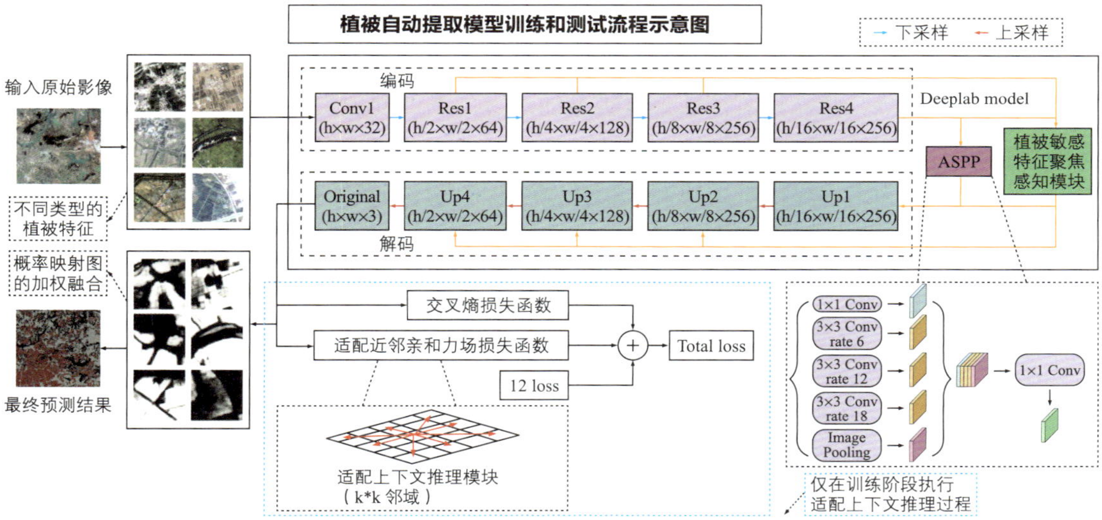

图 7.4　基于聚焦感知和上下文推理的植被土地利用 / 土地覆盖提取算法示意图

7.3.1.1　适配亲和力场建模

表征遥感影像丰富的空间结构和上下文信息的模型精细程度，制约着植被要素提取的精度，而网络模型中特征要素图包含的原始影像信息的丰富程度，与该图层相对于原始影像的视觉感受野大小密切相关。通常带孔卷积操作可以指数级增长神经网络模型的视觉感受野，同时避免显著减小特征要素图的空间分辨率。若将预训练的分类基准网络，移除最后的池化层，避免输出特征要素图的空间分辨率显著降低，而改为空洞卷积层，由此建立的前端模块（frontend module）无须增加参数即可获取稠密的分割预测结果，若进一步使用前端模块的输出作为背景模块（context module）的输入并单独训练，可以提高分割预测结果的空间定位精度。背景模块通过多个不同扩张程度的空洞卷积层级联，可聚合多尺度的上下文信息，并改善前端模块获取的预测结果，这一过程可视为针对原始影像的上下文信息建模。

建模国产高分卫星影像的植被及其他典型自然资源要素间的上下文信息，植被特征和其他典型自然资源要素类型特征存在混淆，因此很难获取准确的边界定位信息。同时不同影像上植被空间分布各异。深度神经网络建模植被和其他自然资源要素类型对象目标之间的纹理结构和上下文关系，依赖于设计合理的目标损失函数，指导网络学习预测接近于标签真值的分割结果。通常使用交叉熵损失函数作为一元监督，强化独立像素的语义标签，无法满足在标签空间建模邻域像素间的上下文关系，难以在训练阶段自适应地执行上下文推理。因此考虑建模中心像素和邻域像素组合的亲和力场模型，利用像素的光谱信息和在标签空间的语义约束关系，引进了适配上下文推理的目标损失函数，自动获取具备空间结构和局部细节的分割段。基于对抗学习的思想，顾及不同语义类别目标对象的实际尺寸，网络适配地针对每个地物类型学习最佳的亲和力场尺寸。从而转换为极小极大问题，在最坏情况的学习场景中，优化语义分割神经网络。AAF模型将纹理结构表示为以像素为中心的分布式关系集合，建立针对植被要素类型的亲和力场匹配损失函数。具体实现时需合理设置网络模型训练的超参数以及AAF的相关参数，其中AAF涉及的参数包括适配亲和力场的尺寸、适配亲和力损失函数边缘和非边缘部分损失函数的学习权重、适配亲和力场相关参数的学习率等。图7.5展示了邻域适配亲和力场建模的基本过程。

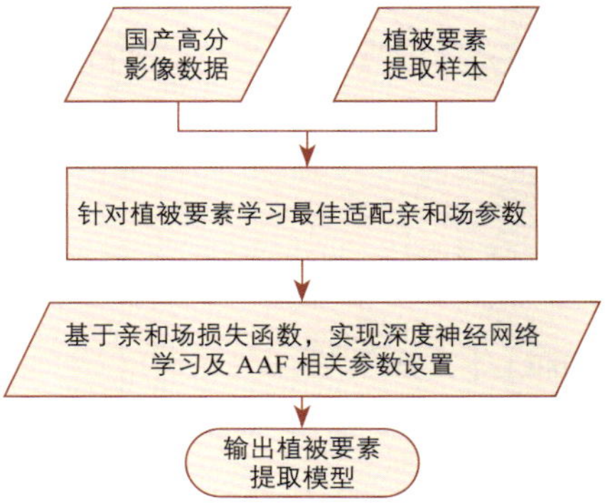

图 7.5　邻域适配亲和力场建模示意图

为训练植被要素提取神经网络而设计的整体目标损失函数，包含一元监督的交叉熵损失函数和多元监督的适配亲和力场损失函数，分别表示为L_{unary}和L_{ACI}，如式（7.1）所示：

$$S^{*}=\arg\min_{S}\max_{w} L_{\text{unary}}+L_{\text{ACI}} \qquad (7.1)$$

为了建模具备不同尺寸、形状和上下文关系的不同植被特征的空间结构，我们建模了表征上下文关系的邻域亲和力场模型，表征中心像素及其邻域像素的语义约束关系，包括类间和类内的上下文关系。因此，亲和力场损失函数，表达为类内和类间的KL散度（Kullback-Leibler Divergence）的加权求和，如式（7.2）、式（7.3）所示。

$$L_{\mathrm{ACI}}=\sum_{c}\sum_{k}(w_{\bar{\mathrm{bck}}}L_{\mathrm{affinity}}^{\bar{\mathrm{bck}}}+w_{\mathrm{bck}}L_{\mathrm{affinity}}^{\mathrm{bck}})$$
$$s.t.\sum_{k}w_{\bar{\mathrm{bck}}}=\sum_{k}w_{\mathrm{bck}}=1\ \mathrm{and}\ w_{\bar{\mathrm{bck}}},w_{\mathrm{bck}}\geqslant 0 \tag{7.2}$$

$$L_{\mathrm{affinity}}^{\mathrm{ic}}=\left\{\begin{array}{c}L_{\mathrm{affinity}}^{\mathrm{i\bar{b}c}}=D_{\mathrm{KL}}(\hat{\mathrm{y}}_{j}(c)\,\|\,\hat{\mathrm{y}}_{i}(c))\\ \mathrm{if}\ \ y_{i}(c)=y_{j}(c)\\ L_{\mathrm{affinity}}^{\mathrm{ibc}}=\max\{0,m-D_{\mathrm{KL}}(\hat{\mathrm{y}}_{j}(c)\,\|\,\hat{\mathrm{y}}_{i}(c))\}\\ \mathrm{otherwise}\end{array}\right\} \tag{7.3}$$

式中：D_{KL}为KL散度；$\hat{y}_j(c)$表示类c中j的预测概率；$\hat{y}_i(c)$表示类c中i的预测概率。

为避免网络模型促使所有地物类型的亲和力场尺寸为常数，需要采用对抗学习的思想，即分别考虑类内和类间部分，采用了相反的参数学习方向，期待关于类内部分计算的损失函数数值尽可能小，同时关于类间部分计算的损失函数数值尽可能大，两项分别表示为$L_{\mathrm{affinity}}^{\mathrm{bck}}$和$L_{\mathrm{affinity}}^{\bar{\mathrm{bck}}}$，其中的$w_{\mathrm{bck}}$和$w_{\bar{\mathrm{bck}}}$表示非边界和边界部分的权重系数，式（7.3）中的$m$表示针对非边界部分的目标损失函数计算设计的阈值。

考虑到植被要素目标对象的空间结构特征，无法通过穷尽所有固定的模式，表征不同类型植被特征的内在属性，需要在监督设置下，建立适配的上下文推理模型，促使分割网络适配不同尺寸的目标对象，基于数据驱动的模式识别方法，执行植被的空间结构关系推理。如图7.6，白色或者黄色的星形、圆角矩形或者方形，表征基于黄色或者白色六边形表示的中心像素周围的邻域像素，方形邻域的尺寸选取为1个、2个或者3个像素单位，每一个方形邻域包含8个角点位置处的像素。由于在中心像素和其邻域像素之间，存在无穷种可能的语义关系，无法利用固定的亲和力场模型表征上下文关系，穷举所有可能的模式，因此需要建立适配邻域亲和力场模型，在训练期间适配地执行结构推理。

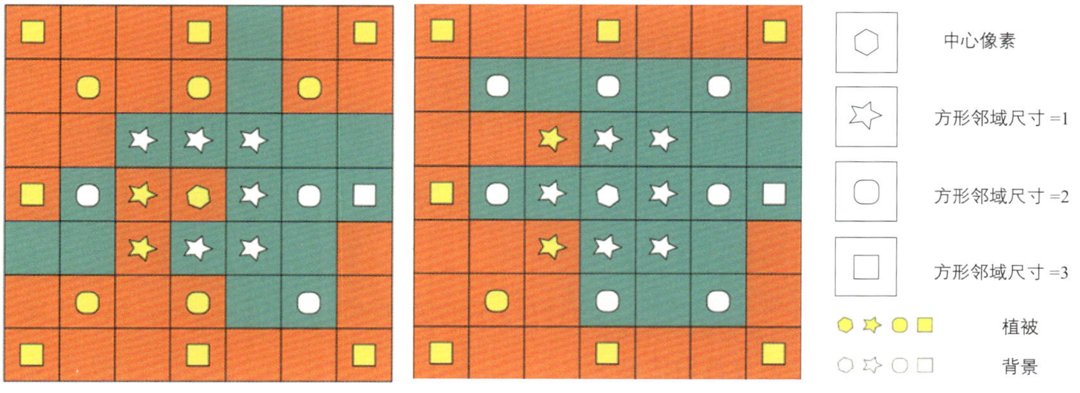

图 7.6　具备不同的邻域尺寸的适配上下文推理模型的结构推理示意图

图7.6展示了两种用于植被和背景类型的适配上下文推理过程：

（1）左边的黄色六边形中心像素，表示该目标的类型为植被类型，第1,2,3个圆圈内的邻域像素的大多数，分别为背景类型（6 vs. 2）、植被类型（5 vs. 3）和植被类型（7 vs.1），因此，如果我们使用尺寸为1的和力适配场，该植被目标将会被误分类为非植被类型，相反如果我们使用尺寸为1,2,3的亲和力适配场，该植被目标将会被分类为植被类型，实现适配的上下文推理。

（2）右边的白色六边形中心像素，表示该目标的类别为非植被类型，第1,2,3个圆圈内的邻域像素的大多数，分别为背景类型（6 vs. 2）、背景类型（7 vs. 1）和植被类型（7 vs.1），如果选择尺寸为3的亲和力适配场，将误分类该目标为植被。

由于网络参数的更新依赖于梯度反向传播，可以通过计算损失函数相对于权重和偏置的偏导数来实现，对于与KL散度相关的损失函数以及适配亲和力损失函数相对于变量p和q的不同偏导数进行了详细分析，其中，变量p和q分别表示预测结果标签和地理真实标签结果。

此外，可以使用数学公式来验证适配上下文推理损失函数对于边界位置准确率的提升。通过综合对比实验，对损失函数使用不同的超参数组合，来验证和分析参数对于植被提取性能的影响。

我们推导了公式（7.4）中的KL散度的一阶偏导，如公式（7.5）和公式（7.6），其中的p和q分别表示两个独立变量的分布：

$$\begin{aligned}D_{\mathrm{KL}}(\mathrm{P}\,||\,\mathrm{Q}) &= \mathrm{p}\log\frac{p}{q}+\overline{p}\log\frac{\overline{p}}{\overline{q}}\\ &= \mathrm{p}\log\frac{p}{q}+(1-p)\log\frac{(1-p)}{(1-q)}\\ & p,q\in(0,1)\end{aligned} \tag{7.4}$$

$$\frac{\partial f(p,q)}{\partial p}=\log\left[\frac{p}{q}\times\frac{(1-q)}{(1-p)}\right] \tag{7.5}$$

$$\frac{\partial f(p,q)}{\partial q}=-\frac{p}{q}+\frac{1-p}{1-q} \tag{7.6}$$

通过分析公式（7.5）和公式（7.6），其中的p和q不相似时，可以得出如下结论：

如果 $p>q$，那么 $\frac{\partial f(p,q)}{\partial p}>0, \frac{\partial f(p,q)}{\partial q}<0$，可以增大$p$，减小$q$，使得$p$和$q$之间的差异更加显著，导致 KL 散度的数值更大；

如果 $p<q$，那么 $\frac{\partial f(p,q)}{\partial p}<0, \frac{\partial f(p,q)}{\partial q}>0$，可以减小$p$，增大$q$，使得$p$和$q$之间的差异更加显著，导致 KL 散度的数值更大。

基于上述推论，我们可以验证KL散度对于区分两个分布差异性的有效性。

7.3.1.2 植被敏感特征聚焦感知建模

由于不同植被类型对应的对象目标，存在不同的光谱、形状和纹理信息，神经网络不同层包含不同层级的植被敏感特征。同时不同植被类型的对象目标在训练样本集中的比例差异较大，导致网络模型无法学习并聚焦于敏感植被特征。为避免上述情况，基于视觉注意力机制，分别从特征要素图的空间维度和通道维度，抓取植被特征之间的全局依赖关系，增强植被特征的表达能力，聚焦植被敏感特征，从而解决植被差异化的样本数量不均衡的情况，获取细腻度更高的影像分割结果。

Deeplab系列模型是近年来语义分割方法的主流方法，基于特征网络ResNet101。本书参考Deeplab v3+网络，特征网络输出的特征要素图分辨率为原始影像的1/8，采用尺寸为$h \times w \times c_1$的X表示。X中的每一个c1维度的特征向量，缺乏上下文信息，Deeplab v3+网络在X上运用ASPP模块，获得新的特征映射图f_{Aspp}，尺寸大小为$h \times w \times c_2$。为融合全局信息，Deeplab v3+网络也在X上依次运用了全局平均池化，1×1的卷积和双线性上采样，获取影像级的特征，表示为f_g。然后连接f_{Aspp}和f_g，通过上述相似操作，获得最终的预测结果。最后融合ASPP模块和全局平均池化层，至编码解码的框架中，一定程度上提高语义分割结果的边界定位精度。

以ResNet作为骨架网络，植被提取模型依据Deeplab v3+网络中的配置，包含解码部分、编码部分、ASPP部分和全局影像级特征提取部分。Deeplab v3+网络中的ASPP模块，提取不同尺度的特征信息，来融合邻域级的上下文特征，但是无法按照通道级的方式选择有效特征，类似于SENet和EncNet。原始的像素级的场景上下文，编码高阶的表征时，会损失空间分辨率。因此我们采用注意力机制和空间金字塔，来提取密集的特征，实现像素级的标注，注意力机制模块整体流程图如图7.7所示。

通过在卷积神经网络的最高层级的输出特征要素图上，执行特征金字塔注意力模块[Feature pyramid attention（FPA）module]，嵌入不同层次的植被上下文信息，联合全局注意力上采样模块（global attention up-sampling module）作为分隔模型的解码部分。具体而言，在低层级影像特征（图中绿色实线表示）的基础上执行通道约减操作（channel reduction, CR），在高层级影像特征（图中棕色实线表示）的基础上执行全局平均池化（global average pooling, GA）操作，然后将两者进行基于权重的注意力加权求和。然后级联全局上下文特征和局部上下文特征（图中橙色实线表示），形成新的上下文特征（图中紫色实线表示），即植被敏感特征。通道约减操作，实质为对低层级影像特征执行3×3的卷积操作，从而减少CNN的中间层特征的特征要素图的通道数量，全局平均池化操作，实质为对高层级影像特征执行1×1的卷积操作以及后续的批量归一化操作和ReLU激活函数映射操作。然后对通过低层级影像特征生成的全局上下文特征和通过高层级影像特征生成的局部上下文特征，统一空间维度后执行乘法操作，从而利于局部上下文特征作为权重参数，指导全局上下文特征图中有效信息的聚合，产生加权的低层级的影像特征。然后迭代

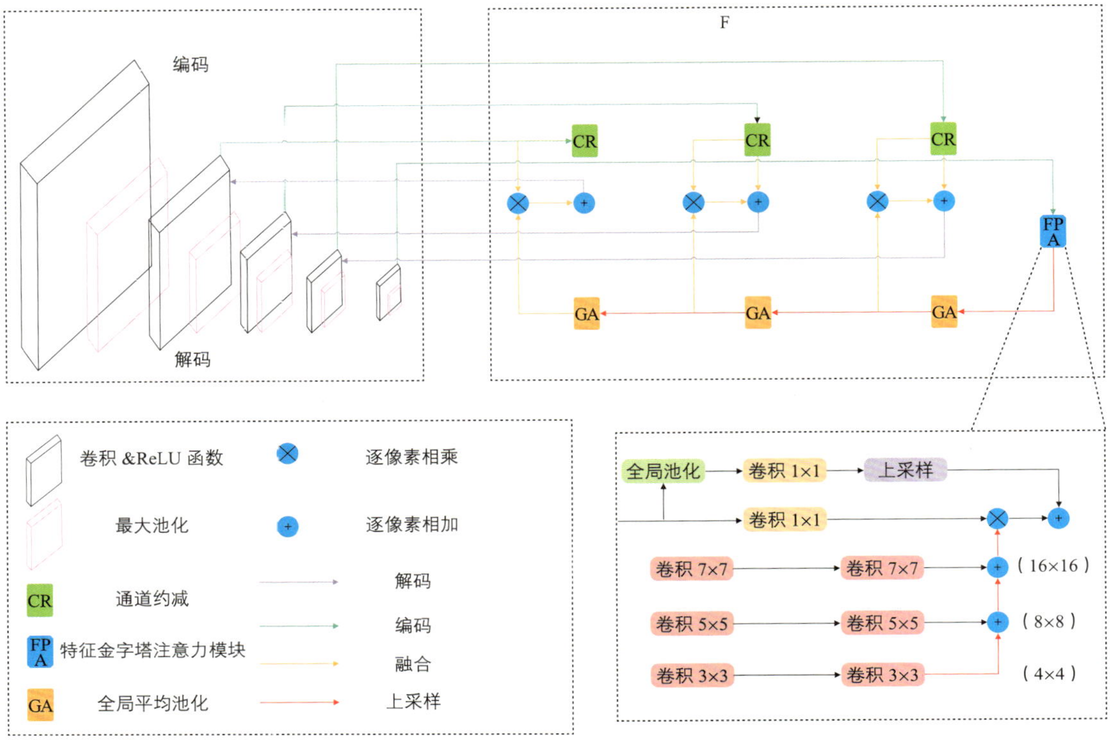

图 7.7　植被敏感特征聚焦感知模块示意图

与后续通过上采样的全局上下文特征，执行权重乘法操作。为避免产生较大的计算负荷，我们在每个解码层，执行全局的聚焦反卷积操作，将来自CNN的高层级的影像特征作为权重，使得网络聚焦于低层级影像特征中的敏感植被特征，即提取的高层级的全局上下文特征，指导低层级的局部上下文特征的学习，保证最终的上下文特征具备更丰富的定位细节信息。

在本书中，我们使用已经发布的GID数据集的部分GF-2卫星图像，来训练自动植被提取CNN模型，仅包括红色、蓝色和绿色波段（我们没有像ZY3那样使用红外波段，主要是由于缺少可用的近红外波段的数据）。在GID中，标注了五个代表性的土地利用类别：建筑物、农田、森林、草地和水域。这些土地使用类别，分别用五种不同的颜色标记：红色、绿色、蓝色、青色和黄色。不属于上述五类或无法人工识别的区域，被标记为未知区域，并用黑色表示。我们使用与GID相同的策略，使用多光谱图像，忽略未知区域，仅计算确定性区域的准确性。考虑到训练植被提取模型时采用的训练数据集中的波段的不一致性，我们没有将在ZY3数据集上训练的植被提取模型应用于GID数据集，以及将在GID数据集上训练的植被提取模型应用于ZY3数据集。

利用129个GF-2图像创建了二进制植被标签数据集，其中植被类型涵盖了农田，森林和草甸，背景类型涵盖了建筑物和水域。通过没有重叠区域的切割总共获得了大小为

512×512的21672个和5418个图像斑块，分别用于训练和验证。数据集的示例如图7.8所示，第一行、第二行、第三行分别展示二进制标签、多分类标签以及原始影像。考虑到ZY3（5.8m）和GF-2（1m）在空间分辨率上的差异，我们针对GF-2采用了较大的图像斑块，针对ZY3采用了较小的图像斑块，从而保证每个图像斑块的地表覆盖内容一致。

图 7.8　GID 训练和验证数据集示例

（1）湖北武汉（E114.0, N30.5），如图7.9所示。

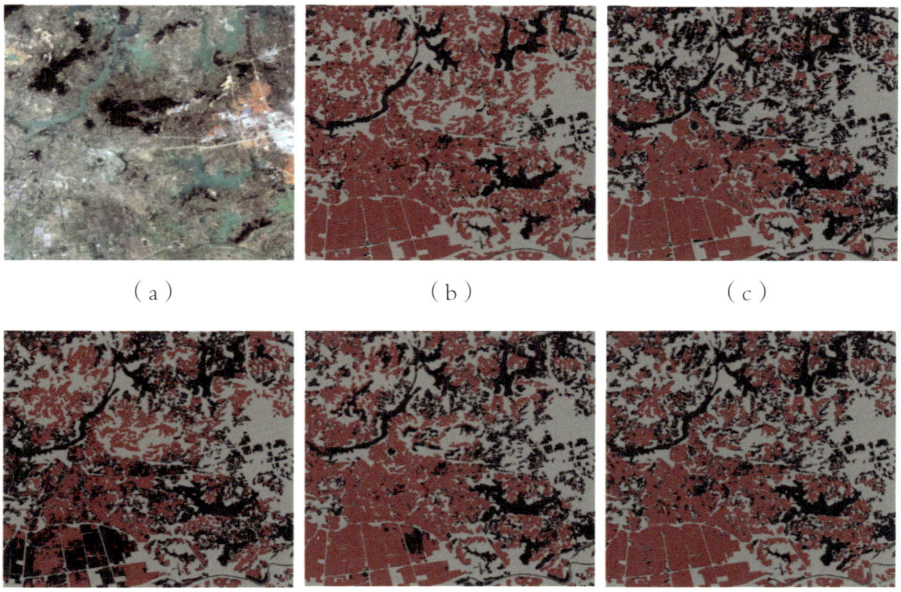

（a）　（b）　（c）

（d）　（e）　（f）

图 7.9　数据集的不同方法的全景影像植被提取结果

（a）原始影像；（b）地理真实标签；（c）融合聚焦感知模块的植被提取结果；（d）基准线方法（Deeplab v3+）；（e）融合适配上下文推理模块的植被提取结果，学习率比值为1:0.1；（f）融合适配上下文推理模块的植被提取结果，学习率比值为1:1

（2）湖北孝感（E114.0, N30.8），如图7.10所示。

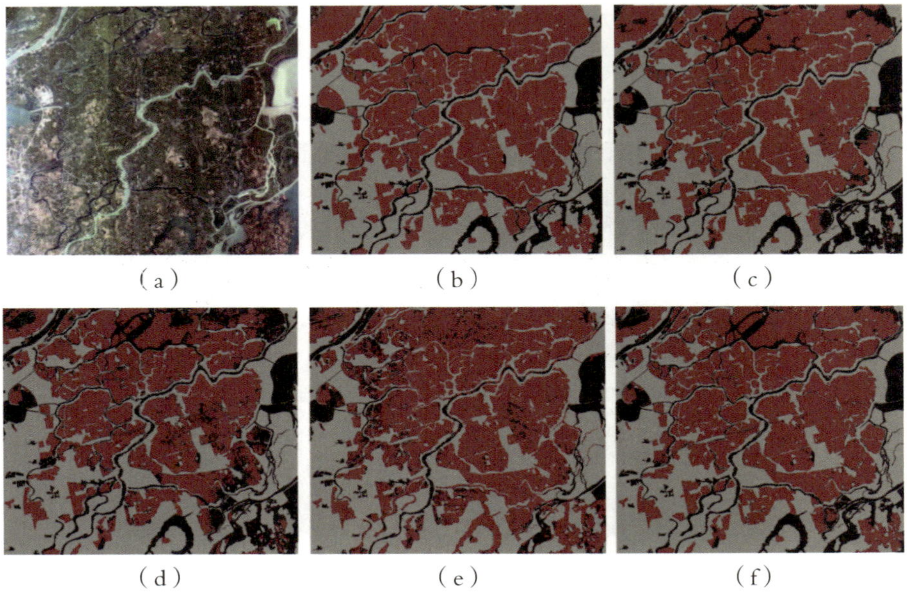

图 7.10 GID 数据集的不同方法的全景影像植被提取结果

（a）原始影像；（b）地理真实标签；（c）融合聚焦感知模块的植被提取结果；（d）基准线方法（Deeplab v3+）；（e）融合适配上下文推理模块的植被提取结果，学习率比值为1:0.1；（f）融合适配上下文推理模块的植被提取结果，学习率比值为1:1

（3）北京延庆（E115.9, N40.4），如图7.11所示。

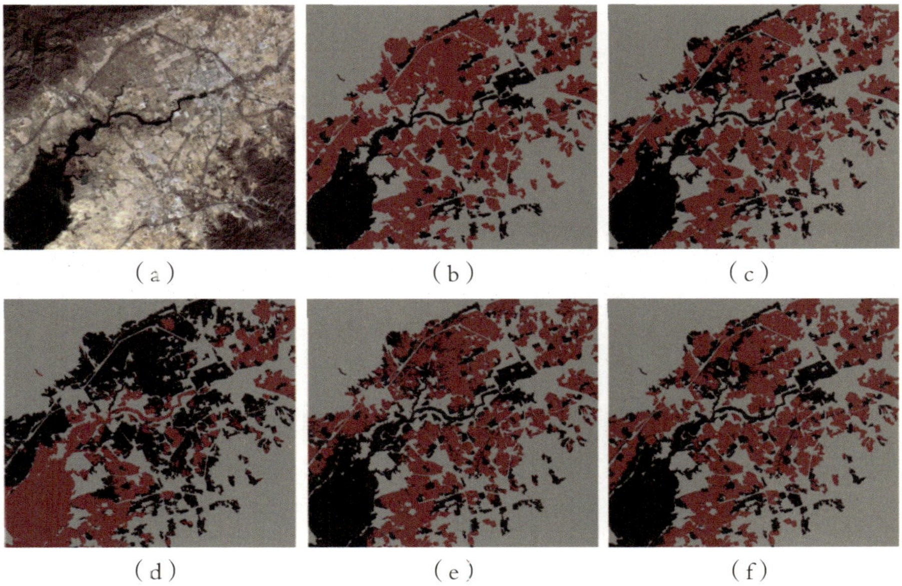

图 7.11 GID 数据集的不同方法的全景影像植被提取结果

（a）原始影像；（b）地理真实标签；（c）融合聚焦感知模块的植被提取结果；（d）基准线方法（Deeplab v3+）；（e）融合适配上下文推理模块的植被提取结果，学习率比值为1:0.1；（f）融合适配上下文推理模块的植被提取结果，学习率比值为1:1

（4）江西南昌（E116.2, N28.7），如图7.12所示。

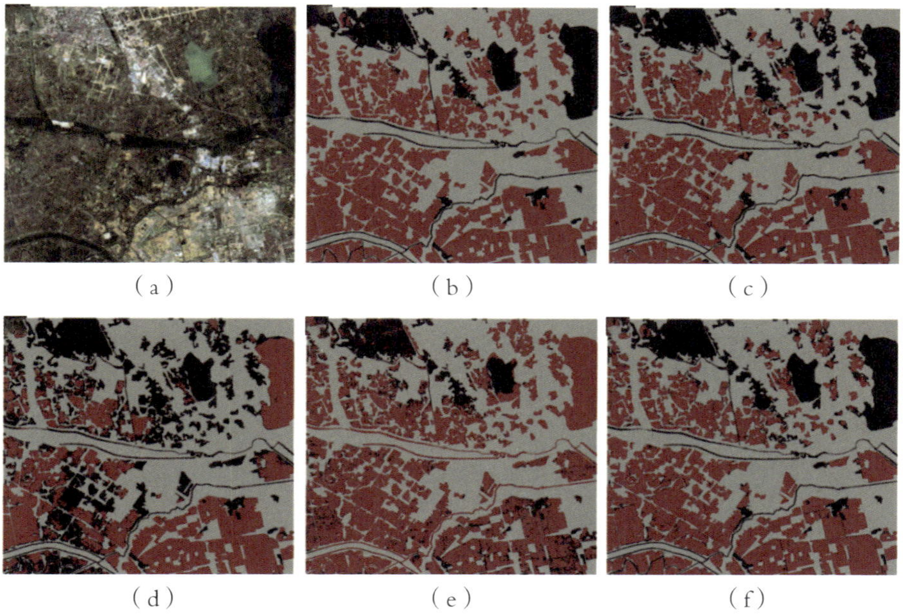

图 7.12　GID 数据集的不同方法的全景影像植被提取结果

（a）原始影像；（b）地理真实标签；（c）融合聚焦感知模块的植被提取结果；（d）基准线方法（Deeplab v3+）；（e）融合适配上下文推理模块的植被提取结果，学习率比值为1:0.1；（f）融合适配上下文推理模块的植被提取结果，学习率比值为1:1

7.3.2　基于边缘约束的植被提取方法

语义分割是密集的像素级分类任务，需要将降采样之后的特征图恢复至原始输入图像尺寸。这个过程通常由网络中的上采样层完成，但是下采样造成的信息损失无法完全在后续的上采样层中完全恢复。因此，当目标任务是像素级的语义分割时，使用强大的特征提取器获取像素的上下文表示能力具有一定的局限：强下采样使得网络能够捕获大量的背景信息，但却会失去局部细节信息，在结果上通常表现为忽略小目标以及使得边缘模糊、不规则等。因此，如何改善高分辨率遥感影像深度学习语义分割方法的边缘定位不准确问题具有重要的意义。

本节针对高分辨率遥感影像语义分割网络中因局部细节损失而导致的语义分割结果边缘不规则、不准确问题，在高分辨率遥感影像语义分割的标准数据集上提出了顾及边缘约束的高分辨率遥感影像深度学习语义分割方法。主要内容如下：

（1）采用多模态输入深度学习的方式，研究输入阶段的边缘约束对高分辨率遥感影像语义分割中边缘问题影响，即将预先获取的图像边缘检测结果作为语义分割网络的输入。

（2）采用多任务学习的方式，研究特征学习阶段的边缘约束对高分辨率遥感影像语义分割中边缘问题影响。将高分辨率遥感影像作为唯一输入，以语义分割+边缘检测的多任务学习来在特征学习阶段对语义分割进行边缘约束。

（3）采用语义分割后处理的方式，研究输出阶段的边缘约束对高分辨率遥感影像语义分割中边缘问题影响，获取优化后的语义分割结果。

7.3.2.1　边缘检测骨干网络

HED网络在深度学习边缘检测领域具有重要的地位。HED的研究指出，深度学习语义分割框架在移植到边缘检测领域时也是一个良好的边缘检测框架。HED的结构借鉴了FCN，同样使用VGG16作为特征提取器。

在使用语义分割框架进行边缘检测时，边缘检测任务实际上可以看作是一个二分类语义分割任务。其中大部分像素属于非边缘类别，只有少部分像素属于边缘类别，实际上是一个类别极不平衡的二分类任务。为了进行正负样本的平衡，本节引入了加权二值交叉熵（Weighted Binary Cross Entropy，WBCE）作为边缘检测任务的损失函数。公式如（7.7）所示。

$$L_{\mathrm{WBCE}}=-\left[\alpha y\log y'+(1-\alpha)(1-y)\log(1-y')\right] \tag{7.7}$$

式中：y是训练边缘检测数据集的标签，根据是否为边缘被标记为1或0；y'是边缘检测网络的推理结果，是该像素属于边缘的概率，取值范围为[0,1]。正负样本平衡参数α的引入是加权二值交叉熵损失函数与二值交叉熵损失函数的主要区别。它对正负样本对总损失的贡献进行了平衡。关于正负样本平衡参数α的进一步讨论将在后续实验中进行。

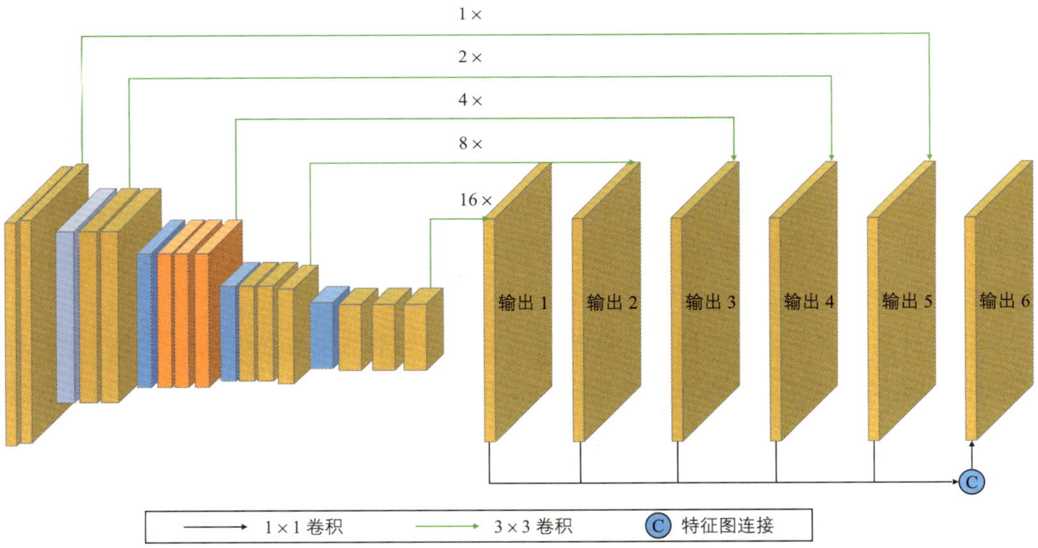

图 7.13　HED 的多尺度边缘监督

此外，HED的研究发现，不同尺度的特征图包含的是不同类型的边缘：在高分辨率的特征图中，图像的边缘定位较为准确，但同时在物体内部会存在大量的伪边缘；在低分辨率的特征图中，由于经过下采样，恢复至原始分辨率时图像的边缘定位不够准确，且可能会忽略不明显的边缘。因此，HED使用多尺度输出的方式，在各尺度的特征图后面进行多尺度边缘检测监督，并且在最后一层，将之前多尺度输出结果（共5个不同尺度的输出）使用特征联结层进行特征融合，再使用原始分辨率的边缘标签进行额外的监督。因此，整个HED网络共包括6个监督。HED网络在训练过程中同时使用6个WBCE损失进行训练，从而最终得到结合了多尺度边缘监督的边缘检测模型。

$$L_{\mathrm{WBCE}}^{\mathrm{total}}=L_{\mathrm{WBCE}}^{\mathrm{scale1}}+L_{\mathrm{WBCE}}^{\mathrm{scale2}}+L_{\mathrm{WBCE}}^{\mathrm{scale3}}+L_{\mathrm{WBCE}}^{\mathrm{scale4}}+L_{\mathrm{WBCE}}^{\mathrm{scale5}}+L_{\mathrm{WBCE}}^{\mathrm{fuse}} \tag{7.8}$$

在预测阶段，可以直接取最后一层的输出结果为最终结果，也可以将所有的层的输出结果都得到，然后将6个尺度的输出重采样至输入分辨率，并求平均值作为最终的边缘检测结果。这样做的优势是会使得精度进一步提高，缺点是增加额外的计算量与推理时间。

7.3.2.2 输入阶段的边缘约束

许多研究将遥感影像之外的数据作为辅助数据，使用多模态深度学习技术额外地将它们输入到语义分割网络中，并且取得了不同程度上的成功。受到这些研究的启发，以及语义分割任务与边缘检测任务之间的紧密相关性，本节使用预先获取的边缘检测结果作为语义分割网络的额外输入，即使用边缘检测结果与原始图像的多模态数据进行多模态深度学习，以实现语义分割输入阶段的边缘约束。

将边缘检测结果作为辅助数据输入至网络中，可以有两种方式，如图7.14所示：一是直接将其视为影像数据的一个额外波段，在输入网络之前与影像数据进行合并操作，这种方法简单快速，不增加网络的参数量，仅仅增加少量的计算时间，但是需要辅助数据与影像数据具有相同的分辨率；二是使用同样形式但不共享权值的特征提取器分别对影像数据与辅助数据提取特征，再进行特征融合，这种方法的优势是针对不同数据的不同特点，提取的特征特异性较强并且互相独立，并且可以针对副主数据与影像数据分辨率不一致的情况，但是计算量较大。在本节中，预先获取的边缘检测结果与影像数据分辨率一致，因此上述两种添加辅助数据的方式均可使用。

本节预先获取的边缘检测结果的方法包括使用基于深度学习的边缘检测方法和基于传统图像分割的边缘检测方法。基于深度学习的边缘检测方法使用上述章节中所描述的HED网络，传统图像分割的边缘检测方法使用Canny算子分别作为代表。

需要注意的是，在使用边缘检测网络预先获取边缘作为语义分割网络的辅助数据时，需要使用额外的训练集来预先训练边缘检测网络。使用一个语义分割训练集的同时，使用另一个数据集来作为边缘检测网络的训练数据，二者互为补充，避免使用单一数据集导致的边缘检测网络训练集与测试集重叠的问题。流程如图7.15所示。

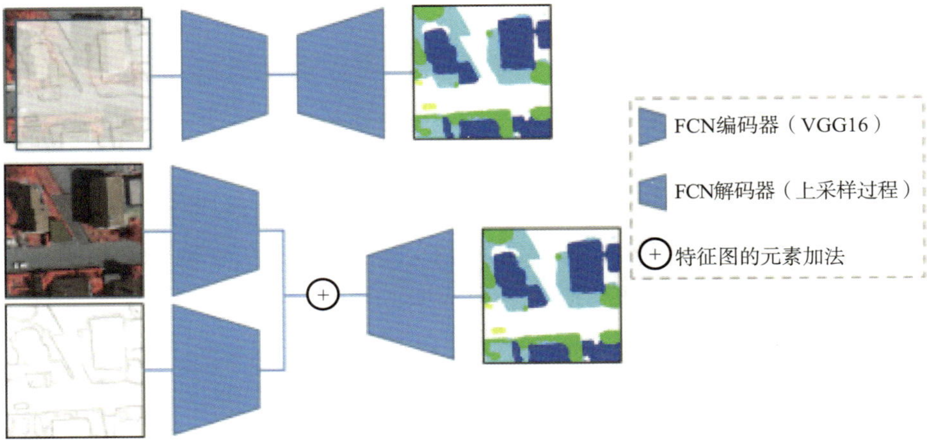

图 7.14　边缘检测结果作为语义分割网络额外输入的两种方式

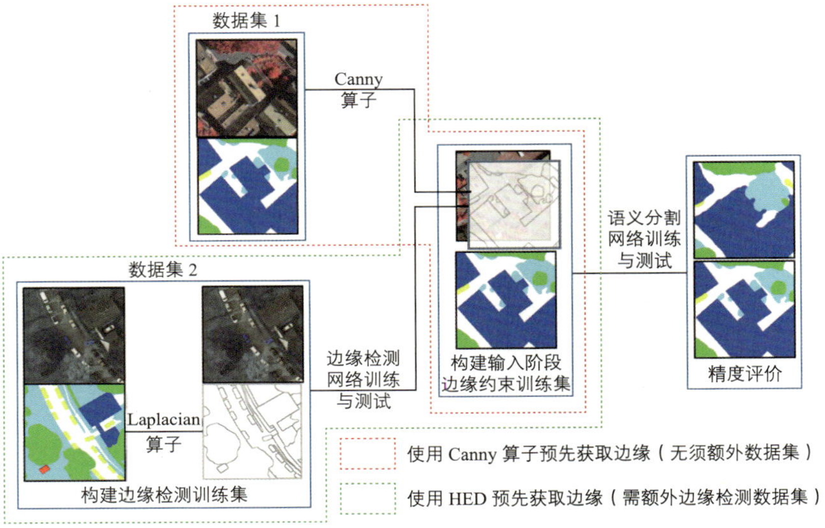

图 7.15　输入阶段的边缘约束流程

7.3.2.3　特征学习阶段的边缘约束

由于语义分割任务与边缘检测任务之间关注点存在差异，导致二者网络的侧重点不同：因物体的边缘在整个物体的像素占比较低，而语义分割网络所使用的交叉熵损失函数在任何位置的像素上权重是一致的，因此物体边缘的损失容易淹没在整体的损失中；而在边缘检测网络中重点关注边缘部分，所使用损失函数对边缘处的损失有增强作用。因此，同时学习两个任务可以利用它们特征的协同作用对语义分割的物体边缘问题进行改善。

特征学习阶段的边缘约束主要以多任务学习的方式同时学习语义分割任务以及边缘检测任务，其中语义分割任务在特征学习的过程中利用边缘检测任务所学习到的边缘特征增强自身特征的边缘信息。网络学习过程中所需的边缘检测任务的标签可以由语义分割数据集的地面真实标签直接生成。

本节提出的语义分割与边缘检测的独立分支网络，并将解码器中边缘检测分支的特征图直接连接（concatenation）到对应分辨率的语义分割分支特征图上，其中边缘检测分支使用FCN，边缘检测分支使用HED，记为“HED-FCN-con”,如图7.16中（c）；图7.16中（d）是考虑保持不同任务特征的特异性，提出语义分割与边缘检测的独立分支网络，并且在多个尺度上引入边缘注意力模块（Boundary Attention Module, BAM）增强语义分割分支的边缘特征，记为“HED-FCN-BAM”。

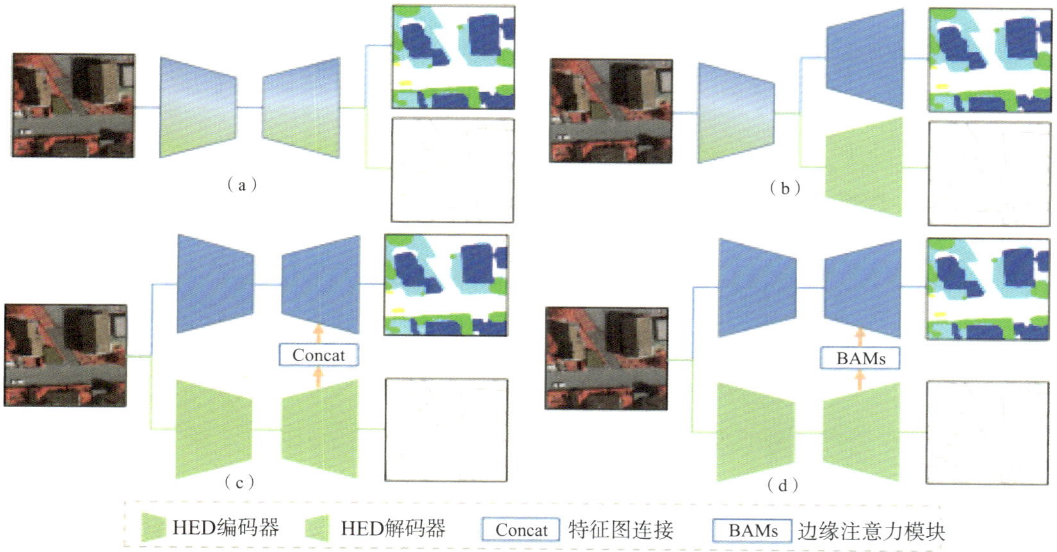

图 7.16　4 种基于多任务学习的特征学习阶段的边缘约束示意图

在第三种直接连接边缘检测分支特征与语义分割分支特征的方法中，实际上已经在解码器中引入了边缘特征，然而，在多任务学习中简单地将两个任务中的特征进行连接可能会降低特征的特异性。这可能会使得物体内部的分割出现错误。第四种多任务学习框架对这一点进行了改进，并在解码器部分使用BAM代替直接的连接，利用注意力机制，从边缘检测分支提取关键边缘信息，从而对语义分割网络解码器中的边缘特征进行多尺度增强。其计算过程如公式（7.9）与（7.10）所示。

$$f'_{\mathrm{FCN}} = f_{\mathrm{FCN}} \otimes \mathrm{Sig}\left(h\left(f_{\mathrm{HED}}\right)\right) \tag{7.9}$$

$$f''_{\mathrm{FCN}} = f'_{\mathrm{FCN}} \otimes \mathrm{Sig}\left(g\left(Gap\left(f'_{\mathrm{FCN}}\right)\right)\right) \oplus f_{\mathrm{FCN}} \tag{7.10}$$

令 FCN 解码器中的特征图为 f_{FCN}，HED 解码器中对应分辨率的特征图为 f_{HED}。f_{FCN}，$f'_{\mathrm{FCN}}, f'_{\mathrm{FCN}} \in R^{C_1 \times M \times N}$，$f_{\mathrm{HED}} \in R^{C_2 \times M \times N}$。$f_{\mathrm{HED}}$ 包含丰富的边缘特征，被用于增强中的边缘信息，以在语义分割分支中生成边缘增强的特征 f'_{FCN}。具体操作是对 f_{HED} 使用单通道的 1×1 卷

积与 sigmoid 激活函数的组合生成单通道的空间注意力图，该空间注意力图是由 f_{HED} 的边缘特征产生的各像素的空间权值，包含丰富的边缘信息。将 f_{FCN} 与由 f_{HED} 生成的边缘注意力图进行像素级的乘法，对语义分割分支的特征图进行边缘特征增强得到 f'_{FCN}。此外，利用自通道注意力模块对 f'_{FCN} 进行进一步的通道加权，对特征进行筛选。由于注意力图都是使用 sigmoid 激活函数压缩至 [0,1]，为避免像素级的乘法过分抑制特征图中的值，最后使用像素级加法重新加入 f_{FCN}，于是整个边缘注意力模块相当于学习了一个用于增强边缘特征的从 f_{FCN} 到 f''_{FCN} 的残差。BAM 的整体结构如图 7.17 所示。

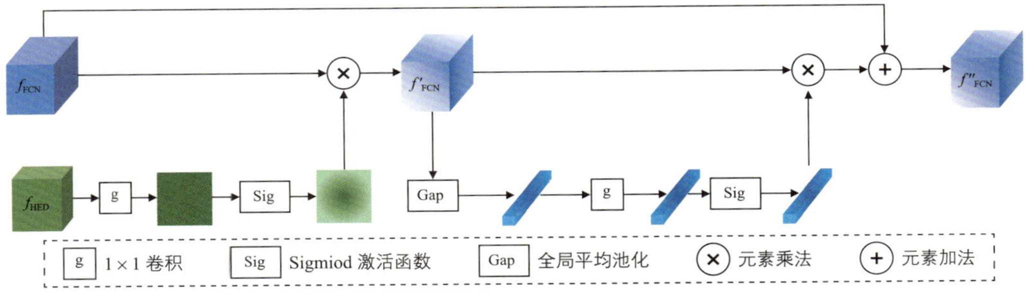

图 7.17　边缘注意力模块（BAM）结构

在本节中，由于边缘检测任务只是作为一个辅助任务，为了平衡两个任务对整个网络损失的贡献，在整个网络的损失中引入了任务损失权重参数β。因此，整个网络的损失如式（7.11）所示。

$$L = L_{语义分割} + \beta L_{边缘检测} \quad (7.11)$$

7.3.2.4　输出阶段的边缘约束

语义分割等像素级结构化预测任务可以从概率图模型对像素间关系的建模中获取很多优势。最常用的框架是将概率图模型作为语义分割神经网络的后处理模块，使用FullCRF的上下文信息建模能力对语义分割神经网络预测结果中各像素间的关系进行建模。但是FullCRF速度慢、难以训练的缺点使得其发展受到了制约。

为了解决这两个问题，Teichmann 等（2018）提出了基于卷积的条件随机场（Convolutional CRF, ConvCRF）。ConvCRF用条件独立假设对FullCRF进行补充。在ConvCRF中，如果两个像素i和像素j的曼哈顿距离（Manhattan Distance）符合 $d_{ij} > k$，其中超参数k被称为滤波器尺寸，即认为像素i和像素j的标签分布符合条件独立分布。此局部性假设是一个非常强的假设。这意味着对于距离超过k的所有成对像素，其二元势函数（Pairwise Potential）为零。这大大降低了二元势函数的复杂性。通过此假设，可以将FullCRF中的大部分计算重新表达为卷积操作。因此相比FullCRF，ConvCRF有以下优势：一是卷积运算可以在GPU上高效运行，ConvCRF的推断时间低于10ms，相比FullCRF提高了两个数量级；二是将用于后处理的概率图模型融入神经网络中，形成一个端到端的框架，同时使用反向传播算法可以训练ConvCRF中的所有参数。

大多数基于CRF的方法都使用低级像素亲和力的函数进行相似度定义，例如基于颜色的函数。这些低语义级别的相似性通常无法捕获对象之间的语义关系，从而导致分割效果不佳。同时，基于CRF的方法仅仅是在语义分割结果本身上做像素关系建模使得图像尽量在边界处分割，没有真正引入外部的边缘约束。Bertasius 等（2015）提出边界神经场（Boundary Neural Fields, BNF）来改善这些缺点，该方法采用边缘检测网络预测语义边界，然后通过全局优化的方式使用语义边界来优化语义分割网络的软分割结果。BNF使用预测的边界建立二元像素亲和力函数（Pairwise Pixel Affinity）。从直觉上，如果两个像素之间的直线路径没有边界，即将两个像素声明为相似；相反，如果存在跨越其连接路径的边界，则两个像素是不相似的；两个像素之间的直线路径上穿越的强边界越多，两个像素应该越不相似，因为强边界的置信度更高，其两侧是不同物体的可能性也越大。式（7.12）对此直觉进行编码：

$$W_{ij}^{sb} = \exp\left(\frac{-M_{ij}}{\sigma_{sb}}\right) \tag{7.12}$$

式中：M_{ij} 为两个像素i和j之间的直线路径上的最大边界置信度；σ_{sb} 是平滑参数，W_{ij}^{sb} 是基于语义边界的二元像素亲和力函数。

类似地，BNF利用语义分割网络中的软分割结果来定义另一种类型的像素相似性，即使用语义分割网络softmax层中计算的属于各类别的概率。如果两个像素i和j在softmax层中输出的类别概率分布完全不同，那么它们的相似度（W_{ij}^{sm}）应该为0。因此，基于softmax层输出的相似度编码方式如（7.13）所示。

$$W_{ij}^{sm} = \exp\left(\frac{-D_{ij}}{\sigma_{sm}}\right) \tag{7.13}$$

式中：D_{ij} 是像素i和j在softmax层输出的差异；对应了两个像素类别相似度的衡量，σ_{sm} 是平滑参数。因此，在BNF中的最终二元像素亲和力函数如（7.14）所示。

$$W_{ij} = \exp\left(w_{ij}^{sm}\right) w_{ij}^{sb} \tag{7.14}$$

然后，BNF使用这种二元像素亲和力函数来构建亲和力矩阵$\boldsymbol{W}$，该矩阵对像素之间的关系进行编码。对于一个给定的像素，可以选定在该像素周围半径为一定大小的邻域内的所有像素进行建模，并将所得的二元像素亲和力存储到$\boldsymbol{W}$中。BNF建模区域大小的影响将在后续实验中讨论，示意图如图7.18所示。

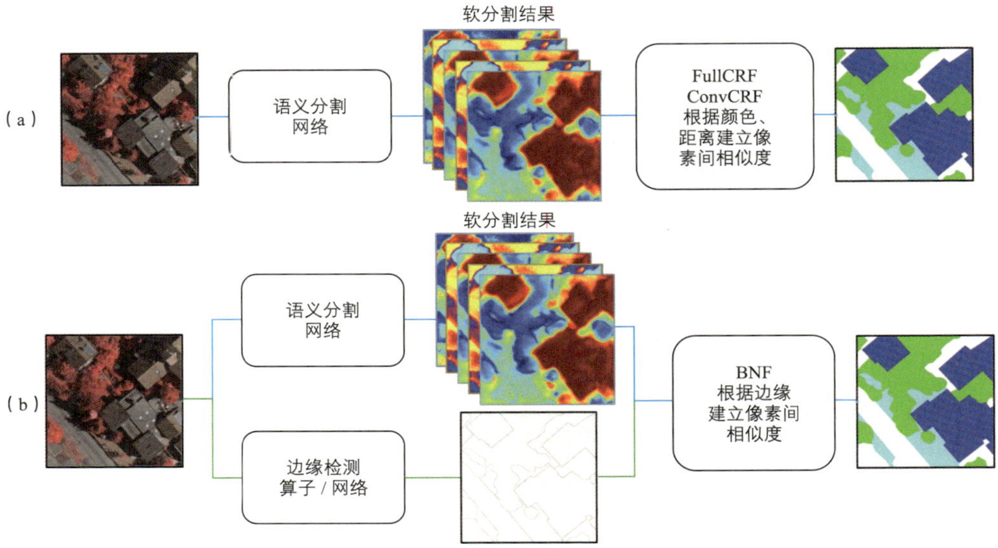

图 7.18　输出阶段的边缘约束示意图

输出阶段的边缘约束主要以语义分割后处理的方式，构建语义分割结果像素间的关系，通过优化求解使得语义分割结果能尽量在物体边界处分割。

7.3.2.5　数据集及实验细节

本书所使用的数据集为ISPRS 2D语义标注竞赛的数据，该竞赛共有两个数据集，分别是Potsdam数据集以及Vaihingen数据集。其中，Potsdam数据集共包含38幅影像，每幅影像的尺寸均为6000像素 × 6000像素，影像数据包括4个波段，近红外波段、红波段、绿波段以及蓝波段，并且还提供了对应的归一化数字表面模型（Digital Surface Model, DSM）作为补充数据。影像与DSM数据的空间分辨率均为5cm。Potsdam数据集中每一幅影像对应的每个像素都被人工标记为单一的类别，共包含6个类，分别是不透水地表、建筑、低矮植被、树木、汽车、杂物及背景。为了验证网络训练的效果，借鉴了多项工作中对该数据集的划分方式，38幅影像被分为3个部分：其中17幅影像被划分为训练集，用于训练网络（影像ID：2_10, 3_10, 3_11, 3_12, 4_11, 4_12, 5_10, 5_12, 6_8, 6_9, 6_10, 6_11, 6_12, 7_7, 7_9, 7_11, 7_12），7幅影像被划分为验证集，用于调整网络训练超参数（影像ID：2_11, 2_12, 4_10, 5_11, 6_7, 7_8, 7_10），剩余14幅影像被划分为测试集，用于评价语义分割结果。Vaihingen数据集共包含33幅影像，影像尺寸大小不一，平均尺寸约为2494像素 × 2064像素，影像数据包括3个波段，近红外波段、红波段以及绿波段，并且同样提供了DSM数据。影像与DSM数据的空间分辨率均为9cm。Vaihingen数据集的标注类别与Potsdam数据集一致，共6类。在实验中Vaihingen数据集同样被划分为3个部分：11幅影像被划分为训练集（影像ID：1, 3, 5, 7, 13, 17, 21, 23, 26, 32, 37），5幅影像被划分为验证集（影像ID：11, 15, 28, 30, 34），其余17幅作为测试集。

由于Potsdam数据集以及Vaihingen数据集均提供了对应的归一化DSM数据，本书简单地将其作为一个额外的波段与影像数据进行合并，即在使用Potsdam数据集时，网络的图像输入通道数为5，而在使用Vaihingen数据集时，网络的图像输入通道数为4。Potsdam数据集和Vaihingen数据集均使用400的步长裁剪为像素大小为512 × 512的小块，同时使用随机旋转与随机翻转的数据扩充方式将训练数据扩充至原始数据的8倍。

在所有网络的训练过程中，输入图像的像素大小为512 × 512，batch size设置为5，网络的初始学习率设置为0.02，并采用poly学习率衰减策略。使用Adam优化器对网络训练过程进行优化。当验证集的损失在5轮内均无下降时训练停止。所有实验均在Keras深度学习框架下进行，实验环境为Windows 10操作系统，Intel® Core™ i7-8700 CPU，NVIDIA RTX 2070 GPU，32GB RAM。

参照在这两个数据集上的大部分语义分割研究，在Potsdam数据集中，所有6个类别都参与训练以及测试；在Vaihingen数据集中，由于训练数据中杂物及背景类别的缺乏，因此在Vaihingen数据集中仅使用5个类别进行训练及测试。依照ISPRS 2D语义标注竞赛的评价标准，采用每个类别的F1分数（F1-Score）、平均F1分数（mean F1-Score, mF1）、平均交并比（mean Intersection over Union, mIoU）和总体精度（Overall Accuracy, OA）四个评价指标来对结果进行评价。F1-Score 同时考虑某一类别的精确率（Precision）以及召回率（Recall），用于对特定类别分割结果的评价；mF1计算了各个类别F1-Score的平均值，其对于占比较小类别的精度变化比较敏感；mIoU是各个类别IoU的平均值，IoU较F1-Score更为严格，因此该指标一般较低，其同样对于占比较小类别的精度变化比较敏感。OA表示所有像素中被正确分类的像素占比，不考虑类别因素，用于评价整体分类精度。

同时，本书还涉及边缘检测任务。为了评价边缘检测结果，使用了深度学习边缘检测中常用的两个指标：全局最佳阈值（Optical Dataset Scale, ODS）和单图最佳阈值（Optical Image Scale, OIS）。在深度学习边缘检测中，通常输出的是范围在[0,1]的属于边缘概率的结果，并不是直接输出二值图。为了后续的结果评估，则需要设计一个阈值将此概率图进行二值化。ODS指为整个数据集所有图像的边缘检测结果设置同一个阈值，使得整个数据集尺度上的F1-Score最优；OIS则是对每幅图像的检测结果设置不同的阈值，使得每幅图像上的F1-Score最优。从两个指标的定义也可看出，在一般情况下，OIS的值大于ODS。

7.3.2.6 输入阶段的边缘约束

1）正负样本平衡参数的影响

边缘检测任务是一个正负样本极不平衡的问题，因此引入了正负样本平衡参数a来对正负样本的贡献进行平衡。由于正负样本平衡参数a需要手动设置，因此本书设计了一系列的实验来验证参数a的取值对于边缘检测网络训练的影响。

在该系列实验中，统一使用HED网络在Vaihingen训练集上进行边缘检测训练。其中边缘的标签可以直接根据Vaihingen数据集的地面真实语义标签，使用传统图像分割算子（如Laplacian算子）直接自动生成。参数α的值依次设置为{0.1, 0.2, 0.3, 0.4, 0.5}，共进行了5组实验，α越小边缘部分的损失权重越大，当α被设置为0.5时，退化为普通的二元交叉熵损失。实验采用Vaihingen数据集的测试集进行定量评价，评价指标为ODS与OIS。图7.19与图7.20分别展示了在不同α值的情况下HED网络的边缘检测定量评价结果与定性评价结果。实验结果显示，随着正负样本平衡参数α的减小，正样本在总损失中的贡献增大，因而检测出的边缘也随之增多。参数α设置过大或者过小，都会导致检测出的边缘过少或者过多的情况。当参数α被设置为0.4时，ODS与OIS指标均取得最高，从目视结果来看边缘检测的结果也较为适中。因此，在本书后续的实验中，无论是训练独立的边缘检测网络，或是训练多任务学习的网络时，式中的正负样本平衡参数α均设置为0.4，以获取最佳的边缘检测效果。

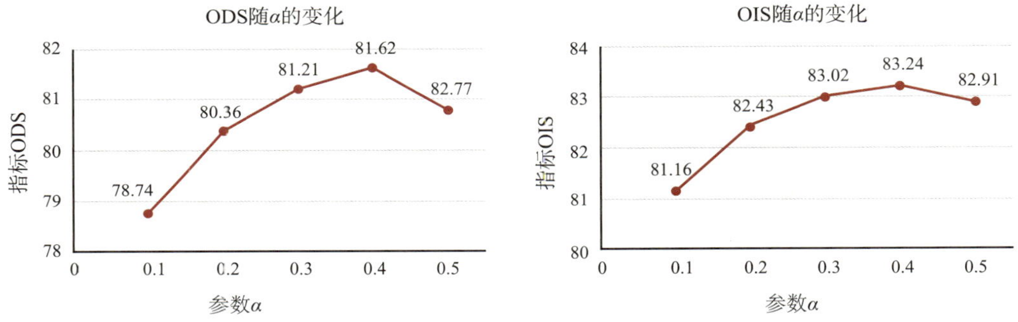

图 7.19　不同 α 值 HED 边缘检测结果的定量评价

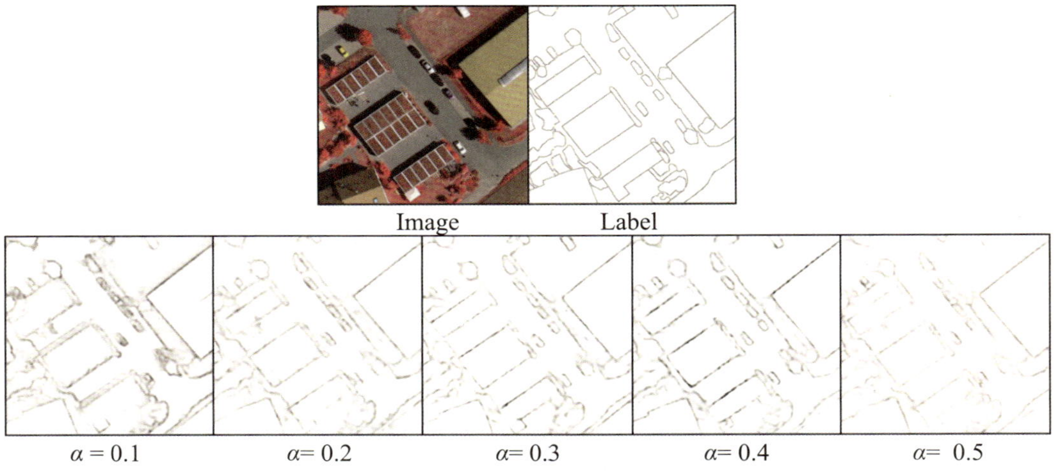

图 7.20　不同 α 值 HED 边缘检测结果示意图

2）实验结果

在本节中，使用输入阶段的边缘约束方法来对语义分割改进语义分割结果，根据边缘的预先获取方式与边缘作为辅助数据输入的方式不同，共细分为三种方式：①使用传统图像分割算子Canny预先获取图像的边缘，并将单通道的边缘作为影像数据的额外通道（Extra Channel, EC）输入至语义分割网络FCN中，记为“Canny-FCN-EC”；②使用深度学习边缘检测网络HED预先获取图像的边缘，并将单通道的边缘作为影像数据的额外通道输入至语义分割网络FCN中，记为“HED-FCN-EC”；③使用深度学习边缘检测网络HED预先获取图像的边缘，并将单通道的边缘作为语义分割网络的额外输入（Extra Input, EI），即使用带有两个输入的FCN，先分别进行特征提取再将特征进行融合，记为“HED-FCN-EI”。表7.1是这三种将边缘作为语义分割网络的辅助输入的定量评价结果以及与原始FCN的对比。推理时间仅统计了语义分割网络对尺寸为512 × 512的输入图像的推理时间（两个数据集推理时间一致），不包含预先获取边缘的Canny算子与HED推理所需时间。

从Canny-FCN-EC与HED-FCN-EC的对比中可以看出，使用不同的边缘检测方法预先获取边缘对于输入阶段边缘约束的语义分割结果影响很大。使用Canny算子预先提取边缘作为FCN的辅助输入数据时，FCN的分割精度有显著的降低；使用HED算子时FCN的分割精度则有略微上升。在HED-FCN-EC与HED-FCN-EI的对比中，HED-FCN-EI的结果几乎全面优于HED-FCN-EC，但是两者精度上的差距较小，这表明边缘作为辅助数据输入网络方式的不同会对最终的分割结果造成一定的影响，使用不同特征提取器提取不同输入数据的特征要优于将数据进行简单的合并再使用单一特征提取器提取特征。但是使用不同特征提取器也会带来一定的计算量，因此HED-FCN-EI所需的语义分割推理时间比HED-FCN-EC大约多50%。

表7.1 Vaihingen 和Potsdam数据集上输入阶段边缘约束方法的定量评价

数据集	方法	F1-Score						mF1	mIoU	OA	推理时间/ms
		不透水地表	建筑	低矮植被	树木	汽车	背景/杂物				
Vaihingen	FCN	86.42	89.17	77.01	84.11	65.59	—	80.46	68.11	84.27	32.0
	Canny-FCN-EC	86.09	88.06	76.10	83.94	61.74	—	79.19	66.40	83.56	32.2
	HED-FCN-EC	86.62	89.69	76.88	84.01	66.12	—	80.66	68.58	84.41	32.2
	HED-FCN-EI	86.71	89.67	77.24	84.19	66.61	—	80.88	68.87	84.47	45.7
Potsdam	FCN	85.03	90.13	80.72	76.10	86.94	67.67	81.10	70.03	84.76	—
	Canny-FCN-EC	84.37	89.26	80.10	75.59	84.87	63.25	79.57	67.32	83.57	—
	HED-FCN-EC	85.17	90.56	80.69	76.31	87.22	68.19	81.36	70.50	84.87	—
	HED-FCN-EI	85.09	90.77	80.92	76.01	87.98	68.08	81.48	70.88	84.91	—

3）边缘检测结果的影响

Canny-FCN-EC与HED-FCN-EC的区别仅在于与预先使用的边缘检测算法不同，然而两者对于语义分割结果的影响存在较大的差异：前者导致语义分割精度明显下降，而后者则使得语义分割精度有小幅度的上升。为了探究Canny-FCN-EC导致语义分割结果精度下降的原因，本节对比了这两种方法的区别：Canny算子与HED网络的边缘检测结果。

Canny算子与HED网络的边缘检测结果如图7.21与表7.2所示。Canny算子的得到的结果是二值化图，而HED网络的结果使用了全局最佳阈值进行二值化，因此这里仅使用ODS进行定量评价。由于Canny算子仅仅是基于图像的灰度进行边缘检测，导致其在物体内部的高细节区域会产生大量的伪边缘以及部分细碎的边缘，同时对于部分灰度差距较小的边缘也很难被检测出。因此，将此边缘检测结果输入至语义分割网络时，实际上也带来了大量错误的边缘信息，这导致图7.21Canny-FCN-EC方法中物体内部会出现误分类的情况。而HED网络从不同尺度的特征上学习图像边缘，因此其能够较好分辨物体内部的伪边缘，专注于提取物体真正的语义边界。从图7.21中可以看出，HED网络提取的边缘无论是在大尺度还是小尺度的地物上均能较好地保持其语义边界，同时在物体内部也不会出现伪边缘的情况。因此，HED-FCN-EC实际上使用了一个较为准确的边缘结果作为辅助输入，使得语义分割网络能够学习额外的边缘信息，因此HED-FCN-EC的语义分割结果有小幅的提升，特别是对于对边界准确度比较敏感的汽车类别。

图 7.21　边缘约束方法结果示意图

表7.2　Vaihingen数据集上Canny算子与HED网络边缘检测结果的定量评价

数据集	方法	ODS
Vaihingen	Canny	63.79
	HED	81.62

7.3.2.7　特征学习阶段的边缘约束

1）任务损失权重参数β的影响

在前文中，已经介绍了以多任务学习方式实现的对语义分割网络特征学习阶段的边缘约束。这些多任务学习网络中，语义分割任务作为主要任务，边缘检测任务只是作为一个辅助任务，为了平衡两个任务对整个网络损失的贡献，引入了任务损失权重参数β。由于参数β需要人工设计，因此在本节设计了一系列实验展示在不同β取值的情况下语义分割精度的变化情况，以获取最佳的β值并在后续实验中应用。其中β={0.05, 0.1, 0.2, 0.3, 0.4, 0.6}，使用本书提出的第四种多任务学习网络，即基于边缘注意力模块的独立分支网络作为多任务学习网络的代表，探究不同β取值对多任务学习网络的影响。本系列实验在Vaihingen数据集上进行，使用的评价指标为mF1，mIoU以及OA。各评价指标随β值的变化如图7.22所示。

在图7.22中，各个评价指标出现了相似的趋势：初期随着β值的增大，各个评价指标均呈现上升的现象，并在β=0.2处均取得了最大值；随着β值的继续增大，各个评价指标均开始下降，并且后续的下降更加明显，这是由于此时边缘检测任务不再作为辅助任务，其损失占比过大影响了语义分割任务的学习。因此在后续的基于多任务学习的特征学习阶段的边缘约束中，前文中的任务损失权重参数β均设置为0.2。虽然这三个评价指标趋势相似，但也存在一些区别。由于在一幅影像中，边缘的像素占比实际上很小，而本方法主要改善物体边缘附近的语义分割情况，因此，在反映整体像素分类精度的指标OA中，其变化幅度较小，仅在1%的区间内变化。与OA相反，由于mF1以及mIoU对占比较小类别的精度变化比较敏感，同时在高分辨率遥感数据中，这些占比较小的物体通常个体面积较小（如汽车类别等），导致其边缘所占像素与整个物体所占像素之比高于其他类别，因此这些类别边缘的改善能够比较明显地体现在这两个指标中。因为IoU的定义比F1-Score更加严格，所以mIoU的变化幅度稍大于mF1。

2）实验结果

在本节中，使用前面所描述的四种不同多任务学习框架来同时学习语义分割任务以及边缘检测任务，以增强语义分割任务的物体边缘。网络学习过程中所需的边缘检测任务的标签可以由语义分割数据集的地面真实标签直接生成。四种不同的多任务学习框架为：①使用两个任务共享权值的单一分支（Single Stream, SS）FCN网络同时学习语义分割任务与边缘检测任务，通过在FCN网络的最后通过两个通道数不一样的卷积分别引出语义分割损失与边缘检测损失，记为“SS-FCN”；②在FCN中使用共享权值的VGG16编码器，而在后续的上采样过程中对两个不同任务使用不同的解码器，其中在语义分割分支解码器使用FCN的解码器，在边缘检测分支解码器使用边界网络（Border Network, BN）解码器，因此该结构记为“BN-FCN”；③本书提出的语义分割与边缘检测的独立分支网络，并将解码器中边缘检测分支的特征图直接连接（concatenation）到对应分辨率的语义分割分支特征图上，其中边缘检测分支使用FCN，边缘检测分支使用HED，记为“HED-FCN-con”；④考虑保持不同任务特征的特异性，提出语义分割与边缘检测的独立分支网络，并且在多个尺度上引入边缘注意力模块（Boundary Attention Module, BAM）增强语义分割分支的边缘特征，记为“HED-FCN-BAM”。表7.3是这四种多任务学习结构在Vaihingen测试集以及Potsdam测试集上的定量评价结果,以及它们所耗费的推理时间。

实验结果显示，FCN-SS，即使用共享权值的FCN同时学习语义分割任务与边缘检测任务并没有明显的提升，这是因为两个任务的损失都是在FCN的最后一层中直接引出，因此特征图中的特征需要同时应用于语义分割任务与边缘检测任务，虽然包含了部分边缘信息，但是同时也降低了用于语义分割特征的特异性。针对这个问题，BN-FCN对两个不同

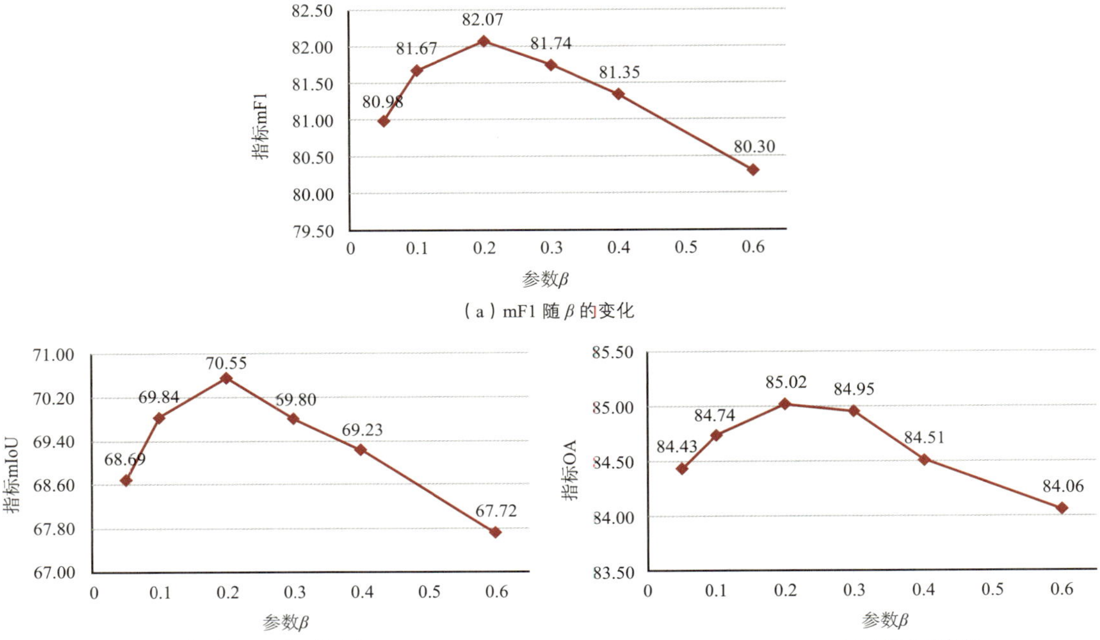

（a）mF1 随 β 的变化

（b）mIoU 随 β 的变化

（c）OA 随 β 的变化

图 7.22　不同 β 值对特征学习阶段边缘约束的语义分割结果的影响

的任务使用了不同的解码器，这一方式取得了较大的成功，但是仍然缺乏对解码器中边缘信息的进一步应用。因此，本书提出了HED-FCN-con与HED-FCN-BAM，它们使用独立的子网络学习两个任务并且在解码器部分引入多尺度的边缘信息。它们的区别在于，HED-FCN-con简单地将解码器中HED的特征图直接连接到FCN相应尺度的特征图中，而HED-FCN-BAM则通过边缘注意力模块（BAM）从HED的特征图中提取边缘信息并用其对FCN的特征图进行边缘增强。从表7.3可以看出，HED-FCN-con的定量评价指标与HED-FCN-BAM存在较大差距，其原因与FCN-SS相似，直接将用于边缘检测的特征图直接连接到语义分割网络中虽然引入了边缘特征，但也会引入部分冗余信息，影响语义分割网络特征的特异性。HED-FCN-BAM则通过BAM解决了这一问题，因此其在特征学习阶段边缘约束方法的定量评价结果中获得了最高的精度。相较于原始的FCN，Vaihingen数据集上HED-FCN-BAM在mF1、mIoU以及OA上分别提升1.61%、2.44%、0.75%。但是相应地，由于引入了边缘检测子网络，推理时间也相应增加，但是增加幅度不大。

图7.23是各个方法的目视结果。相较于原始的FCN，特征学习阶段边缘约束的方法均有不同程度的提升。其中，HED-FCN-BAM的目视结果提升最为显著。（a）中的所有汽车均被成功分割，且其边缘更加精确；（c）中的杂物属于小目标，在语义分割任务中难度较大，原始FCN的结果仅得出其类别，但是边缘非常不准确，而HED-FCN-BAM恢复了这些小目标的部分边缘，与地面真实标签更为相似。

表7.3　Vaihingen 和Potsdam数据集上特征学习阶段边缘约束方法的定量评价

数据集	方法	F1-Score						mF1	mIoU	OA	推理时间/ms
		不透水地表	建筑	低矮植被	树木	汽车	背景\杂物				
Vaihingen	FCN	86.42	89.17	77.01	84.11	65.59	–	80.46	68.11	84.27	32.0
	SS-FCN	86.51	89.58	76.51	83.98	65.93	–	80.50	68.25	84.21	33.2
	BN-FCN	87.03	90.37	77.41	84.58	68.57	–	81.59	69.84	84.86	45.7
	HED-FCN-con	87.40	90.19	76.59	84.38	66.54	–	81.02	69.30	84.80	52.4
	HED-FCN-BAM	87.10	91.21	77.14	84.68	70.21	–	82.07	70.55	85.02	51.3
Potsdam	FCN	85.03	90.13	80.72	76.10	86.94	67.67	81.10	70.03	84.76	–
	SS-FCN	85.31	90.27	80.74	75.97	87.10	67.59	81.16	70.21	84.69	–
	BN-FCN	86.37	91.34	81.02	76.61	88.14	70.30	82.30	71.95	85.51	–
	HED-FCN-con	86.10	91.52	80.95	76.39	87.55	69.21	81.95	71.43	85.34	–
	HED-FCN-BAM	86.59	92.07	80.86	76.77	89.58	71.34	82.87	72.53	85.72	–

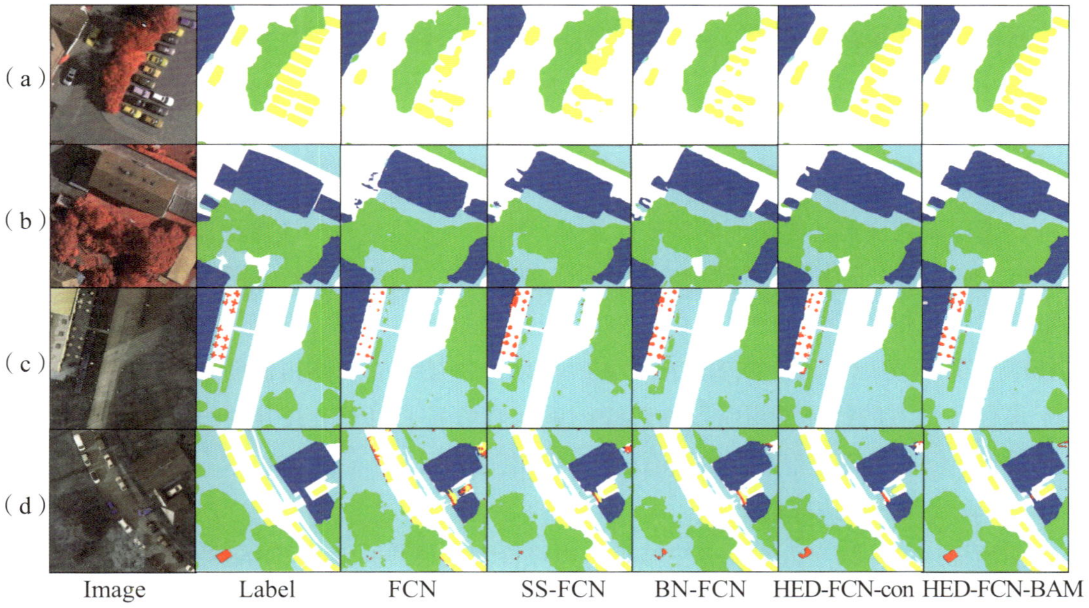

图 7.23　特征学习阶段的边缘约束方法结果示意图

（a）与（b）为Vainhingen数据集的结果，（c）与（d）为Potsdam数据集的结果。白色：不透水地表；蓝色：建筑；青色：低矮植被；绿色：树木；黄色：汽车；红色：杂物及背景

3）特征图可视化

为了进一步展示HED-FCN-BAM中边缘检测任务分支及BAM带来的影响，本节对

FCN中softmax层之前的特征图与HED-FCN-BAM中softmax层之前的特征图进行了可视化。可视化方法为计算特征图中特定像素与其余所有像素的余弦相似度。余弦相似度通过计算两个给定向量的夹角余弦值来评估这两个向量的相似度。余弦相似度的取值范围为[-1,1]，两个向量的夹角越小，夹角的余弦值就越接近于1，表明这两个向量的方向越吻合，则越相似。余弦相似度的计算方式如式（7.15）所示。

$$\cos\theta = \frac{\sum_{i=1}^{n}\left(A_i \times B_i\right)}{\sqrt{\sum_{i=1}^{n}\left(A_i\right)^2} \times \sqrt{\sum_{i=1}^{n}\left(B_i\right)^2}} \tag{7.15}$$

式中：A和B代表同一特征图上不同像素在通道维度的向量；A_i和B_i是这两个向量在第i个通道的值；n是特征图的通道数。

图7.24是可视化结果，黄色十字的中心代表被选中的像素，即计算特征图中该位置像素与其余所有位置像素的余弦相似度。颜色越亮代表与被选中像素的余弦相似度越接近1，即该位置与被选中像素越相似。相关研究表明提出，在越靠近物体边缘的部分，其语义分割结果的不确定性就会越高，在图中则会表现为在特征图中与被选中像素属于同一类别的物体边缘的余弦相似度逐步降低，跟与其相邻的物体间有一个明显的过渡带。在图7.24（a）中被选中的像素属于建筑类别。在其FCN特征图的余弦相似度结果中，可以看到建筑内部余弦相似度很高，但是在建筑的边缘处，余弦相似度逐渐降低，与相邻地物存在比较明显的过渡区域，这也表明在建筑边缘处两侧的特征向量差异不够明显，最终导致该边缘区域的语义分割结果的不准确、不规则问题；在本书提出的HED-FCN-BAM特征图的余弦相似度结果中，由于使用BAM模块在多个尺度上引入了边缘检测子网络的边缘特征，可以看到建筑边缘两侧的特征向量差异明显，并且建筑的边缘更加规则、准确。在图7.24（b）中被选中的像素属于汽车类别。图7.24（b）中FCN特征图与HED-FCN-BAM特征图的余弦相似度结果中亦存在与图7.24（a）中相似的现象，汽车的边缘在HED-FCN-BAM特征图中更加精细。FCN与HED-FCN-BAM特征图的余弦相似度结果进一步验证了基于多任务学习的特征学习阶段的边缘约束有效增强了用于语义分割的特征图的边缘信息，改善了FCN语义分割结果边缘不准确、不规则的问题。

7.3.2.8 输出阶段的边缘约束

前面描述了将语义分割软分割结果与边缘检测结果共同输入至BNF中，以实现输出阶段边缘约束的方法。BNF对于一个给定的像素，需要设置在该像素周围半径为一定大小的邻域内的所有像素间的关系进行建模。由于此类图模型的优化非常耗时，本节针对该建模区域大小的设置进行了一系列实验，以验证BNF建模区域大小对最终优化结果的影响以及BNF优化的时间消耗。

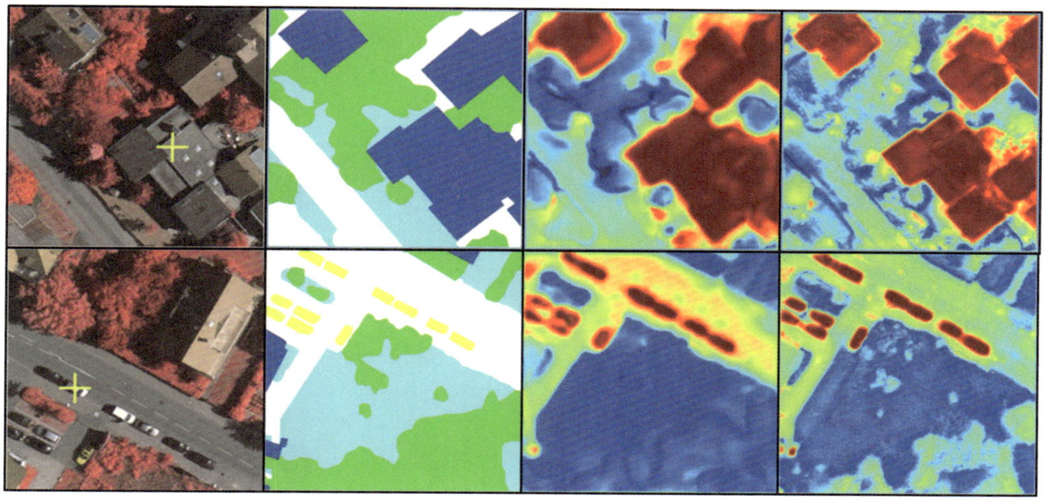

图 7.24　特征图可视化结果

本实验同样使用像素大小为512 × 512的语义分割软分割结果与边缘检测结果作为BNF的输入，BNF的建模半径依次设置为{5, 10, 15, 20, 25, 30, 40}个像素。图7.25统计了优化后语义分割结果的mF1以及BNF的运行时间。

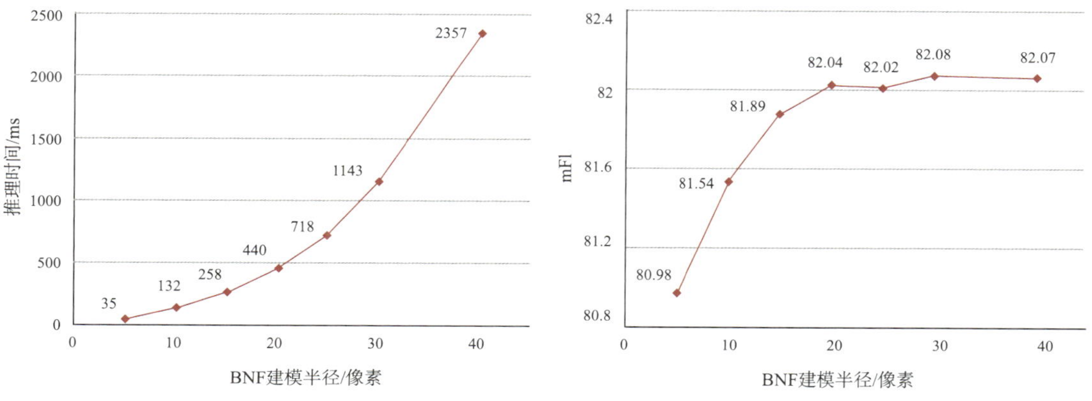

（a）推理时间随BNF建模半径的变化　　（b）mFl随BNF建模半径的变化

图 7.25　BNF 建模区域大小对精度与推理时间的影响

从实验结果看出，起初随着建模半径的增加，三个语义分割评价指标逐渐增加；当建模半径大于20个像素时，评价指标逐渐趋于稳定。然而，随着建模半径的增加，BNF的运行时间呈现指数级增长。对BNF的优化效果与其运行时间进行综合考虑，选取BNF建模半径为20个像素进行后续的实验。实验结果如图7.26所示。

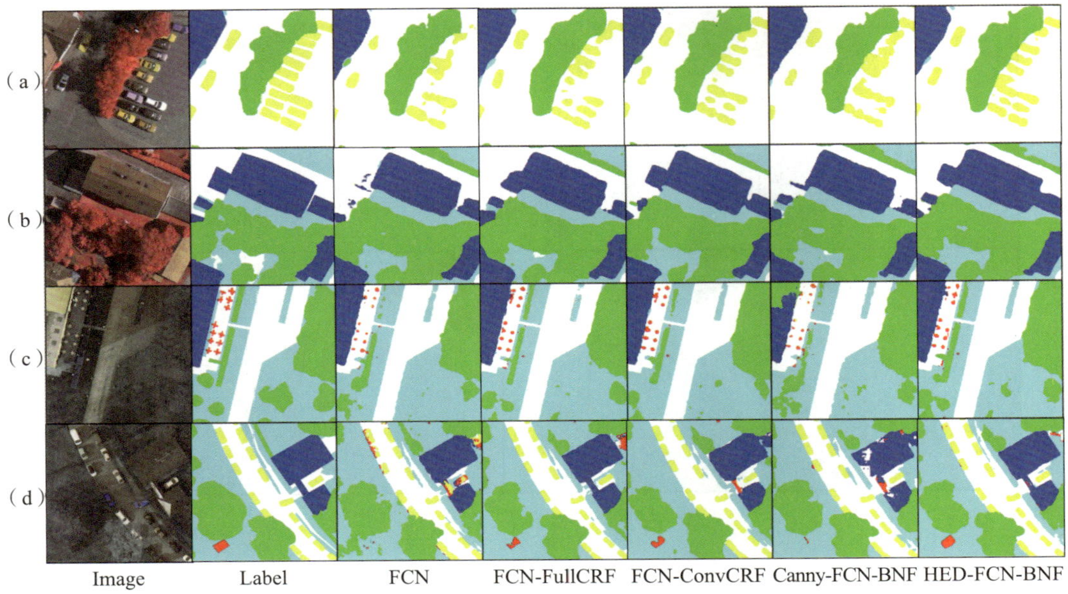

图 7.26 输出阶段的边缘约束方法结果示意图

（a）与（b）为Vaihingen数据集的结果，（c）与（d）为Potsdam数据集的结果。白色：不透水地表；蓝色：建筑；青色：低矮植被；绿色：树木；黄色：汽车；红色：杂物及背景

在本节中，使用输出阶段的边缘约束方法来对语义分割改进语义分割结果，根据语义分割后处理的方法以及预先获取图像边缘的方法，共细分为四种方式：

（1）在FCN网络后单独训练FullCRF用于语义分割后处理，记为“FCN-FullCRF”。

（2）在FCN网络后加入ConvCRF模块，代替传统的FullCRF，将后处理模块并入语义分割网络中一同训练，记为“FCN-ConvCRF”。

（3）使用传统图像分割算子Canny预先获取图像的边缘，并将单通道的边缘检测结果与FCN中softmax层输出的软分割结果共同作为BNF的输入进行全局关系建模，最后通过全局优化来产生最终的语义分割结果，记为“Canny-FCN-BNF”。

（4）使用边缘检测网络HED预先获取图像的边缘，并将单通道的边缘检测结果与FCN的软分割结果共同作为BNF的输入，记为“HED-FCN-BNF”。表7.4是这4种输出阶段的边缘约束结构在Vaihingen测试集以及Potsdam测试集上的定量评价结果以及与原始FCN的对比。推理时间仅统计了语义分割网络的推理时间与后处理时间。

FCN-FullCRF与FCN-ConvCRF通过对像素点之间的关系进行建模，鼓励相似像素分配相同的标签，而相差较大的像素分配不同标签，这个相似度的定义与输入图像的颜色值和实际相对距离有关，实际上是在输入图像上根据颜色值与像素间的相对距离来进行边缘约束。因此，它们能够使图像尽量在边界处分割，并且也不需要额外的边缘检测结果来进行边缘约束。FCN-FullCRF与FCN-ConvCRF均对FCN有稳定的提升。从定量评价指标

表7.4　Vaihingen 和Potsdam数据集上输出阶段边缘约束方法的定量评价

数据集	方法	F1-Score						mF1	mIoU	OA	推理时间（ms）
		不透水地表	建筑	低矮植被	树木	汽车	背景/杂物				
Vaihingen	FCN	86.42	89.17	77.01	84.11	65.59	–	80.46	68.11	84.27	32.0
	FCN-FullCRF	86.55	89.77	77.10	83.98	66.97	–	80.87	68.69	84.51	2437.0
	FCN-ConvCRF	86.72	89.83	76.95	84.07	67.04	–	80.92	68.80	84.49	35.6
	Canny-FCN-BNF	85.72	88.36	75.94	83.24	63.74	–	79.40	66.73	83.75	472.0
	HED-FCN- BNF	87.13	91.07	77.19	84.05	70.78	–	82.04	70.63	84.96	472.0
Potsdam	FCN	85.03	90.13	80.72	76.10	86.94	67.67	81.10	70.03	84.76	–
	FCN-FullCRF	85.45	90.68	80.53	76.26	87.65	68.34	81.49	70.92	85.27	–
	FCN-ConvCRF	85.53	90.81	80.75	75.95	87.78	68.59	81.57	70.97	85.20	–
	Canny-FCN-BNF	84.14	89.33	80.65	75.29	85.32	64.44	79.86	67.68	83.73	–
	HED-FCN- BNF	86.26	92.24	81.22	76.39	90.31	70.97	82.90	71.25	85.69	–

来看，两个方法的精度相差不大，而由于FCN-ConvCRF能够高效地在GPU上运行，因此其推理时间远低于FCN-FullCRF。Canny-FCN-BNF与HED-FCN-BNF通过全局优化的方式使用预先获取的语义边界与语义分割软输出建模，优化语义分割网络的分割结果。因此其对于预先获取的语义边界的精度要求较高。由于边缘检测精度影响，Canny-FCN-BNF的定量评价指标降低了；而由于HED网络的边缘检测精度较高，使得HED-FCN-BNF的定量评价指标有明显的优势，Vaihingen数据集在mF1、mIoU、OA上分别有1.58%、2.52%、0.69%的提升。但是BNF也有图模型固有的缺点：一是该流程不是一个端到端的框架；二是图模型的推理速度较慢。

图7.26是各个方法的目视结果。相较于原始的FCN，HED-FCN-BNF的提升最为显著。由于HED-FCN-BNF使用较准确的边缘结果对语义分割网络的软输出进行了优化，图7.26中汽车、建筑、杂物这些边缘明确的地类分割效果的提升较为明显，边缘更加精确。

7.3.2.9　三种边缘约束网络对比与分析

1）三个阶段边缘约束的对比

表7.5对比了三个阶段边缘约束的最优定量评价结果及其运行时间，其中HED-FCN-

EI代表了输入阶段的边缘约束，HED-FCN-BAM代表了特征学习阶段的边缘约束，ConvCRF-FCN和HED-FCN-BNF代表了输出阶段的边缘约束。相比于FCN，本书的边缘约束的语义分割方法在有关人造地物的类别上有明显的优势，特别是在汽车类别上；然而在植被相关的类别上没有特别明显的改进。造成该现象的原因在于本书的方法专注于改进高分辨率遥感影像语义分割结果的边缘。人造地类一般都具有十分清晰、明确的边缘，因此在标注中这些类别的边缘通常较为准确，本书基于边缘约束的方法能够更好地通过边缘信息对分割结果进行约束；相反，植被相关的类别通常难以准确区分，在本书所使用的数据集中低矮植被类别与树木类别的标注存在部分混淆的现象，难以定义真正的语义边界，同时植被相关的类别还具有固有的模糊边缘。

图7.27展示了本书所使用的Vaihingen数据集中几种典型的地物，分别是边缘明确的汽车、建筑以及边缘不明确的树木、低矮植被。因此，当不准确的边缘被用于约束语义分割结果时，语义分割结果将无法得到改进，甚至会引起一些错误分割的情况。

表7.5　Vaihingen 和Potsdam数据集上3种阶段边缘约束方法的对比

数据集	方法	F1-Score						mF1	mIoU	OA	推理时间/ms
		不透水地表	建筑	低矮植被	树木	汽车	背景/杂物				
Vaihingen	FCN	86.42	89.17	77.01	84.11	65.59	—	80.46	68.11	84.27	32.0
	HED-FCN-EI	86.71	89.67	77.24	84.19	66.61	—	80.88	68.87	84.47	42.7
	HED-FCN-BAM	87.10	91.21	77.14	84.68	70.21	—	82.07	70.55	85.02	51.3
	FCN-ConvCRF	86.72	89.83	76.95	84.07	67.04	—	80.92	68.80	84.49	35.6
	HED-FCN-BNF	87.13	91.07	77.19	84.05	70.78	—	82.04	70.63	84.96	472.0
Potsdam	FCN	85.03	90.13	80.72	76.10	86.94	67.67	81.10	70.03	84.76	—
	HED-FCN-EI	85.09	90.77	80.92	76.01	87.98	68.08	81.48	70.88	84.91	—
	HED-FCN-BAM	86.59	92.07	80.86	76.77	89.58	71.34	82.87	72.53	85.72	—
	FCN-ConvCRF	85.53	90.81	80.75	75.95	87.78	68.59	81.57	70.97	85.20	—
	HED-FCN-BNF	86.26	92.24	81.22	76.39	90.31	70.97	82.90	72.58	85.69	—

对比这几种边缘约束方法，可以得到它们各自的优劣势。首先，在精度上，基于特征学习阶段边缘约束的HED-FCN-BAM与基于输出阶段边缘约束的HED-FCN-BNF达到了较高的精度，而基于输入阶段的边缘约束提升较小。这可能是因为边缘数据在作为辅助数据输入时，经过深层的网络之后其边缘特征不够明显，导致其无法很好地约束最终的语义分割结果。其次，在运行时间上，由于HED-FCN-BNF具有图模型固有的在优化速度上较慢的缺点，而HED-FCN-BAM则是一个端到端的深度学习网络，能够高效地在GPU上

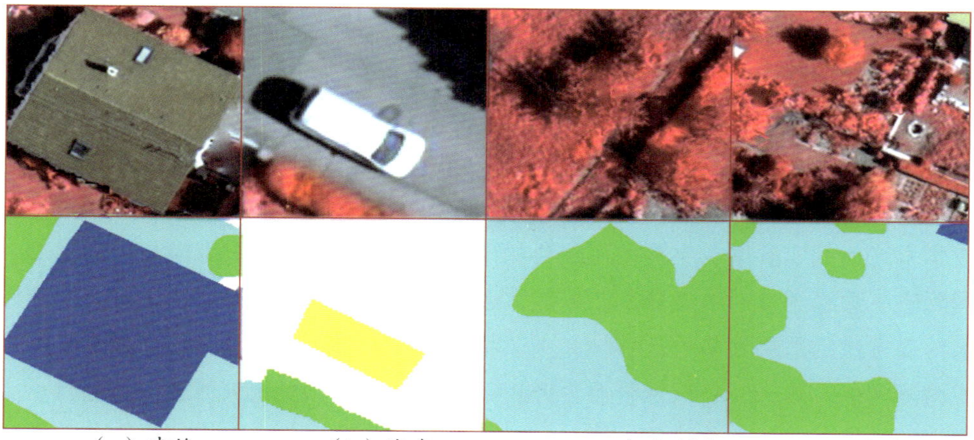

（a）建筑　　（b）汽车　　（c）树木　　（d）低矮植被

图 7.27　Vaihingen 数据集中的典型地物及其对应标签

运行，因此，综合考虑精度与运行效率，基于特征学习阶段边缘约束的HED-FCN-BAM在Vaihingen数据集与Potsdam数据集的实验中是最佳的方法。但是，训练HED-FCN-BAM与HED-FCN-BNF均需要边缘监督，因此它们依赖于边缘被精准标注的高分辨率遥感影像语义分割数据集。然而，精准标注需要大量的工作，这意味着很难轻易获取边缘被精准标注的数据集。目前，公开的高分辨率遥感影像语义分割数据集还较少，并且许多数据集并不是标注完全的。在使用此类数据集的情况下，训练过程中难以应用需要边缘监督的方法。此时可以使用没有真正使用边缘监督的ConvCRF-FCN来对语义分割结果的边缘进行优化。

2）本方法与主流语义分割方法的比较

在本书所使用数据集中的最优方法为基于特征学习阶段边缘约束的HED-FCN-BAM，因此在本节仅使用HED-FCN-BAM代表本方法。所比较先进的语义分割方法包括目前常用的以ResNet101为骨干网络的PSPNet和DeepLab v3+，输入图像像素大小为512 × 512。它们的定量评价结果以及运行时间如表7.6所示。

表7.6　Vaihingen数据集上本方法与已有研究的对比

方法	F1-Score						mF1	mIoU	OA	推理时间/ms
	不透水地表	建筑	低矮植被	树木	汽车	背景/杂物				
HED-FCN-BAM	87.10	91.21	77.14	84.68	70.21	—	82.07	70.55	85.02	51.3
PSPNet	87.45	90.89	77.94	85.03	69.37	—	82.13	70.49	85.11	73.6
DeepLab v3+	87.54	90.91	77.71	84.83	69.10	—	82.01	70.38	85.06	86.1

实验结果显示，本书的方法通过施加边缘约束，在使用相对简单的骨干网络（VGG16）的前提下，精度指标几乎与目前先进的语义分割方法持平，并且效率优于这两个网络。从各类别的F1-score中可以看出，在具有明显边缘的人造地物类别上，特别是汽车类别，HED-FCN-BAM的结果明显优于这两种方法；在低矮植被以及树木类别中则处于劣势。

3）主流语义分割框架上的边缘约束验证

在本书之前的实验中，主要使用经典的语义分割网络FCN与边缘检测网络HED，探究了不同阶段下边缘约束对语义分割结果物体边缘不准确问题的改进。为了更全面地评价这些边缘约束方法的适用性与可迁移性，本节将FCN与HED替换为目前先进的语义分割网络与边缘检测网络。其中，将FCN替换为PSPNet，将HED替换为BDCN进一步进行了实验，即将本书所使用的数据集中精度较高的HED-FCN-BAM和HED-FCN-BNF替换成了BDCN-PSPNet-BAM和BDCN-PSPNet-BNF。它们在Vaihingen数据集上的实验结果如表7.7所示。

表7.7 Vaihingen数据集上PSPNet边缘约束的定量评价

方法	F1-Score						mF1	mIoU	OA	推理时间/ms
	不透水地表	建筑	低矮植被	树木	汽车	背景/杂物				
PSPNet	87.45	90.89	77.94	85.03	69.37	–	82.13	70.49	85.11	73.6
BDCN-PSPNet-BAM	87.94	92.07	77.89	85.39	71.46	–	82.93	71.58	85.46	135.2
BDCN-PSPNet-BNF	87.57	92.30	77.52	84.82	71.79	–	82.80	71.63	85.38	525.0

实验结果显示，边缘约束仍然对目前先进的语义分割网络有改善作用，与之前实验有所区别的是精度指标改进的幅度降低了。这也符合预期的结果，因为先进的语义分割网络已经达到了较高的精度，进一步改进会更加困难。各类别的F1-score也符合本书之前章节的结果：在边缘明确的人造地物有较好的改进，其中在建筑与汽车类别上的F1-score提升达到1%以上；而对于边缘不明确的植被类别则无明显改善。

图7.28是各个方法在Vaihingen测试集上整幅影像的语义分割结果。与标签相比，PSPNet的结果中建筑、汽车等类别的边缘不够准确，还出现了两辆相邻的汽车没有被分割开的现象；而通过应用本书边缘的约束方法，每一辆汽车均被准确地分割出来，并且边缘更加准确，建筑则有更加规则的边缘。

7.3.3 模型融合

在现有数据集上测试时，基于适配上下文推理的高分影像植被提取方法和基于边缘约束的语义分割方法的表现各有优劣。

Unet架构对比之前的网络，特点是将编码器各层特征图，与解码器对应层次的上采样结果进行连接，有助于恢复边缘以及细节部分信息。DeepLab V3+模型的特点是添加了空洞空间金字塔池化模块（ASPP），此模块结合不同尺度的空洞卷积，在增加少量参数的情况下，扩大感受野范围，有助于捕获各种不同尺度的地物。

（a）原始影像

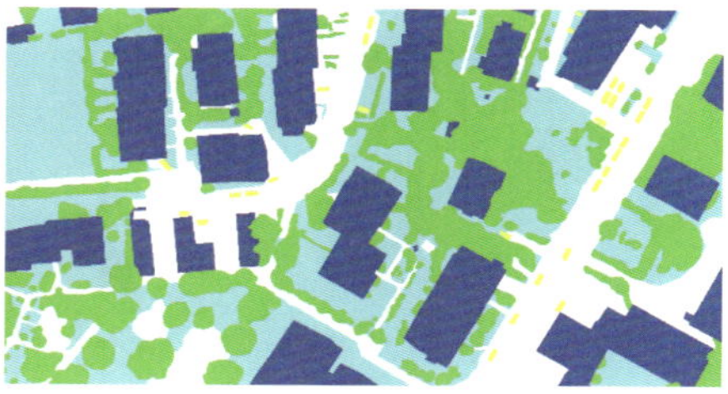

（b）真值标签

（c）PSPNet结果

（d）BDCN-PSPNet-BAM结果

（e）BDCN-PSPNet-BNF的结果

图 7.28 Vaihingen 数据集上 PSPNet 边缘约束方法整幅影像的结果示意图
（白色：不透水地表；蓝色：建筑；青色：低矮植被；绿色：树木；黄色：汽车）

因此基于适配上下文推理的高分影像植被提取方法（AAF）模型在基于DeepLab V3+的基础上进行训练，边缘特征约束在基于Unet网络模型的基础上进行训练，实现植被要素的识别提取。

在进行植被提取时，两种模型的实验结果可能一个在植被要素上漏提比较少，一个在背景处误提取比较少，可以利用后者的背景提取覆盖前者得到融合结果；可以对于每个像素采用投票方式，融合多种方法的预测结果。如图7.29和图7.30所示。

（a）影像 （b）真值 （c）融合前 （d）融合后

图 7.29 融合后建筑背景误提取改善示例

（a）影像　（b）真值　（c）融合前　（d）融合后

图 7.30　融合后植被要素漏提取改善示例

7.4　提取结果输出

7.4.1　网络模型预测结果拼接

深度学习方法训练和测试的影像尺寸具有一定的限制，由于遥感影像尺寸通常是室内/室外影像尺寸的3~4倍甚至更大，因此需要额外的裁切和拼接步骤，才能获取最终全分辨率的分割预测结果。

顾及设备显存的限制，在训练以及预测时，均无法将整景遥感影像，直接输入至神经网络，需将HRRSI（High Resolution Remote Sensing Images）数据集裁剪为符合网络训练输入影像尺寸要求的训练样本和标签斑块影像数据集。在使用神经网络进行要素提取的时候，每次只能得到输入斑块大小的预测结果。为保证获取最终整幅卫星影像的典型要素提取结果，需要将裁切好的斑块影像对应的预测结果，按照一定的原则进行拼接。

考虑到神经网络的预测结果，无法保证绝对的正确性，因此将预测影像裁剪为网络训练输入尺寸大小时，应该保留一定重叠度。但是在影像拼接时，重叠区域提取结果存在互相矛盾的情况，从而在最终拼接位置处，容易出现拼接斑块的效应。此时需设置一个优先级列表，在两幅甚至多幅影像的重叠区域，按照优先级列表的排序，决定重叠区域使用哪一幅影像的提取结果。

实际预测的裁剪后的小影像，一般中心部位的预测精度较高，边缘部分预测精度较低，故拼接成完整的大影像时，在某些小影像边缘，会有较为明显的拼接缝，因此采取以下两种方法，处理上述拼接缝问题。

（1）选取小影像的中心部分。由于小影像中心的预测精度较高，可以在预测前，选择一定的重叠执行裁剪，以便于拼接时，只选取影像中心的合适尺寸的部分进行拼接，以减弱拼接缝现象。

（2）选取滑动窗口，重合部分采用概率图投票方式。在预测前取一定步长，进行滑动窗口裁剪，输出对应的概率图，在拼接成大影像时，概率图重叠部分，进行投票处理，综合重合的几张概率图，综合分析确定是否为植被。如图7.31所示，我们提供了一个示例说明加权平均策略，可以有效消除拼接图像时引起的拼接缝效应，通过展示三个相邻的概率图的加权平均方式的拼接过程，其中正方形的数字表示统计像素的重叠次数。不再使用后面的图像直接覆盖前面的图像的拼接策略，我们首先选择获取每个小图像斑块的预测概率图，并依据投票策略获取加权平均的概率预测结果，作为最终的预测结果。权重矩阵对应位置的每个参数由每个统计像素的重叠次数填充，以消除相邻的斑块影像的预测结果不一致而引起的边界效应。

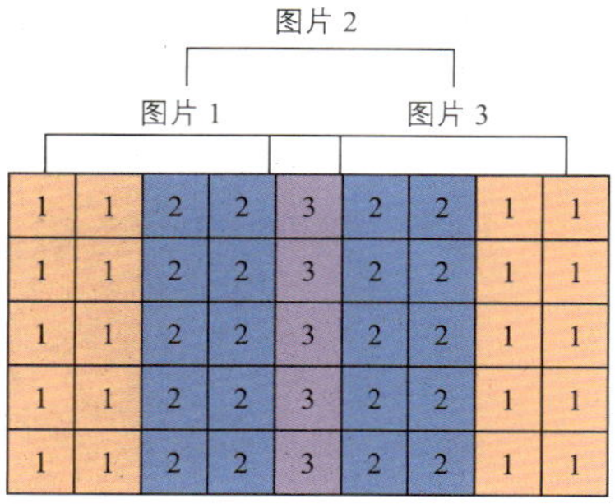

图 7.31 拼接小影像为全景影像的投票策略示意图

7.4.2 植被提取结果后处理

深度学习神经网络的语义分割结果，一般满足所见即所得，提取的植被地类会非常细碎，与土地利用的目的不符，因此需要解决提取结果过于细碎的问题。形态学滤波开运算采用先腐蚀后膨胀的开运算，可以分离连通较为不紧密的细碎地区，开运算处理后，再滤除一定阈值之下的细碎斑块，解决提取结果过于细碎的问题；形态学滤波闭运算采用先膨胀后腐蚀的闭运算，将部分应该连接起来的斑块连成整体，再将一定阈值以下的缺口补齐，解决植被斑块不完整的问题。

为了成图规范，根据《基础地理信息1:10000地形要素数据规范》（GB/T 33462—2016）、《基础地理信息1:50000地形要素数据规范》（GB/T 33183—2016）等作为参考，滤去了提取结果中一些面积未达到成图要求的区域，如图7.32所示，左边是没有经过处理的提取结果，右边是滤除小面积图斑的提取结果。

7.4.3 背景掩模遮盖

遥感影像存在背景部分，在提取各种自然资源要素时，会将背景部分一并输入到神经网络中，有时会将背景部分错提。为保证背景部分的准确率，可以制作背景掩膜，获取提取结果后，再进行掩膜覆盖的操作，以解决背景部分错提的问题。掩膜的作用，是保留图上感兴趣的部分，去除不感兴趣的部分。具体来说，生成一幅与原图尺寸一致的图像，感兴趣的部分置为1，不感兴趣的部分置为0，最后与原图执行像素级的乘法，获取覆盖掩膜后的图像。

对于遥感影像的背景部分，其特点为各通道上像素值之和为0，因此通过这个特点，制作背景部分值为0，其余部分值为1的背景掩膜，最后与提取结果执行像素级的乘法，获取掩膜覆盖后的提取结果。

7.4.4 栅格结果矢量化

为便于各要素合并成图展示，以及计算精度进行精度评价，需要将提取的栅格结果转为矢量结果。通过GDAL库函数或者借助ARCGIS/ERDAS等遥感软件，进行矢量化操作。

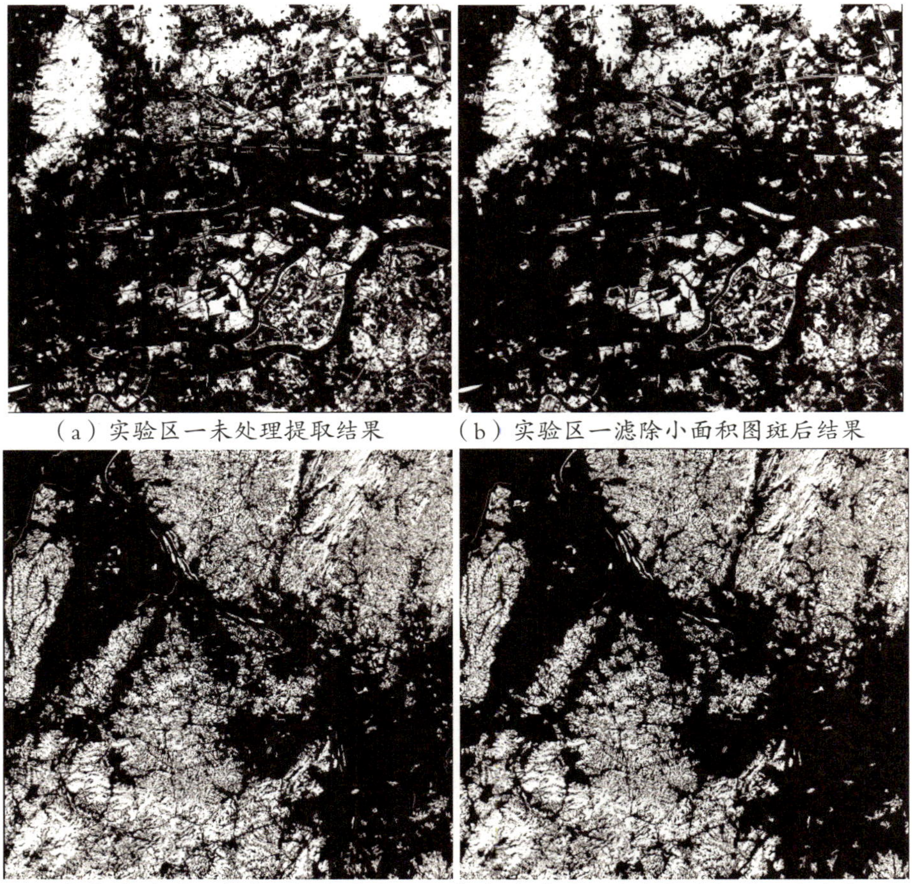

（a）实验区一未处理提取结果　（b）实验区一滤除小面积图斑后结果

（c）实验区二未处理提取结果　（d）实验区二滤除小面积图斑后结果

图 7.32　滤除小面积图斑的提取结果

7.5　植被提取实验结果与分析

7.5.1　实验数据集

参考基础性地理国情监测内容，共分为10个一级类，59个二级类，植被包含种植用地和林草2个一级类，裸露土壤包含荒漠与裸露地1个一级类。其中种植用地包含水田、旱地、果园、茶园、桑园、橡胶园、苗圃、花圃、其他经济苗木共9个二级类；林草包含乔木林、灌木林、乔灌混合林、竹林、疏林、绿化林地、人工幼林、稀疏灌草丛、天然草地、人工草地共10个二级类；荒漠与裸露地包含盐碱地表、泥土地表、沙质地表、砾石地表和岩石地表5个二级类。

为便于训练和记录，我们将二级类水田和旱地的集合称为耕地；将二级类果园、茶园、桑园、橡胶园、苗圃、花圃、其他经济苗木的集合称为园地；将二级类乔木林、灌木林、乔灌混合林、竹林、疏林、绿化林地、人工幼林的集合称为林地；将二级类稀疏灌草丛、天然草地、人工草地的集合称为草地。

7.5.1.1　ZY3卫星影像植被数据集

通过7.2所述方法筛选得到，由ZY3卫星四波段影像组成，波段排列顺序为B、G、R、近红外，分辨率2m，均为多光谱和全色融合影像，影像选自国内各个地区。数据集影像约31万张，随机选取19.8万张作为训练集，2000张作为验证集，11万张为测试集。训练集中部分影像与真值标签展示如图7.33所示。

图 7.33　ZY3 卫星影像植被训练集示例图

（影像使用近红外、红、绿通道顺序的假彩色显示，真值中耕地显示为蓝色，园地显示为黄色，林地显示为红色，草地显示为绿色）

7.5.1.2　GF-2卫星影像植被数据集

通过前面章节所述方法筛选得到，由GF-2卫星四波段影像组成，分辨率0.8m，均为多光谱和全色融合影像，影像选自国内各个地区。数据集影像约27万张，随机选取19.8万张作为训练集，2000张作为验证集，7万张为测试集。训练集中部分影像与真值标签展示如图7.34所示。

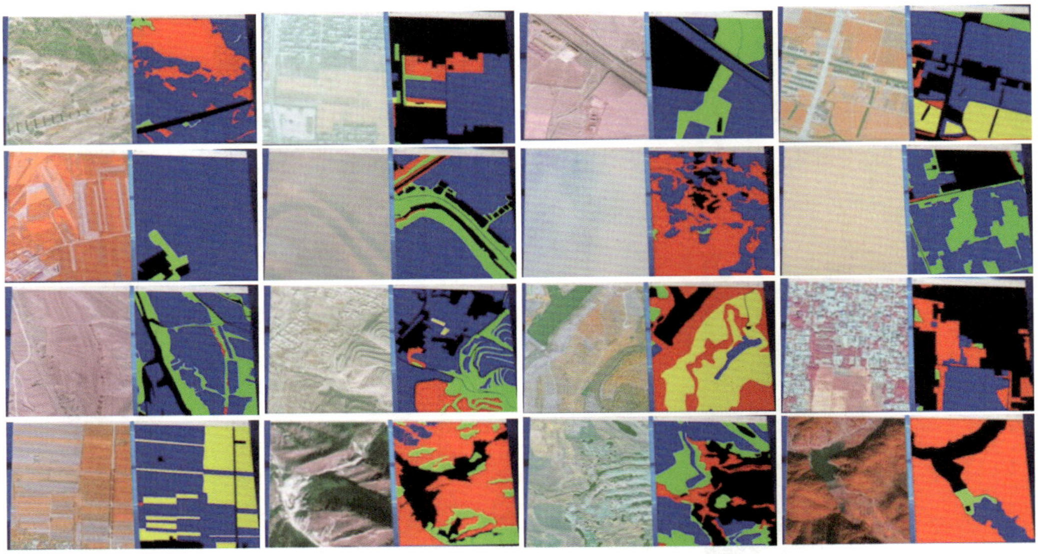

图 7.34　GF-2 卫星影像植被训练集示例图

（影像使用近红外、红、绿通道顺序的假彩色显示，真值中耕地显示为蓝色，园地显示为黄色，林地显示为红色，草地显示为绿色）

7.5.2　精度评价方式

（1）使用TP（True Positive）表示预测正确的类别，TN（True Negative）表示预测正确的背景；FP（False Positive）表示预测错误的类别，FN（False negative）表示预测错误的背景；则预测正确的数量占预测总数的比例Precision表示为 $\dfrac{P_{ii}}{\sum_{j=1}^{n} P_{ij}}$，预测正确的数量占实际总数的比例Recall表示为 $\dfrac{P_{ii}}{\sum_{i=1}^{n} P_{ij}}$。

（2）使用P_{ii}表示预测为i类实际为i类的像素数量，P_{ij}表示预测为i类实际为j类的像素数量，则 $\sum_{i=1}^{n} P_{ij}$ 表示为实际为j类的像素总和，$\sum_{j=1}^{n} P_{ij}$ 表示为预测为i类的像素总和。预测正确的数量占预测总数的比例 Precision表示为 $\dfrac{\mathrm{TP}}{\mathrm{TP}+\mathrm{FP}}$，预测正确的数量占实际总数的比例Recall表示为 $\dfrac{\mathrm{TP}}{\mathrm{TP}+\mathrm{FN}}$。

7.5.3　实验结果与分析

7.5.3.1　模型一

数据量27万，数据来源为GF-2卫星，其中训练集19.8万，验证集2000，测试集7万；使用边缘约束方法，分5类（背景、园地、水田、旱地、林草）进行训练。

该模型对ZY3卫星数据集2000验证集精度评价如表7.8、表7.9、表7.10所示。

表7.8 部分二级类精度

指标	园地	水田	旱地	林草
精确率	0.6816	0.8092	0.8318	0.7980
召回率	0.8669	0.9076	0.9064	0.8927

表7.9 一级类精度

指标	种植用地	林草
精确率	0.8411	0.7980
召回率	0.8798	0.8927

表7.10 植被整体精度

指标	植被
精确率	0.8427
召回率	0.8722

该模型对GF-2卫星数据集2000验证集精度评价如表7.11、表7.12、表7.13所示。

表7.11 部分二级类精度

指标	园地	水田	旱地	林草
精确率	0.5889	0.8321	0.6591	0.7582
召回率	0.8936	0.8749	0.8984	0.9317

表7.12 一级类精度

指标	种植用地	林草
精确率	0.7919	0.7582
召回率	0.8882	0.9317

表7.13 植被整体精度

指标	植被
精确率	0.8131
召回率	0.9077

该模型对GF-2卫星数据集2000验证集预测影像示例图如图7.35、图7.36所示。

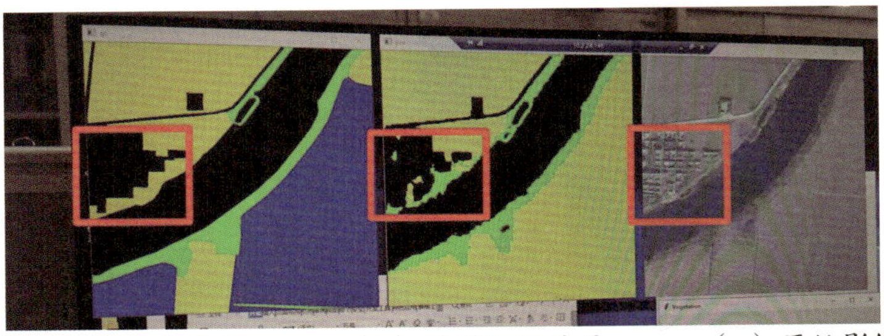

（a）植被真值一　（b）模型预测结果一　（c）原始影像一

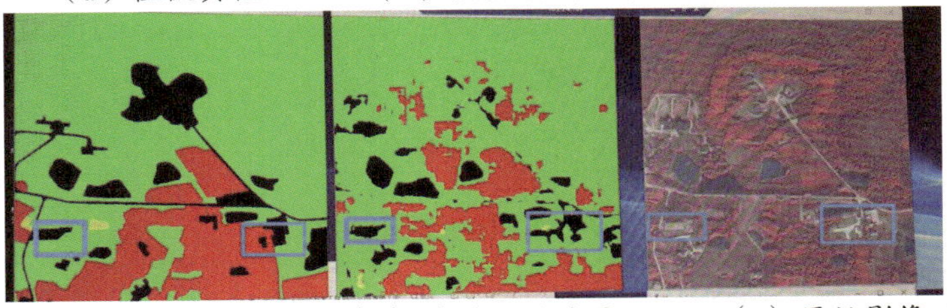

（d）植被真值二　（e）模型预测结果二　（f）原始影像二

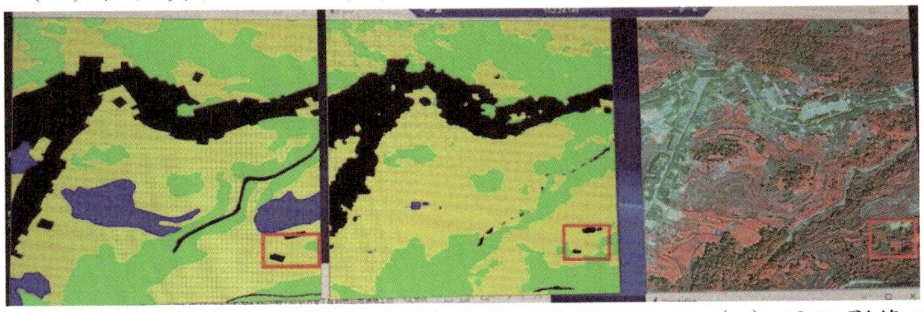

（g）植被真值三　（h）模型预测结果三　（i）原始影像三

图 7.35　植被提取模型一预测正确示例

（黑色为背景，彩色为植被；从左到右依次为真值、预测和影像；方框中为明显提取正确或错误的地区）

（a）植被真值一　（b）模型预测结果一　（c）原始影像一

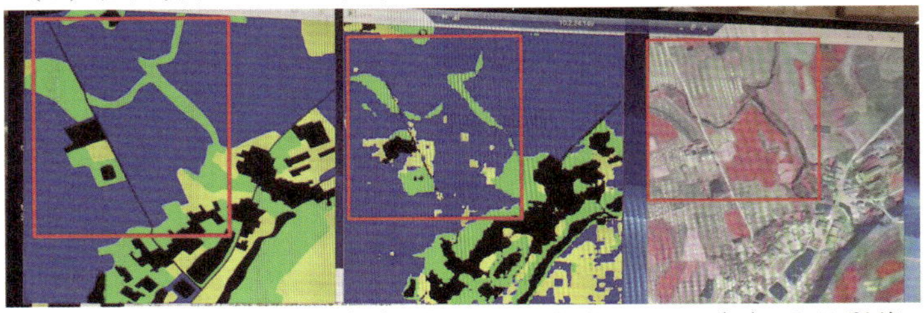

（d）植被真值二　（e）模型预测结果二　（f）原始影像二

图 7.36　植被提取模型一预测错误示例

（黑色为背景，彩色为植被；从左到右依次为真值、预测和影像；方框中为明显提取正确或错误的地区）

该模型对GF-2卫星数据集7万测试集精度评价如表7.14、表7.15、表7.16所示。

表7.14　部分二级类精度

指标	园地	水田	旱地	林草
精确率	0.6877	0.8026	0.8232	0.7962
召回率	0.8724	0.9128	0.9090	0.8930

表7.15　一级类精度

指标	种植用地	林草
精确率	0.8396	0.7962
召回率	0.8855	0.8930

表7.16　植被整体精度

指标	植被
精确率	0.8422
召回率	0.8732

由提取效果可知该模型在道路、水体等窄长形地物周围进行植被提取时容易出现错误，其原因可能是网络没有学习到窄长地物的特征。从评价精度可知，林草精度偏低，认为裸露土壤和草地标签制作模糊问题较为严重。

7.5.3.2　模型二

使用数据量27万，数据来源为GF-2卫星，其中训练集19.8万，验证集2000，测试集7万；使用边缘约束方法，分3类（背景、种植用地、林草）进行训练。

该模型GF-2卫星数据集2000验证集精度评价如表7.17、表7.18所示。

表7.17　一级类精度

指标	种植用地	林草
精确率	0.8792	0.6871
召回率	0.8751	0.8562

表7.18　植被整体精度

指标	植被
精确率	0.8662
召回率	0.8703

预测影像示例如图图7.37、图7.38所示。

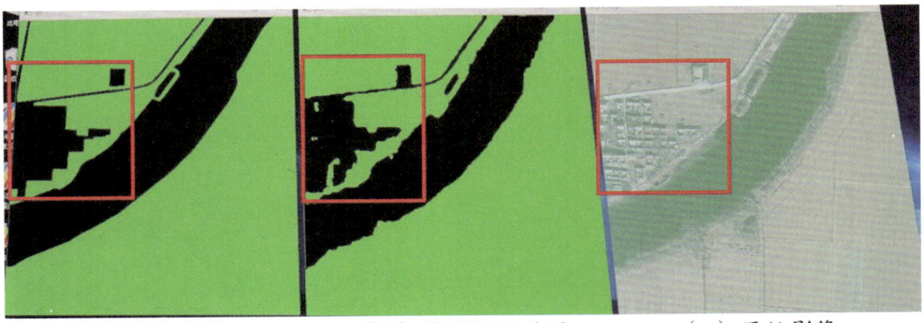

（a）植被真值一　（b）模型预测结果一　（c）原始影像一

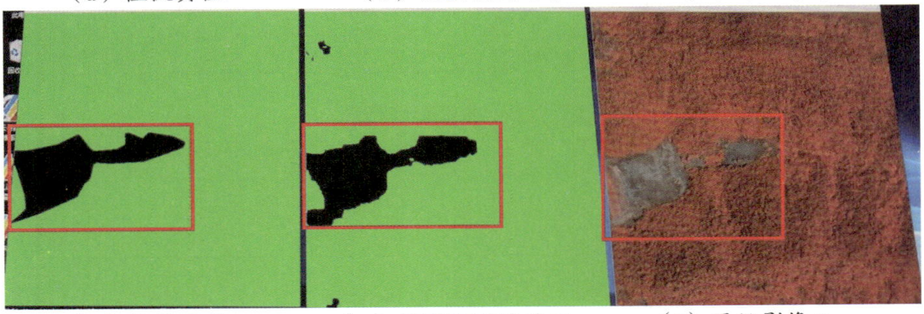

（d）植被真值二　（e）模型预测结果二　（f）原始影像二

图 7.37　植被提取模型二预测正确示例

（黑色为背景，绿色为植被；从左到右依次为真值、预测和影像；方框中为明显提取正确或错误的地区）

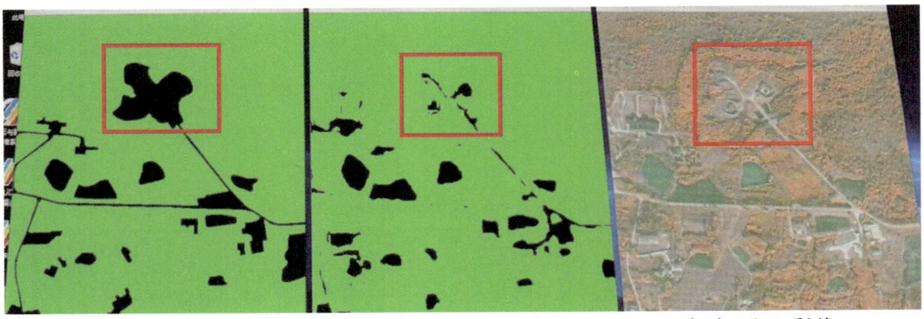

（a）植被真值一　（b）模型预测结果一　（c）原始影像一

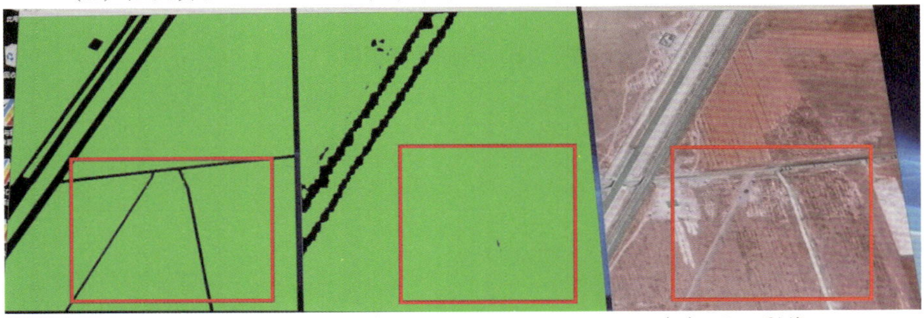

（d）植被真值二　（e）模型预测结果二　（f）原始影像二

图 7.38　植被提取模型二预测错误示例

（黑色为背景，绿色为植被；从左到右依次为真值、预测和影像；方框中为明显提取正确或错误的地区）

7.5.3.3 模型三

使用实验数据集，数据量31万，数据来源为ZY3卫星，其中训练集19.8万，验证集2000，测试集11万；使用尺度自适应和要素上下文融合方法，在全要素基础上将水田旱地单独分为一类，林地和草地分别为一类，共分13类（背景、耕地、园地、林地、草地、道路、建筑、水体、构筑物、裸露土壤、地形、堆掘地、地理单元）进行训练。

该模型对实验数据集中GF-2卫星数据集2000验证集精度评价如表7.19、表7.20、表7.21所示。

表7.19 部分二级类精度

指标	园地	耕地	林地	草地
精确率	0.1987	0.7501	0.6260	0.6559
召回率	0.9188	0.9039	0.8448	0.8776

表7.20 一级类精度

指标	种植用地	林草
精确率	0.7374	0.8028
召回率	0.8979	0.8466

表7.21 植被整体精度

指标	植被
精确率	0.8303
召回率	0.8451

该模型对实验数据集中ZY3卫星数据集2000验证集精度评价如表7.22、表7.23、表7.24所示。

表7.22 部分二级类精度

指标	园地	耕地	林地	草地
精确率	0.4626	0.8777	0.7541	0.8073
召回率	0.8767	0.8766	0.8554	0.8908

表7.23 一级类精度

指标	种植用地	林草
精确率	0.8628	0.8474
召回率	0.8749	0.8769

表7.24 植被整体精度

指标	植被
精确率	0.8673
召回率	0.8723

预测影像示例如图7.39、图7.40所示。

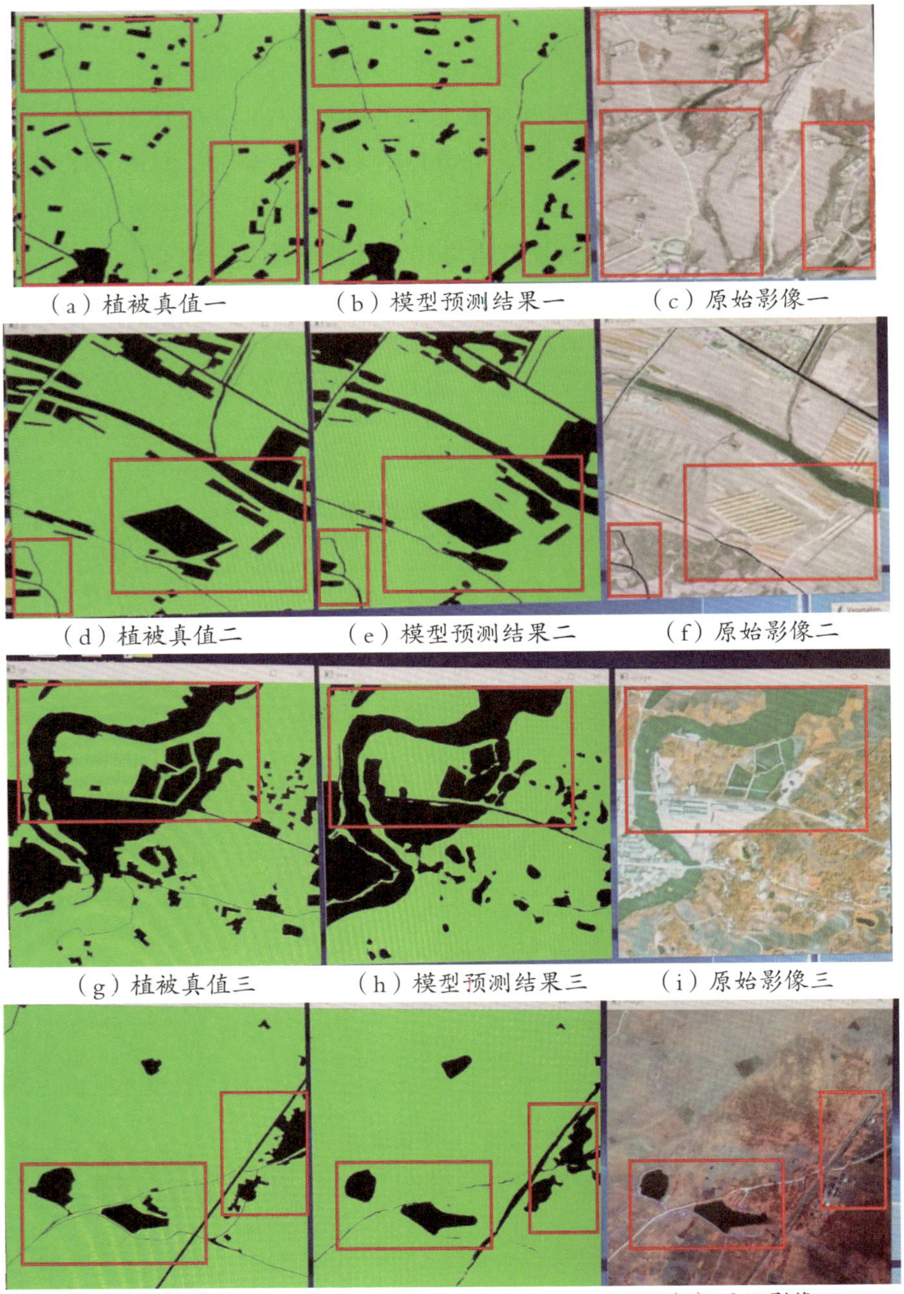

（a）植被真值一　（b）模型预测结果一　（c）原始影像一

（d）植被真值二　（e）模型预测结果二　（f）原始影像二

（g）植被真值三　（h）模型预测结果三　（i）原始影像三

（j）植被真值四　（k）模型预测结果四　（l）原始影像四

图 7.39　植被提取模型三预测正确示例

（黑色为背景，绿色为植被；从左到右依次为真值、预测和影像；方框中为明显提取正确或错误的地区）

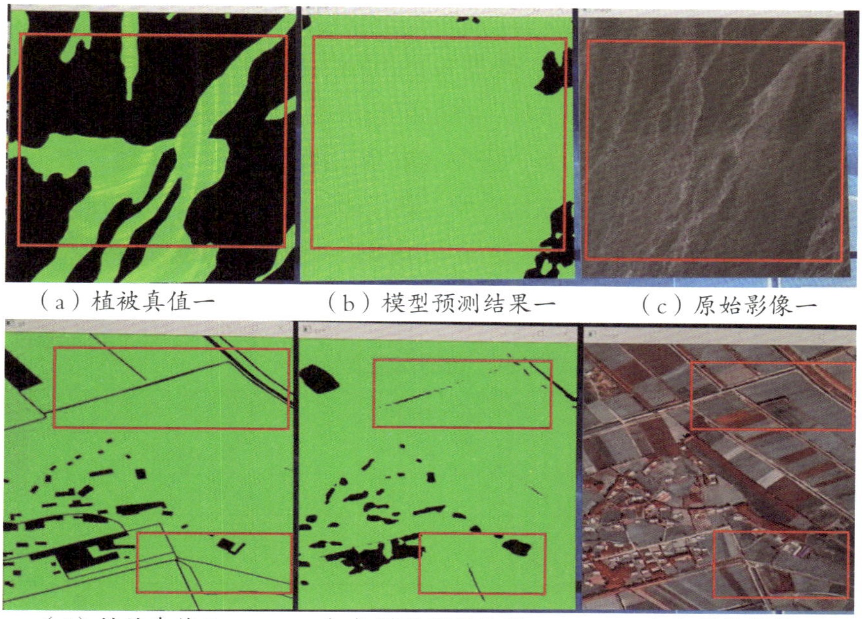

（a）植被真值一　（b）模型预测结果一　（c）原始影像一

（d）植被真值二　（e）模型预测结果二　（f）原始影像二

图 7.40　植被提取模型三预测错误示例

（黑色为背景，绿色为植被；从左到右依次为真值、预测和影像；方框中为明显提取正确或错误的地区）

由提取效果可知，整体上该模型提取效果都比较好，误提取区域仍然是部分裸露土壤、长窄形道路，裸露土壤提取错误原因是训练集中存在混淆样本；长窄形道路误提取可能是因为提取特征时感受野不合适，可以通过自适应感受野的方法进行特征的提取解决该问题。

该模型对实验数据集中ZY3卫星数据集11万测试集精度评价如表7.25、表7.26、表7.27所示。

表7.25　部分二级类精度

指标	园地	耕地	林地	草地
精确率	0.4273	0.8728	0.7572	0.8027
召回率	0.8724	0.8744	0.8582	0.8910

表7.26　一级类精度

指标	种植用地	林草
精确率	0.8576	0.8464
召回率	0.8724	0.8789

表7.27　植被整体精度

指标	植被
精确率	0.8647
召回率	0.8730

7.5.3.4 模型四

使用实验数据集，数据量31万，数据来源为ZY3卫星，其中训练集19.8万，验证集2000，测试集11万；使用边缘约束方法，在全要素基础上将水田旱地单独分为一类，林地和草地分别为一类，共分13类（背景、耕地、园地、林地、草地、道路、建筑、水体、构筑物、裸露土壤、地形、堆掘地、地理单元）进行训练。

该模型对实验数据集中GF-2卫星数据集2000验证集精度评价如表7.28、表7.29、表7.30所示。

表7.28 部分二级类精度

指标	园地	耕地	林地	草地
精确率	0.6046	0.7976	0.5245	0.4727
召回率	0.8380	0.8992	0.8821	0.9187

表7.29 一级类精度

指标	种植用地	林草
精确率	0.7929	0.4727
召回率	0.8627	0.9187

表7.30 植被整体精度

指标	植被
精确率	0.8164
召回率	0.8166

该模型对实验数据集中ZY3卫星数据集2000验证集精度评价如表7.31、表7.32、表7.33所示。

表7.31 部分二级类精度

指标	园地	耕地	林地	草地
精确率	0.2998	0.8777	0.6945	0.8159
召回率	0.8913	0.8592	0.8539	0.8827

表7.32 一级类精度

指标	种植用地	林草
精确率	0.8572	0.8418
召回率	0.8573	0.8738

表7.33 植被整体精度

指标	植被
精确率	0.8723
召回率	0.8678

预测影像示例如图7.41、图7.42所示。

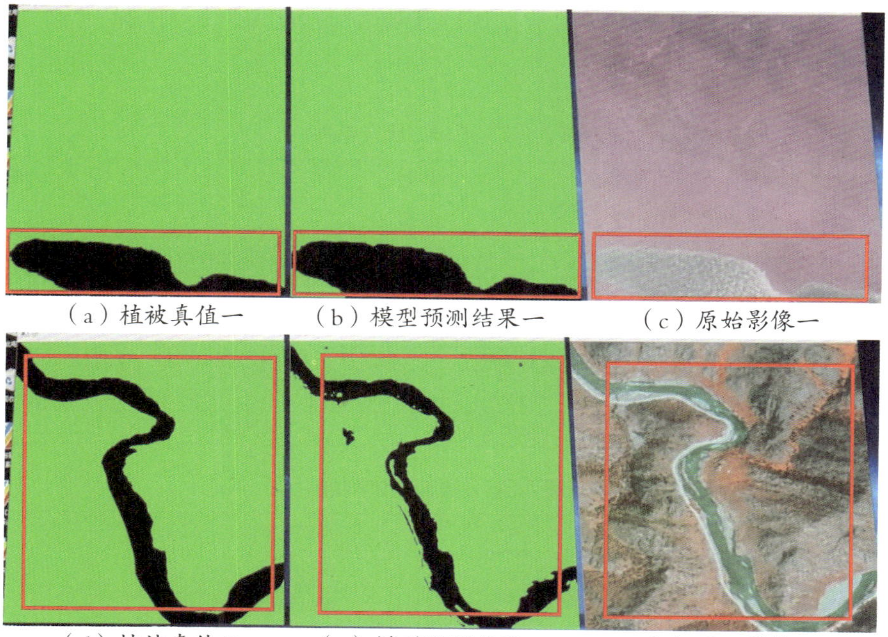

（a）植被真值一　（b）模型预测结果一　（c）原始影像一

（d）植被真值二　（e）模型预测结果二　（f）原始影像二

图 7.41　植被提取模型四预测正确示例

（黑色为背景，绿色为植被；从左到右依次为真值、预测和影像；方框中为明显提取正确或错误的地区）

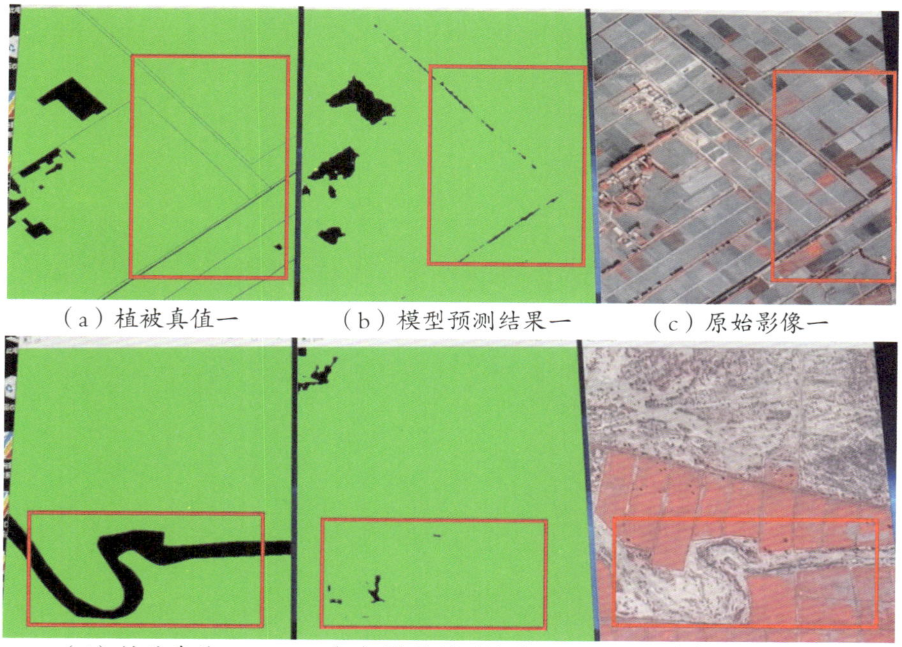

（a）植被真值一　（b）模型预测结果一　（c）原始影像一

（d）植被真值二　（e）模型预测结果二　（f）原始影像二

图 7.42　植被提取模型四预测错误示例

（黑色为背景，绿色为植被；从左到右依次为真值、预测和影像；方框中为明显提取正确或错误的地区）

该模型对实验数据集中ZY3卫星数据集11万测试集精度评价如表7.34、表7.35、表7.36所示。

表7.34　部分二级类精度

指标	园地	耕地	林地	草地
精确率	0.7206	0.8065	0.8033	0.8068
召回率	0.8367	0.9192	0.8895	0.9332

表7.35　一级类精度

指标	种植用地	林草
精确率	0.8279	0.8068
召回率	0.8910	0.9332

表7.36　植被整体精度

指标	植被
精确率	0.8492
召回率	0.8494

第八章

裸露土壤要素智能提取方法

本章涉及的裸露土壤要素涵盖裸土地、沙质地、砾石地、岩石地、中低覆盖的草地、未开发的人工堆掘地等地类。自动提取裸露土壤时，面积应大于110像素×110像素，无遮蔽。本章构建了尺度特征自适应融合的网络结构，提出基于对象上下文表示（OCR）的要素级特征表达方法，提高类内特征差异兼容性，实现主要裸露土壤的高精度自动提取。

8.1 技术路线

裸露土壤要素存在尺度差异大，类内差异明显的特点，因此在进行裸露土壤要素提取的时候需要综合考虑尺度因素和类内差异的因素。在利用图像语义分割技术进行大规模遥感影像地物要素提取时，单个尺度的预测效果往往非常有限，并且不同类别的地物往往在不同尺度上才能有最好的预测效果。现有的人工智能技术主要通过卷积层的堆叠来实现提取深层特征，利用数据来驱动反向传播，学习不同地物特征。因此，图像中的细节很容易在卷积过程中消失，并且，大面积的地物由于图像占比较多，难以提取更多的上下文信息，会造成一定程度的信息缺失，不利于图像语义分割网络的学习。例如，图像中占比较小的地物，通过放大图像的尺寸后，能够由更多的信息输入图像语义分割网络，从而得到更好的、更精细的预测结果。相反地，图像面积占比较大的地物，因为需要聚合更多的空间上下文信息，往往在缩小图像尺寸后，才能够进行更好的预测。但是，图像放大后，大面积地物上下文信息丢失严重，极易造成地物要素分类错误。图像缩小后，小面积地物信息进一步损失，在特征提取过程中极易丢失。裸露土壤类别的地物在影像分布上既有大面积分布的情况，也存在小面积和其他地物共生的情况，因此，如果仅仅把不同尺度的特征结果单纯相加取平均，那么极易造成优劣信息相互抵消，无法更好地利用不同尺度的信息，无法更加有效地保留优势信息。

同样，在图像语义分割网络对地物进行特征提取的过程中，目前的主流图像语义分割方法会通过卷积层的层层堆叠提取不同尺度下的地物要素特征，并最终把这些不同尺度下的特征进行融合。那么，不同地物由神经网络提取的深层特征在不同尺度上也应该具有不同的优势，例如，在高分辨率的特征下，图像中的各种细节特征能够得以保留，这些细节特征就能够很好地对图像中各种细节信息进行表达。同样，在较低分辨率的特征下，特征更能表达整幅图像的全局信息，能够更好地对大面积地物进行表达。如果仅仅对不同尺度的特征简单相加或是简单拼接，会造成不同地物的优劣特征相互抵消的问题。因此，保留优势尺度特征，舍弃劣势尺度特征，往往能够增强图像语义分割网络的特征提取能力。

对于语义分割这种精细的像素级图像分类任务而言，不同地物要素之间的上下文信息都是极其重要的。因辐射差异，遥感影像上的各种地物总会存在一定的类间相似性和类内差异性。然而，现有大部分基于深度学习的地物要素提取方法，仅仅是通过多层卷积堆叠的方式，学习从局部到全局的信息，并没有考虑到不同地物类型之间存在的上下文信息，没有将不同地物类型之间的相关关系融入到特征提取中去，不能有效地促进图像语义分割网络对地物的理解。因此，如何利用深度学习优异的特征学习能力，将要素之间的上下文关系引入特征提取，获得顾及要素之间相关关系的特征，对于解决因复杂场景和成像条件所导致的地物多样性问题具有重要意义。

裸露土壤类别既有与其他类别混生的情况，也有单一类别大面积分布的情况,尺度差异巨大，并且没有明显的边界来进行区别。裸露土壤在遥感影像上的光谱、空间特性呈现类内差异大、类间差异小的特点，裸露土壤本身的光谱变化较大，同时与稀疏草地在光谱和空间上较为相似，与建筑、部分道路在光谱上也比较相似。再加上遥感影像裸露土壤提取数据集较少，同时覆盖范围也较小，导致缺乏各种形态的裸露土壤样本，使得裸露土壤提取的漏提、错提现象比较严重。针对以上问题，我们提出了顾及尺度注意力的裸露土壤提取方法和顾及要素上下文关系的裸露土壤提取方法。

利用尺度注意力机制在特征层面以及结果层面进行多尺度加权融合，增强网络对不同尺度下要素提取能力，改善因尺度差异问题导致的地物漏提或错提。通过要素层面的上下文信息利用，将不同地物要素的中心特征进行分离并分别求取两两之间的相关性，从而改善辐射差异造成的问题，极大地提高了不同影像条件下地物提取任务中模型的鲁棒性。裸露土壤提取的技术路线如图8.1所示。

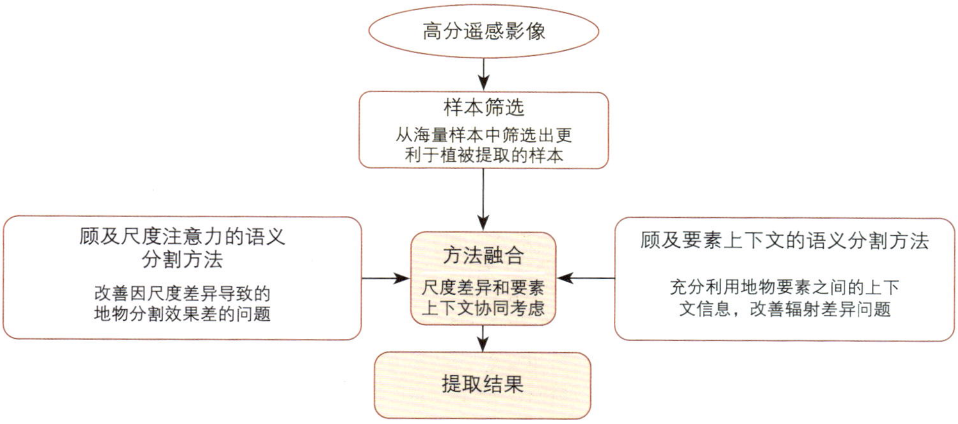

图 8.1　裸露土壤提取的技术路线

8.2　裸露土壤提取基础网络研究

8.2.1　高分辨率网络

Sun 等（2019）提出了高分辨率网络（High-Resolution Network, HRNet），最初 HRNet 应用于人体姿态估计，后来提出用于语义分割的 HRNet-V2 与用于目标检测的

HRNet-V2P，本节介绍的 HRNet 是用于语义分割的版本。深度学习的特征图在各种任务中分为两种表示方法，分别为高分辨率表示与低分辨率表示。低分辨率表示的特征图应用于图像分类任务，高分辨率表示特征图应用于语义分割、目标检测、姿态估计等任务。在语义分割任务中，要获得高分辨率表示特征图有两种方式，一是从经过VGG、ResNet等特征提取器后的低分辨率特征图步步上采样恢复高分辨率表示（FCN、U-Net、SegNet、RefineNet等），二是在高分辨率上通过卷积来保持，同时通过低分辨率表示来加强高分辨率表示（PSPNet、DeepLab 等）。HRNet 沿着第二种方式的思路，通过残差模块保持高分辨率上的特征且并行地在不同分辨率表示的特征图中重复进行高低级别语义信息融合来增强高分辨率表示特征图。由此产生的高分辨率表示可以兼顾语义分割 classification 和 localization 两方面的效果。图8.2是HRNet的网络结构示意图。

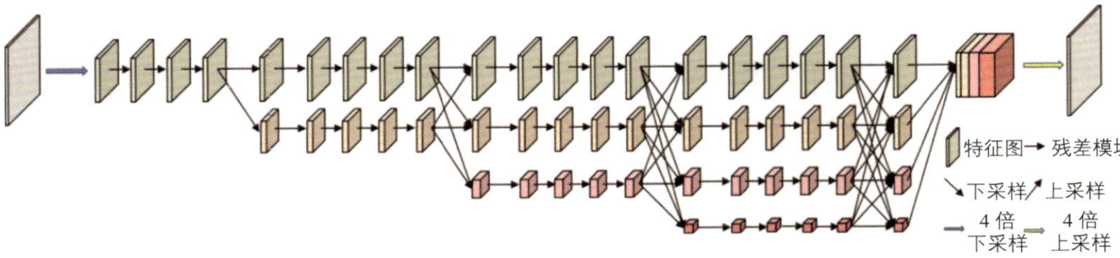

图 8.2　HRNet 网络结构示意图

如图8.2所示，输入图像先经过两次滑动步长为2的3×3卷积，如此下采样4倍，HRNet主线一直保持在原图像尺寸 1/4 大小的尺度上，以类似于ResNet的结构不断加深网络。总体来看，则是HRNet经过1~4种尺度的多分辨率块，图8.3是4种尺度的多分辨率块。

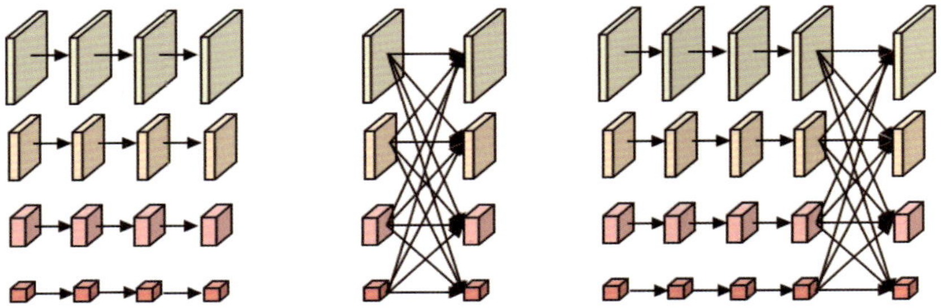

（a）分辨率群卷积　（b）多分辨率卷积　（c）多分辨率块

图 8.3　多分辨率块构成图

一个多分辨率块[图8.3（c）]由一个多分辨率群卷积[图8.3（a）]和一个多分辨率卷积[图8.3（b）]构成。多分辨率群卷积由多个残差模块构成，残差模块的数量以及特征图的通道可以调整。本节中设置为如图所示的每个多分辨率群卷积包含4 个残差模块。对于整个网络，1~4 种尺度的多分辨率块，各包含 1、1、4、3个，图8.3中 1~4 种尺度的多分辨率块每种只包含 1 个。经过多个多分辨率块之后得到 4 个不同尺度的特征图，将较小的3

个尺度的特征图统一上采样至原图像尺寸的 1/4 进行 concatenate 操作，再用卷积调整通道数，最后上采样恢复原图像尺寸。其中，在特征图融合与恢复尺寸时的上采样采用的是双线性上采样方法，特征图融合时采用的add方式。HRNet的特点如下：

（1）HRNet 采用在主线上一直保持高分辨率，以低分辨率表示特征图增强主线特征图的方式。参考了普通卷积的运算过程，在每一个多分辨率块上，以一种密集连接的方式将高分辨率低级语义信息的特征与低分辨率高级语义特征的信息融合，相对于普通卷积，计算量大大减少，也有效地实现了特征融合。这种方式使得特征的表达既强大又准确。

（2）HRNet网络规模灵活多变，多尺度分辨率融合的尺度数量、每个多分辨率块中残差模块的数量，多分辨率块每个尺度中特征图通道数，整个网络中包含的多分辨率块都可以根据不同的需求自由设置。

（3）HRNet的结构合理，经过实验，HRNet 不仅适用于人体姿态估计、目标检测等任务，且在不同的遥感语义分割数据集上都能发挥较好的效果。在HRNet的残差模块数、特征图通道数、多分辨率块数都设置成参数与运算量都比U-Net等网络小一个数量级时，仍然能发挥相当好的效果。HRNet 在计算机视觉的许多任务中取得了较好的效果，其科学的结构方便对各种实际需求加以调整，也可以用 HRNet 实现轻量的网络。而且，HRNet 的密集连接结构提供了一种高低级别语义信息融合的方式，可以在其他算法中应用以优化算法。

8.2.2 高低级别语义信息融合方法

从2014年开始，众多在语义分割公开数据集上获取当前最高精度网络算法的都是参考 FCN 的基本结构进行设计的。FCN具有典型的编解码结构，语义信息首先经过编码器被提取到特征图当中，然后由解码器利用语义信息来得出分割的结果。其中，编码器一般选择VGG、ResNet 等分类网络的一部分来做特征提取，解码器一般包含多个上采样的过程，以恢复分辨率到与输入图像相同。虽然图像经过特征提取器所得到的特征图中含有高级别的语义信息，在语义分割任务中，由这样的特征图得到的结果在精细程度上会受到分辨率的限制。针对以上问题，众多语义分割算法提出了各自的解决方案，以及高低级别语义信息融合的方法。U-Net 提出在每一个尺度上都进行一次跳跃连接的特征融合；SegNet 提出在每个尺度上都记下最大池化保存元素的位置，以反池化的方式上采样从而同时保持高分辨率的细节信息与高级别的语义信息；PSPNet在保持高分辨率的同时，以金字塔池化的方式获取各个感受野的高级别语义信息，再与高分辨率的特征图融合；DeepLab 的编码结构以 ASPP 获取不同感受野的高级别语义信息，再与高分辨率的解码结构融合；GCN（Graph Convolutional Network，图卷积神经网络）在 U-Net 的基础上，提出了以 $1\times k$，$k\times 1$ 的卷积核感受全局，以兼顾分类和定位的效果，但语义信息融合的方式与 U-Net 基本一样。

虽然以上算法在不同的数据集上表现良好，但是高低级别语义分割的方式仍然有待探究。高级别和低级别的特征图是天然互补的，低级别特征图含有丰富的空间信息而缺乏语义信息，反之亦然。若考虑最低级别的特征图，它只对最基本的特征，即点、线、边缘进行编码，如果只是直接将在这种特征图与高级别的特征图融合，由于最低级的特征图含有的语义信息级别太低，则不足以提供足够的语义指导。相对地，考虑最高级的特征图，这种特征图中含有高级的语义信息，内容十分抽象，如果直接与高分辨率特征融合，则最抽象的特征映射到最具体的边界轮廓中也不合理。

受到HRNet通过4个尺度之间特征图两两交互连接，融合相加的高低级别语义信息融合方式的启发。本节在GCN上也尝试引入类似多分辨率卷积的结构，以另一种方式实现特征融合，探索兼顾分辨率、语义信息、分类、定位融合方法，为方便比较，改进的算法称为高低级别语义信息融合网络（High and Low level semantic feature Fusion Network, HLFNet），图8.4是HLFNet的网络结构示意图。

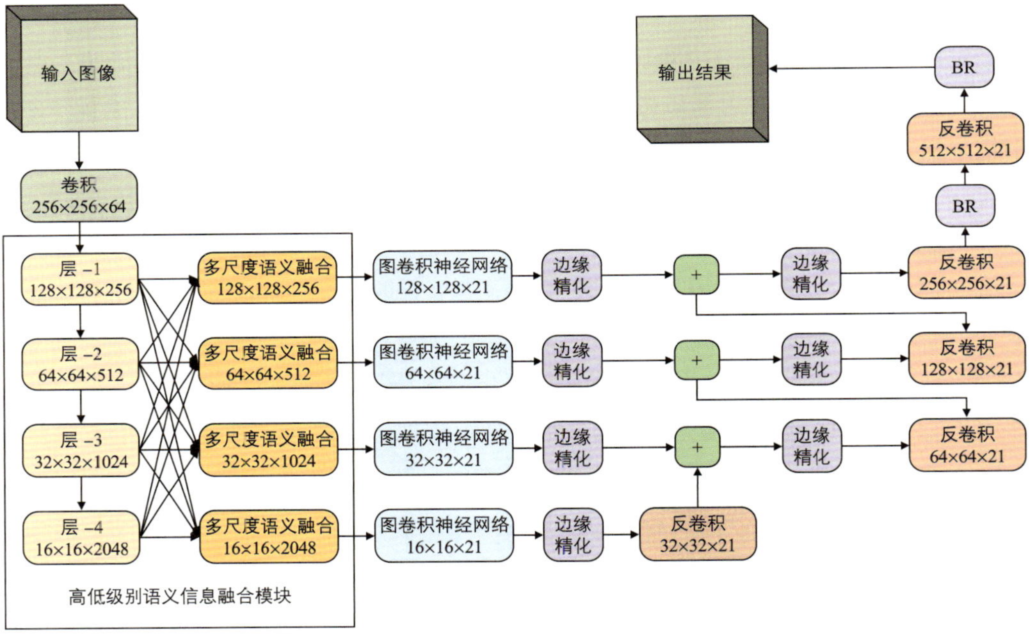

图 8.4 HLFNet 网络结构示意图

如图8.4所示，输入图像经过作为特征提取器的 ResNet，输出 4 个不同尺度的特征图，经过多尺度语义信息融合（Multiscale Semantic information Fusion, MSF）模块再输出 4 个不同尺度的特征。MSF 的结构示意图如图8.5所示。

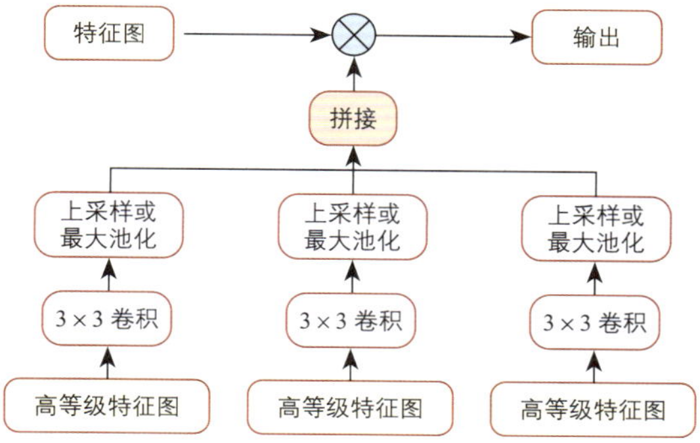

图 8.5 多尺度语义信息融合（MSF）示意图

MSF 要融合所有 4 个尺度的信息，因而设计了将其他 3 个尺度的特征图以最大池化或上采样的方式将分辨率变换到与当前尺度相同，且按一定的方式变化3 个尺度上特征图的通道数，使得 3 个特征图拼接之后的大小与当前尺度特征图完全一样，其中通道数基本按照 3 个从小到大尺度配置从小到大的通道数。拼接完成之后再与原特征图逐位置求乘积。

对 MSF 模块，考虑到一般的网络都要在高分辨率上保持特征图的尺度以低分辨率表示的特征图来辅助，且如果将最高分辨率最低级别语义信息特征图与最低分辨率最高语义信息特征图融合，则过于抽象的语义信息无法合理地映射到和边缘信息丰富的低级别语义信息上，即特征提取的最后一层太过抽象，每个位置代表的信息太模糊，若将前几层特征强行下采样然后与之每个位置对应相乘，则可能会对语义分割产生反效果。

HLFNet 的特点如下：

（1）HLFNet 受到 HRNet 的启发，认为类似于卷积计算过程的多尺度特征图密集连接融合方式有利于语义信息的合理融合，从而提高算法性能，在 GCN 的基础上添加了高低级别语义信息融合模块，融合的方式采用的是与 HRNet 逐点相加不同的逐点相乘，相乘的计算方式起到了类似特征图注意力的作用，可以让网络自适应地对特征图的每个位置的权重加以学习。

（2）HLFNet 设计了三种高低级别语义信息融合的方式，以此探究在类似于U-Net 的编解码对称，逐步上下采样的网络中，密集连接对遥感影像语义分割的效果是否比原来好，并对连接不同的密集程度对算法的影响加以比较。

HLFNet 是受到计算机视觉领域各种网络算法的启发，通过本节对语义分割算法特点以及对算法发展趋势的总结，按照可能有效的方向改进主流的语义分割算法，是在遥感影像语义分割公开数据集上做的一种尝试。它通过设计不同的模块并比较性能，在遥感数据集上寻求适合的网络结构。

8.2.2.1 对 HRNet 网络结构上的优化探索

HRNet 的特征提取是直接对输入图像进行两次滑动步长为 2 的 3×3 卷积，由此得到原始图像大小 1/4 的特征图。考虑到其他与 HRNet 一样以在高分辨率上通过卷积来保持，同时从通过低分辨率表示加强高分辨率方式来实现语义分割的网络算法来看，这些算法保持的高分辨率特征图都是原始图像经过 ResNet 等网络 1/4 下采样得到的，因而认为 HRNet 只有 2 次卷积下采样得到的特征图比较单薄，结构上选择将网络入口的下采样部分改用为 ResNet 4倍下采样后再加 ASPP，代替的特征提取下采样结构如图8.6所示。

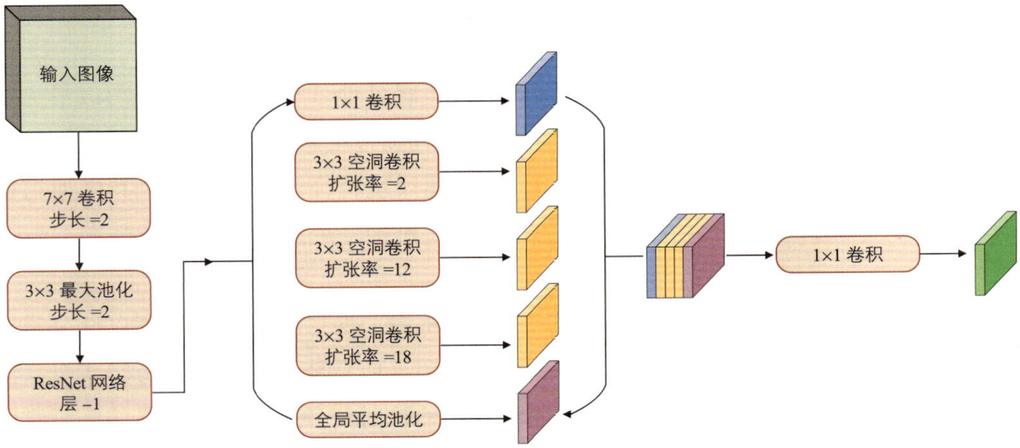

图 8.6 改进 HRNet 的 4 倍下采样结构

此处与 DeepLab 编码器的 16 倍下采样不同，运用了卷积核滑动步长为 2 的7×7 卷积做通用特征提取，之后经过同样步长的 3×3 最大池化，再经过 ResNet第一个尺度的残差模块，将得到的结果经过不同膨胀率的卷积核，拼接之后再用1×1 卷积调整通道数，再将结果输入到 HRNet 的主体中。

相比原来输入 HRNet 主体的特征图，以上特征图结合了全局和各种不同大小感受野的特征，虽然同样是原始图像 1/4 的大小，但是其中包含的信息更丰富、更合理。

8.2.2.2 对训练过程的优化

相对于遥感影像，总有一些因素会使得某些区域成为提取难度较高的区域，如高建筑物的阴影、被阴影遮挡的小物体、样本类别比例悬殊的小样本、类内差异大类间差距小的易混淆样本等。对于提取难度大的区域，在网络算法设计时总会针对某一种或几种影响因素用某种结构加以改进提取性能。但是对网络结构的优化一般只是针对一种或几种因素提出解决方案，没有提出对问题全局的方案。在此参考 Shrivastava 等（2016）提出的在线难样本挖掘（Online Hard Example Mining, OHEM）方法，对语义分割难样本提取问题进行探究。

OHEM 方法最先应用于目标检测任务中，双阶段目标检测算法存在冻结模型的阶段，而 OHEM 中的“在线”意为在网络的传播过程中实现难样本的挖掘。在原来目标检测的应用场景 Fast R-CNN 中，首先是原始图像经过 ResNet 等特征提取器得到特征图，将事先计算好的建议框（proposals）映射到特征图上经过RoI 池化，再将 RoI 池化的结果输入全连接层，求得各 proposal 的 Loss 值，之后对所得的各 Loss 值进行排序，排序再经过非极大值抑制（Non Maximum Suppression, NMS），根据 Loss 的排序，选取 Loss 值最大的前 *K* 个建议框在原来的 Fast R-CNN 反向传播，其他框的梯度设为 0，不继续参与传播。因为 OHEM需要对 Loss 值做出排序，只选取 *K* 个最大的继续传播，所以 OHEM 训练时适用于一个 batch 中图片数较小，而在一张图片中目标较多的情况。

由于 OHEM 方法的关键在于 Loss 的排序和前 *K* 个目标的选取，这种方法也同样适合于类似的任务。在语义分割中，可以把每个像素当成一个目标，因为Loss 值与神经网络算法输出的概率信息图和真值的差距有关，概率与真值差距越大，则该像素的 Loss 值越大，即该像素越难被正确分类，可以被定义为难分样本。所以 OHEM 方法很适用于 batch size 很小而一张图像中像素（目标）很多的情景。但是在语义分割中应用 OHEM 与目标检测应该不同，正常语义分割中每个像素都是参与反向传播的，而目标检测的建议框只覆盖了图中的一部分，且绝对数量比语义分割的像素数少得多。若将 *K* 值设得过小，则一次迭代中参与反向传播的只有一小部分，收敛速度极慢；若设得过大则一张图中很大比例都是困难样本，失去困难样本挖掘的意义，因此 *K* 值很难确定。在本节中，采用了先用普通的方式将算法训练至收敛，再将 *K* 值设为全像素的 1/10，用 OHEM 方法微调网络的方式，既避免了收敛慢的问题，又相对恰当地定义了困难样本。

8.2.2.3 实验与分析

本节实验采用的数据集 ISPRS 是为实现全自动提取二维图像中的物体，研究语义分割算法，解决图像中类内差异大而类间差异小的问题而发布的标准数据集，并以该标准数据集举办了一次语义分割算法竞赛。该数据为机载高分辨率影像数据集，包括高分辨率正射影像和与之对应的数字地表模型（Digital Surface Model, DSM）。数据包含两个地区的数据集，一是Vaihingen 小村庄，二是 Potsdam 城镇地区。这两个数据集以人工标注，分为不透水表面、建筑、低矮植被、树木、汽车、杂类或背景 6 类，这6 类标签的图例如表8.1所示。

表8.1 数据集类别对应颜色

编号/类别	颜色	类别/编号	颜色
0/不透水面		3/树木	
1/建筑		4/汽车	
2/低矮植被		5/背景	

其中杂类/背景包括操场、网球场、水体等，在全图中所占比例很小。

1）ISPRS Vaihingen 数据集

Vaihingen 是一个相对较小的村庄，有许多独立建筑和小型多层建筑。此数据集包括 33 张正射影像和对应的 DSM 数据，DSM 数据是通过与 Trimble INPHO 5.6 软件的密集图像匹配产生的，数据集图像平均大小为 2494 像素 × 2064 像素。正射影像和对应 DSM 的地面分辨率都为 9cm。正射影像包含了近红外、红色、绿色（NIR, R, G）3 个波段，图8.7 为其中一个例子。

（a）正射影像　（b）对应 DSM 数据　（c）语义分割真值

图 8.7　Vaihingen 数据示例

2）ISPRS Potsdam 数据集

Potsdam 是一个城市，该城市中包含大块建筑，狭窄的街道和密集的沉降结构。此数据集包括 38 张正射影像和对应的 DSM 数据，38 张影像大小均为6000 × 6000，正射影像和 DSM 的分辨率都为 5cm。正射影像中包含了红、绿、蓝、近红外（R, G, B, NIR）四个波段，图8.8为其中的一个例子。

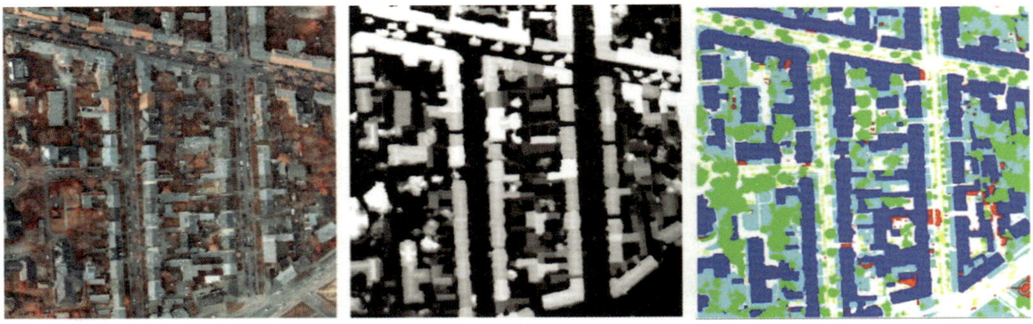

（a）正射影像　（b）对应 DSM 数据　（c）语义分割真值

图 8.8　Potsdam 数据示例

3）精度评定方法

评定精度是用本节深度学习算法提取出的结果与数据集给出的真值相比较，通过特定的计算方法，得出不同的指标。而且，为了减小不确定边界对精度评价的影响，对数据集真值的所有边缘都添加了宽度为 3 像素的缓冲区，在评价时忽略缓冲区部分的像素，添加缓冲区的效果如图8.9所示。

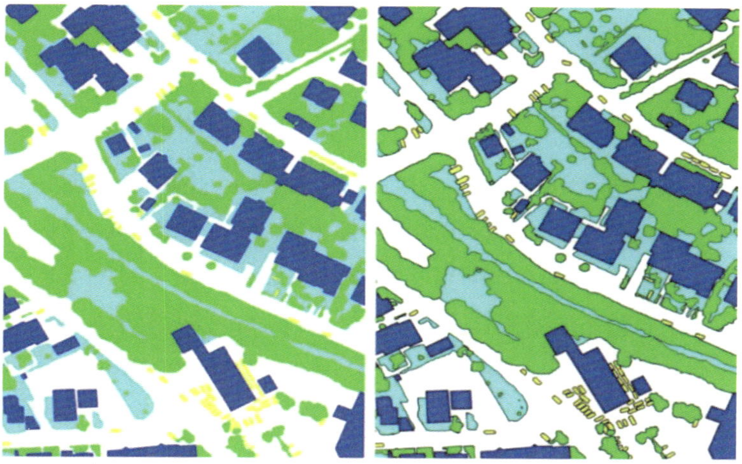

（a）添加缓冲区前　（b）添加缓冲区后

图 8.9　标签添加缓冲区效果示意图

其中，图8.9（a）为添加缓冲区前，图8.9（b）为添加缓冲区后。将算法提取结果与添加缓冲区后的标签比较，求得混淆矩阵。此处的混淆矩阵为每一行表示实际类的像素数，每一列代表预测类的像素数。首先计算最直白的评价指标像素精度（Pixel Accuracy, PA），即正确像素占总数的比例如式（8.1）所示。

$$\mathrm{PA}=\frac{\sum_{i=0}^{n}p_{ii}}{\sum_{i=0}^{n}\sum_{j=0}^{n}p_{ij}} \tag{8.1}$$

再定义真阳性（True Positive, TP），即混淆矩阵对角线上的元素；假阳性（False Positive, FP），即混淆矩阵不包括对角线元素的每列总和；假阴性（False Negative, FN），即混淆矩阵不包括对角线元素的每行总和。通过这三个定义计算精度（正确性）指标，如式（8.2）、式（8.3）所示。

$$\mathrm{Precision}=\frac{\mathrm{TP}}{\mathrm{TP}+\mathrm{FP}} \tag{8.2}$$

$$\mathrm{Recall}=\frac{\mathrm{TP}}{\mathrm{TP}+\mathrm{FN}} \tag{8.3}$$

F_1 分数，定义为精度和召回率的谐波均值如式（8.4）所示。

$$F_1=2\times\frac{\mathrm{Precision}\cdot\mathrm{Recall}}{\mathrm{Precision}+\mathrm{Recall}},\mathrm{mean}F_1=\frac{1}{n}\sum_{i=0}^{n}F_{1i} \tag{8.4}$$

平均交并比（mean Intersection over Union, mIoU）指标如式（8.5）所示。

$$\text{IoU}=\frac{\text{TP}}{\text{TP}+\text{FP}+\text{FN}},\text{mIoU}=\frac{1}{n}\sum_{i=0}^{n}\text{IoU}_i \tag{8.5}$$

4）实验设置介绍

对于 Vaihingen 数据集，选取 ID 为 1、3、5、7、13、17、21、23、26、32、37 共 11 张影像训练，选取ID 为 11、15、28、30、34 共 5 张影像作为测试集。对于 Potsdam 数据集，选择 ID 为 2_10、3_10、3_11、3_12、4_11、4_12、5_10、5_12、6_10、6_11、6_12、6_8、6_9、7_11、7_12、7_7、7_9 共 17 张影像作为训练集，选取 ID 为02_11、02_12、04_10、05_11、06_07、07_08、 07_10 共 7 张影像作为测试集。

在训练过程中，超参数的设置对网络的效果视不同的数据可能影响到2%~3%。如学习率，学习率过高则容易陷入局部最优，学习率太低则收敛耗时太长，精度也不一定高。经过多组实验，发现下述的参数设置能在 Vaihingen 数据集上取得较好的效果：学习率（learning rate）为 0.01，权值衰减（weight decay）为 0.0005，动量（momentum）为 0.9，对 Vaihingen 数据集迭代 400 个 epoch， 对 Potsdam 数据集迭代 250 个 epoch，批大小（batch size）设为 4×2。

其中，权值衰减是有关于正则化项的参数，为网络中所有参数的二范数加权，权值衰减越大，网络越稀疏，不容易过拟合但容易欠拟合；动量为与梯度下降有关的参数，动量越大，Loss 下降时收敛越快，但是容易波动；将各种算法在Vaihingen 数据集上都迭代 400 个 epoch 或在 Potsdam 数据集上迭代 250 个 epoch不一定表现最好，但相对比较合理。并且可以将迭代 400 个或 250 个 epoch 后的网络用小学习率进行微调；batch size 设为 4×2，即在两块 NVIDIA GeForce GTX1080Ti 显卡上每块训练 4 张影像，这样，则可在本节的实验中最大限度地利用这种型号的显卡。

（1）对 Vaihingen 数据集的实验。在对 Vaihingen 数据集的实验中，首先是本节提出的改进算法、各种主流语义分割算法、其他论文算法在此数据集上以同样训练测试集设置的结果总览，如表8.2所示，其中各类别的精度指标是F1分数。

表8.2 Vaihingen 数据集上的实验结果

模型名称	不透水面	建筑	低矮植被	树木	汽车	meanF1	mIoU	PA
FCN	88.67	92.83	76.32	86.67	74.21	83.74	72.69	86.51
U-Net	81.76	89.59	64.73	76.69	45.83	82.55	71.72	87.53
GCN	86.57	92.45	68.69	80.07	73.26	88.76	80.21	90.12
PSPNet	91.60	93.18	81.41	87.72	81.38	87.06	77.42	88.69
SegNet	91.69	95.32	80.33	88.25	74.91	86.10	76.34	89.10
DeepLab v3+	92.34	95.65	81.72	88.86	77.96	87.31	76.87	89.87
HRNet	92.63	96.02	82.11	89.01	87.22	89.40	81.16	90.22
HRNet+	92.71	96.15	82.19	89.10	87.11	89.45	81.28	90.27
HLFNet	92.82	96.35	82.40	88.78	90.07	90.08	82.28	90.33

表8.2所示，改进的 HRNet 和 HLFNet 的精度均在原来的基础上有所提升，其中 HLFNet 取得了同样条件下 Vaihingen 数据集上最高的精度，证明了受到主流语义分割算法的启发，提出的高低级别语义信息融合模块发挥了作用。图8.10是在 Vaihingen 数据集的一张完整影像上应用本节提及算法的效果图。

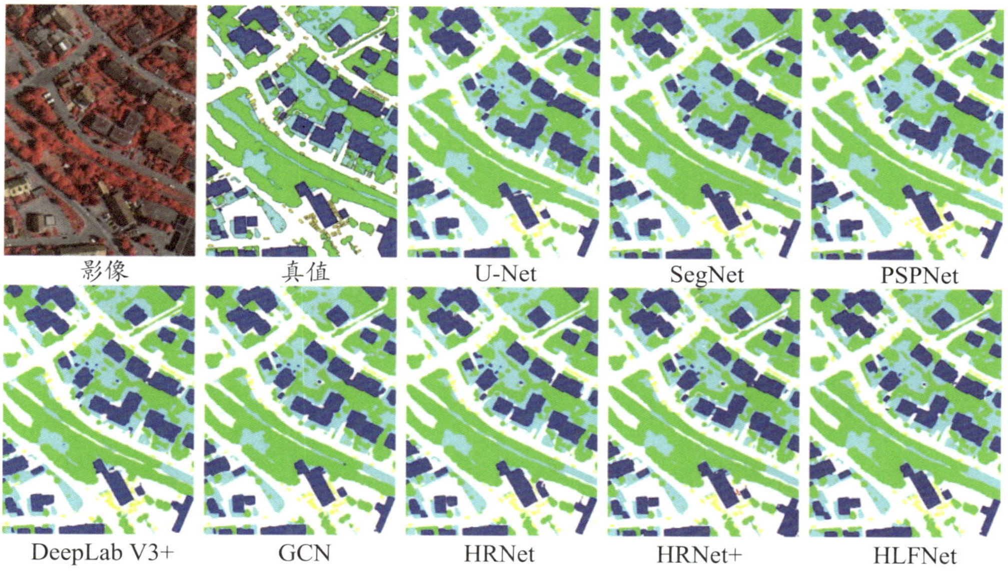

图 8.10 Vaihingen 数据集大范围效果示例

（2）对 Potsdam 数据集的实验。虽然 Vaihingen 和 Potsdam 同为遥感数据集，风格相近，但是 Potsdam 的数据量大约是 Vaihingen 的 10 倍，将本节所述的方法应用于 Potsdam 数据集，以此来探究相同算法应用在数据量不同的网络上的效果。表8.3即为本节提出的改进算法、各种主流语义分割算法、其他论文算法在 Potsdam 数据集上的结果总览。

表8.3 Potsdam 数据集上的实验结果

模型名称	不透水面	建筑	低矮植被	树木	汽车	杂类	meanF1	mIoU	PA
FCN	88.61	93.29	83.29	79.83	93.02	69.77	84.63	78.34	85.59
U-Net	89.60	92.33	85.72	81.73	89.52	74.42	85.61	77.99	86.83
GCN	89.62	93.72	85.40	82.90	88.40	74.44	85.75	78.82	87.17
PSPNet	90.74	94.24	87.15	81.61	92.23	78.83	87.45	80.21	88.22
SegNet	91.37	93.79	87.34	84.25	93.02	78.34	88.02	81.02	88.76
DeepLab v3+	90.99	94.65	86.91	82.61	92.61	79.49	87.88	80.91	88.47
HRNet	91.99	95.08	87.86	83.91	92.98	80.19	88.68	82.16	89.38

续表

模型名称	不透水面	建筑	低矮植被	树木	汽车	杂类	meanF1	mIoU	PA
HRNet+	92.10	95.14	88.01	84.23	93.16	80.78	88.91	82.40	89.55
HLFNet	91.70	94.34	87.39	84.29	92.83	78.73	88.21	81.32	88.90

如表8.3示，本节提出的算法在 Potsdam 数据集上表现良好，其中改进的HRNet 方法取得了同条件的最高精度，HLFNet 对比没有高低级别语义信息融合模块的 GCN，精度也提升了不少，再次证明了本节提出的改进是有效的。图8.11是在 Vaihingen 数据集的一张完整影像上应用本节提及算法的效果图。

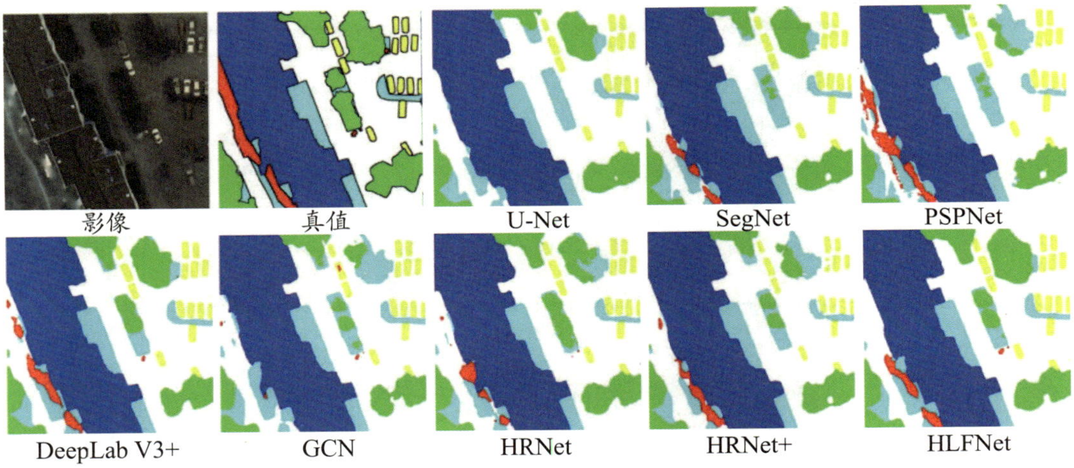

图 8.11　Potsdam 数据集 1024 × 1024 范围效果示例

以上是各种算法在 Potsdam 数据集上的表现及效果展示。由于含有密集连接的 HRNet 在两个数据集上都取得了不错的效果，本节则介绍对 HRNet 的改进在 Potsdam 数据集上的实验。表8.4是对 HRNet尝试进行改进的实验结果。

表8.4　针对 HRNet 的实验

模型名称	不透水面	建筑	低矮植被	树木	汽车	杂类	meanF1	mIoU	PA
HRNet	91.99	95.08	87.86	83.91	92.98	80.19	88.68	82.16	89.38
HRNet*	92.12	94.94	87.95	84.15	92.91	80.27	88.72	82.23	89.46
HRNet*+OHEM	92.10	95.15	88.01	84.23	93.16	80.78	88.91	82.40	89.55

表8.4针对 HRNet 的实验中，HRNet*表示下采样 4 倍更换成如图8.6的结构，HRNet*+OHEM表示更换结构之后利用 OHEM 方法加强对难样本的提取，可见对 HRNet 的改进在 Potsdam 数据集上发挥了较好的效果。

8.3 裸露土壤提取方法

8.3.1 顾及尺度注意力的信息融合网络

8.3.1.1 顾及尺度注意力的结果融合网络

2020年，NVIDIA团队的Tao 等（2020）提出了一种分层的注意力结构，并在自然影像语义分割数据集Cityscapes上取得了目前最好的成绩。该方法正是考虑到不同尺度的输入能够带来不同的分割结果，而且不同地物的最佳分割尺度并不相同，所以提出了一种多尺度预测结果自适应融合网络。本节首先将利用该方法在遥感影像地物要素提取上进行应用实验，以验证其思路在遥感影像上的有效性。该方法的网络结构如图8.12所示。

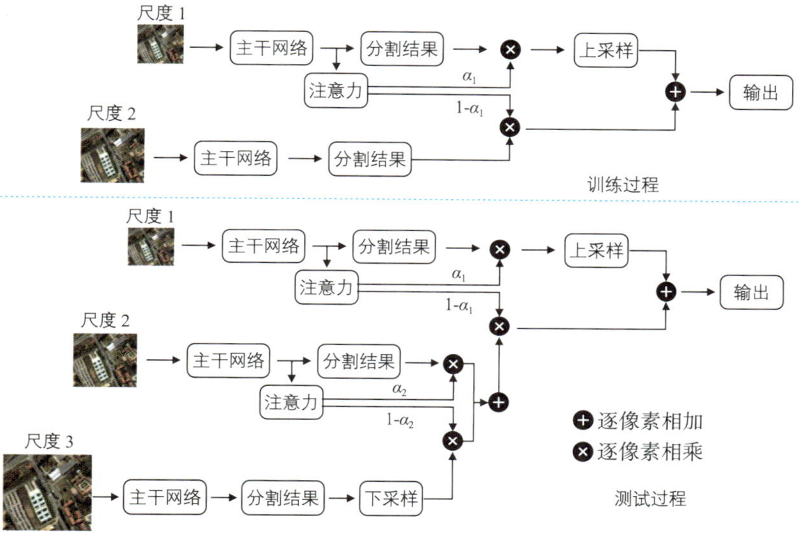

图 8.12 顾及尺度注意力的结果融合网络结构

为保证效果，骨架网络采用2019年微软亚洲研究院的 Sun 等（2019）提出的一种高分辨率并行的语义分割神经网络HRNet。与之前Unet、DeepLab系列网络结构先进行下采样，进行上采样的网络结构不同，为了进一步有效利用不同分辨率下的特征，减少下采样过程中的信息丢失，整个网络始终对不同分辨率的特征都进行计算。其网络结构如图8.13所示。

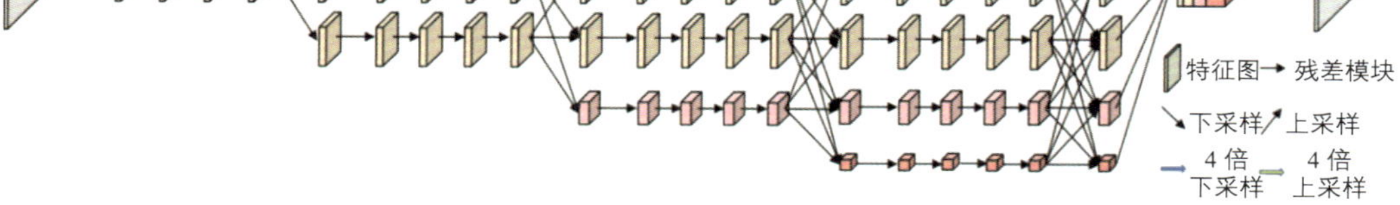

图 8.13 HRNet 网络结构

首先，在利用卷积操作进行四倍下采样后，开始进入HRNet的多分辨率分支。如网络结构所示，HRNet最多保持四个分辨率并行计算。与之前的语义分割网络通过池化操作来下采样不同，这里的下采样均是通过步长为2的3×3卷积来实现的，避免了下采样过程中的细节丢失，同时能够提升卷积核的感受野，获得更多的上下文信息。并且在网络不断进行深层特征提取的过程中，利用相加求和的方法，不断融合相同深度、相似水平的不同分辨率下的深层特征，充分融合高级语义信息和低级语义信息，既有密级信息又有全局信息，并且不丢失图像的细节信息，对多尺度的特征信息进行了有效的融合，能够更加有效地提高图像分辨率。HRNet还可以灵活地选择输出结果的尺寸，因此，可以灵活地应用在图像分类、图像语义分割、人体姿态估计等任务中，并且在上述任务均达到了先进水平，是语义分割任务领域的主流分割网络。

顾及尺度注意力的结果融合网络方法的整体技术流程为：

（1）利用目前前沿算法中的注意力机制，设计一个可学习的注意力模块，对于每个输入尺度，学习一个和预测结果尺寸相同的注意力图。

（2）将不同尺度的预测结果与其对应的注意力图逐像素相乘，得到该尺度下的预测结果对最终结果的响应值。

（3）不同尺度的结果之间再进行逐像素求和，从而得到最终融合结果。

该方法的优势是学习一个相邻尺度的相对关系作为注意力，而不是学习每个固定尺度的注意力。在网络进行训练时只采用两个相邻尺度的图片作为原始输入，得到两个相邻尺度的预测结果，经过尺度注意力模块加权融合。而在进行测试时，图像语义分割网络学习到的相邻尺度关系可以应用到多个相邻尺度中去。因为较低尺度，如0.5倍输入，具有更多的全局信息，因此优先考虑较低的尺度，然后逐步上升到较高的尺度，如2.0倍输入。

在注意力模块的设计细节上，NVIDIA团队是采用全卷积的形式来设计一个可学习的注意力模块。该模块由（3×3卷积）→（BN）→（ReLu）→（3×3卷积）→（BN）→（ReLu）→（1×1卷积）→（Sigmoid）组成。具体实现的流程如图8.14所示。

（1）由基础网络生成的深层特征，通过3×3卷积，在考虑局部像素关系的前提下，充分融合各通道间的特征。

（2）将新特征进行批归一化处理和非线性激活，使得新特征能有更好的泛化效果，并能够表达非线性的特征。

（3）重复步骤（2）的操作，并经过1×1卷积，充分融合不同通道上的特征，并把特征图的维度降低为单通道特征。

（4）利用Sigmoid激活函数将特征转换为0~1之间，用来表示每个尺度中每个像素点对最后结果的贡献大小，最终输出单个通道的注意力图。

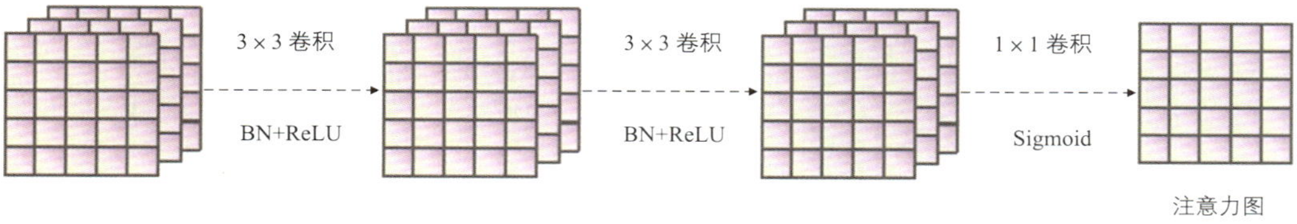

图 8.14 注意力模块结构

在训练过程中，输入图像通过一个参数r（$r = 0.5$表示进行下采样两倍，$r = 2$表示进行上采样两倍，$r = 1$表示不进行操作）来控制输入图像的尺度大小。首先，使用$r = 1$和$r = 0.5$的两幅不同尺度的图像输入到我们的基础网络，得到两个相邻尺度的预测结果，同时针对每个尺度得到一个尺寸相匹配的单通道的尺度注意力图，用来表示不同尺度结果对最终结果的贡献大小。该方法的整体流程如公式（8.6）所示。

$$L_{r=1} = \mu(L_{r=0.5} \times \alpha_{r=0.5}) + [1 - \mu(\alpha_{r=0.5}) \times L_{r=1}] \tag{8.6}$$

式中：L代表相应尺度的预测结果；μ表示双线性上采样；α表示对应尺度的注意力；×和+表示逐像素相乘和相加。

8.3.1.2 顾及尺度注意力的深层特征融合网络

在NVIDIA团队的Tao 等（2020）提出的分层注意力的启发下，我们将他们所提出的方法思路进一步拓展，探讨是否可以在不引入额外尺度的条件下，仅在特征提取阶段就可以增强图像对不同地物的优劣势尺度信息的表达。

在利用全卷积图像语义分割网络进行地物要素提取时，神经网络会通过卷积的形式对输入图像进行特征提取，通过不断堆叠卷积层和卷积个数来扩大感受野，从而使得神经网络能够提取出若干种深层特征。例如，Unet在上采样时通过拼接之前相应尺度的特征来实现多尺度特征的融合。Segnet在上采样时通过与之前相加求和融合不同尺度的特征。DeeplabV3+通过增加空洞金字塔池化（ASPP）结构进一步提高感受野的范围，融合多尺度信息。HRnet通过多个分辨率并行的方式，同时保留不同尺度的特征，实现对不同尺度的特征进行提取，同时，通过相加求和的方式不断融合各个尺度的特征。正如之前NVIDIA团队的Tao 等（2020）所提出的分层尺度注意力方法所阐述的那样，仅仅利用相加求和的方式来融合信息，必然会导致不同尺度的信息在进行融合时，由于优劣信息的相互抵消，造成有效的信息损失，无法高效保留最优特征。针对这一问题，我们对Tao 等（2020）提出的分层尺度注意力机制进一步修改和改进，提出了一种多尺度特征自适应融合模块，并将其应用到图像语义分割的特征融合阶段，提出了顾及尺度注意力的特征融合网络，网络结构如图8.15、图8.16所示。

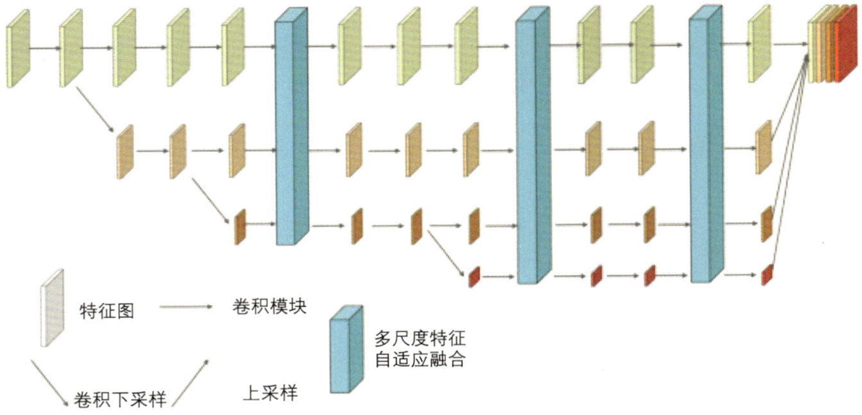

图 8.15　顾及尺度注意力的深层特征融合网络

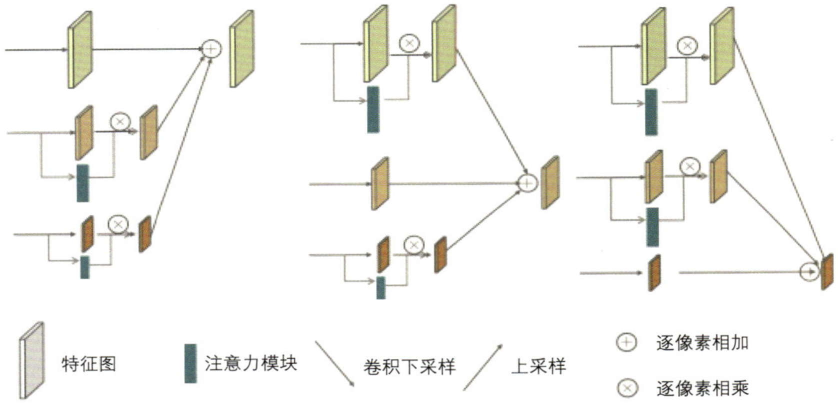

图 8.16　多尺度特征自适应融合模块

为保证实验效果的先进性，我们在语义分割领域最为先进的HRNet+OCR网络的基础上作出了改进。具体的方法流程为：

第一步，利用图像语义分割网络生成的不同尺度的深层特征，其中的下采样均是通过步长为2的3×3卷积来实现的，避免了下采样过程中的细节丢失，同时能够提升卷积核的感受野，获得更多的上下文信息。

第二步，结合目前研究前沿的注意力机制，对于每个尺度的深层特征，利用随机梯度下降优化算法学习一个与其相互对应的注意力图。

第三步，不同尺度的深层特征与其对应的注意力图通过先逐像素相乘，然后不同尺度之间再进行逐像素求和，从而得到最终融合结果。充分融合高级语义信息和低级语义信息，既有密集信息又有全局信息，并且不丢失图像的细节信息，对多尺度的特征信息进行有效融合。

HRNet中，多个尺度的特征是并行计算。考虑到每个尺度上都有一个基准特征，因此在进行特征融合的时候，我们完全保留基准特征，而对其余尺度上的特征进行加权融合，通过给不同尺度提取的深层特征赋予不同的权重，让网络自适应地学习到各类地物的优势特征。方法整体流程如公式（8.7）所示。

$$F_{r=1}=F_{r=1}+\mu_0(L_{r=0.5}\times\alpha_{r=0.5})+\mu_1(L_{r=0.25}\times\alpha_{r=0.25})+\cdots \tag{8.7}$$

式中：F代表对应尺度的深层特征；μ表示双线性上采样；α表示对应尺度的注意力；×和+表示逐像素相乘和相加。

8.3.2 顾及要素上下文关系的信息融合网络

8.3.2.1 顾及要素上下文关系的语义分割方法总体框架

Transformer是通过求取自注意力的形式，将原有的特征转换为包含自身不同位置相关关系的新特征，通过Transformer计算，能够让每个像素位置都与其他位置产生一定的相关关系，利用该方法先后在图像分类以及图像目标检测领域取得了不错的成绩。受Transoformer技术的启发，我们在要素层面进行相关性的计算，利用Transformer原理应用自相关技术来求取要素与要素之间的相关关系，从而表示要素类别之间的上下文关系。对原有OCRNet网络和Transformer结构进行改进，设计了一个要素上下文特征提取模块，并把这种要素类别上下文特征融合到已提取的网络深层特征中去，用来进一步约束粗分割结果，从而提出了一种顾及要素类别上下文关系的语义分割网络，使得网络能够在考虑同类型地物要素或者不同类型地物要素的相关关系基础上，更好地学习分割结果，解决因辐射差异导致的类内差异。网络整体结构和部分细节运算结构如图8.17所示。

为保证实验结果的先进性，我们选用目前最先进的图像语义分割网络HRNet作为基础网络。总体算法流程如下：

（1）利用HRNet生成粗分割结果和深层特征。粗分割结果是通过交叉熵损失函数做约束的，在经过Softmax激活函数后，结果会以类似one-hot的编码形式表示图像中每个像素位置的类别。深层特征则是由网络利用卷积不断提取出的特征，用以代表图像的高维信息。

（2）将粗分割结果与深层特征先进行尺寸变换，转换为二维矩阵，二者再进行点积运算，深层特征与粗分割结果对应的通道中，只有属于该类别的信息被保留，不属于该类别的信息被抛弃，从而得到每个类别的要素中心的特征，用以表示每个地物类别的总体特征。

（3）将要素类中心特征与深层特征进行矩阵乘法，通过点积的形式求取深层特征中每个像素位置与每个要素类中心的相似度，得到所有像素位置与所有类中心的相似性，能够表示深层特征中的每个位置大概率属于哪一个类别。

（4）利用Transformer中的自注意力方法，将各个要素的要素中心特征利用点积的方式，求取各个要素中心之间的相关性，从而得到各个要素之间的相关关系。同时，在列方

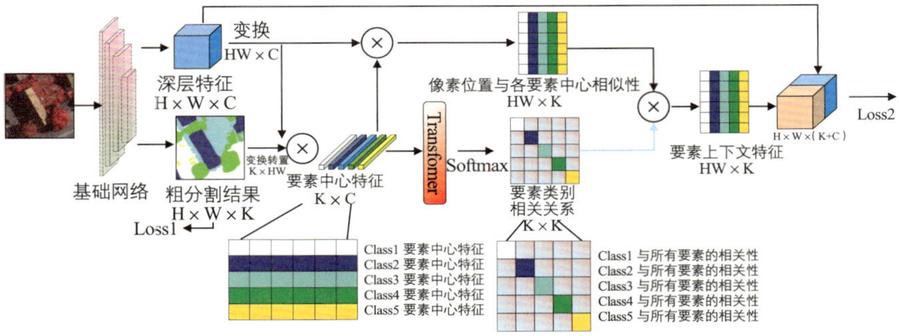

图 8.17　要素上下文信息融合网络

向利用Softmax激活函数将要素之间的相关关系转换为0~1之间的概率值，得到最终的要素类别之间的相关关系。

（5）通过点积方式，将要素间的相关关系融入要素类别的判断中去，在保留最相似的类中心特征的基础上，将其他要素之间的相关关系也考虑进去，利用要素间的上下文信息进一步改善原有要素中心深层特征的类别，得到顾及要素相关性的新特征，并和之前生成的深层特征拼接生成顾及要素上下文的特征。

（6）对粗分割结果和顾及要素上下文的特征分别和标签计算损失，进行反向传播，联合约束分割结果。

8.3.2.2　联合约束

在经过上述一系列特征提取后，我们得到了顾及要素上下文的特征。将该特征进一步提取和融合，得到最后待分类特征cls_out。然后利用交叉熵损失函数求取损失。值得注意的是，我们对粗分割结果aux_out和最后的cls_out特征同时进行约束，其中，cls_out特征是由粗分割结果aux_out经过一系列转换得到，那么在反向传播的过程中，两个损失函数都会对粗分割结果进行约束，使得粗分割更加精确，求取的要素中心特征就更具有要素的全局代表性。损失函数如式（8.8）、式（8.9）、式（8.10）、式（8.11）所示。

$$\text{cls\_out} = \text{Transform}(\text{aux\_out}) \tag{8.8}$$

$$\text{Loss1} = \text{CE}(\text{aux\_out}, \text{label}) \tag{8.9}$$

$$\text{Loss2} = \text{CE}(\text{cls\_out}, \text{label}) \tag{8.10}$$

$$\text{Loss} = \alpha \text{Loss1} + \text{Loss2} \tag{8.11}$$

式中：α取值为0.4，与OCRNet方法的取值相同；CE代表多分类交叉熵损失函数（Cross Entropy）；aux_out代表粗分割结果；cls_out代表顾及要素上下文特征的待分类结果；Transform代表利用粗分割结果求取要素上下文信息。

8.3.3　方法融合

在进行裸露土壤提取时，我们将两种方法在网络结构层面进行融合，从而设计一个顾及要素上下文信息与尺度注意力的特征融合网络。具体实现方式为：将顾及尺度注意力的特征融合网络作为骨干网络，利用该网络进行深层特征提取以及粗分割结果生成。将顾及尺度注意力的特征融合网络提取的深层特征与生成的粗分割输入到顾及要素上下文的语义分割网络模块中去，用以计算要素之间的上下文关系。

按以上方法生成的新型网络，既能自适应地选择多尺度的特征，也能顾及要素之间的上下文关系，有效地改善了因尺度差异造成的大面积或者小尺度地物的错误分类和因辐射差异造成的地物类型之间存在的类内差距过大，以及类间相似问题。总体网络结构如图8.18所示。

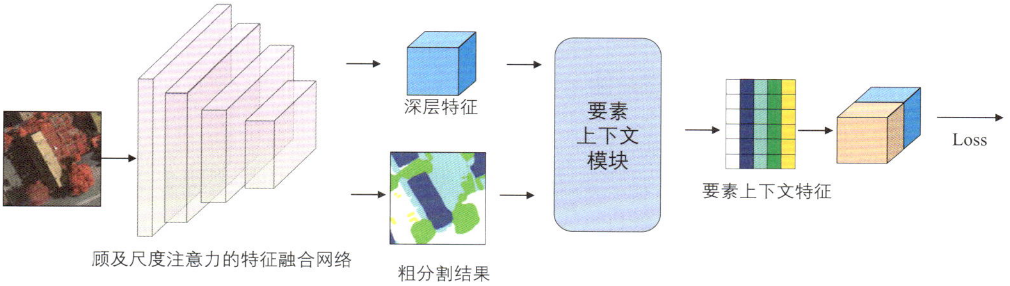

图 8.18 整体网络结构

8.3.4 数据集介绍

为验证本节提出方法的有效性，我们在两个不同数量级的数据集上分别进行了实验。本节利用的两种数据集包括：ISPRS Vaihingen数据集和第二届全国人工智能大赛遥感地物分类赛道数据集。ISPRS Vaihingen 数据集与8.2.2.3相同。第二届全国人工智能大赛数据集依据现有的遥感地物分类要求，结合现有的地物分类实际需求，参照地理国情监测、“第三次全国国土调查”等既有地物分类标准，依据遥感地物“所见即所得”原则，共包含一级地类8种，二级子地类17种。数据包含10万张已经裁剪好的红绿蓝三波段的256×256大小的数据。其中包含的数据来源于不同卫星，包括0.1~4m分辨率的高分一、二、六号，高景二号，北京二号，以及部分航空等数据源的可见光、多光谱载荷图像。

8.3.5 实验环境介绍

本节实验所采用的机器配置如下：英特尔Core i7处理器，Nvidia GeForce RTX3090显卡。其中处理器为2.9GHz八核，显卡为24G显存。

本节实验所采用的软件环境如下：计算机操作系统为 Ubuntu 20.04，64 位 Linux 操作系统，CUDA11.0 GPU 运算平台搭配CuDNN 加速框架。本节实验采用python3.6的编程环境，采用pytorch1.7作为本节的神经网络框架。同时，实验中还利用opencv、gdal、pil等库函数对数据进行了预处理。

8.3.6 评价指标

为准确评价本节所提出方法的有效性和性能效果，我们选用语义分割领域常用的平均交并比（mIoU）作为本节各项实验的评价指标。其中，mIoU的计算方式如式（8.12）所示。

$$\text{mIoU}=\frac{1}{K}\sum_{i=0}^{k}\frac{p_{ii}}{\sum_{j=0}^{k}p_{ij}+\sum_{j=0}^{k}p_{ji}-p_{ii}} \tag{8.12}$$

式中：K是类别个数；p_{ij}表示真实值为i，被预测为j的数量，即被预测为假负的数量；p_{ii}是真实值为i，被预测为i的数量，即被预测正确的数量；p_{ji}则真实值为j，被预测为i的数量，即被预测为假正的数量。相比于准确率（accuracy）、精确率（precision）、召回率（recall），mIoU能够更好地表示预测正确的结果在预测结果和真值中所占的比例。

8.3.7 语义分割实验

为了证明本书所提出的两种方法的有效性，我们在两个公开数据集上进行实验，为保证实验的可复现性以及结果的可靠性，本节在实验方面固定了随机种子，从而消除实验过程中的随机性，具体包括数据预处理方面的随机增强、随机裁剪、随机缩放和网络权重初始化阶段的随机初始化以及训练数据过程中在均衡采样阶段的随机采样。在固定了随机种子后，所有实验中的随机化数值均相同，并且各种方法在神经网络的超参数设置，优化器选择，损失函数的选用，学习率下降策略，批处理大小，最大训练次数上均相同。

在训练过程中，超参数的设置如下：均采用HRnet+OCR在imagenet数据集上的预训练结果作为网络初始权重。均采用SGD优化器，初始学习率为0.1，学习率调整策为Poly策略。同时应用动量法，动量设置为0.9。损失函数采用多分类交叉熵，最大迭代次数为90个epoch。ISPRS数据集Batchsize设置为8，第二届全国人工智能大赛数据集Batchsize设置为32。

ISPRS数据集所包含的数据量相对来说较少，总共为33张大小不同的影像数据。本节的训练测试集的设置与Maggiori 等（2017）、Sherrah 等（2016）的论文一致。选取 ID 为 1、3、5、7、13、17、21、23、26、32、37 共 11 张影像训练，选取ID 为 11、15、28、30、34 共 5 张影像作为测试集。

在图片输入网络之前，我们将上述数据通过随机裁剪和随机翻转的方法，将数据集进行数据增强，训练集生成了1000张512 × 512大小的图像，生成了测试集500张图像。采用近红外，绿色，红色三波段作为图像输入。采用目前计算机视觉领域最先进的HRnet+OCR网络结构的训练结果作为Baseline。通过实验，并且与Baseline做对比，得到实验结果如下（表8.5；图8.19，图8.20，图8.21）。

表8.5　ISPRS数据集实验结果

类别	Baseline	Net1	Net2	Net3	Net4
不透水表面	75.02	77.4	76.41	76.54	77.18
建筑物	80.97	83.47	82.36	82.76	83.37
低矮植被	56.1	59.52	57.64	58.11	58.64
树木	69.94	73.4	72.16	71.55	72.21
汽车	49	50.84	49.66	48.01	52.74
mIoU	66.21	68.93	67.65	67.40	68.83

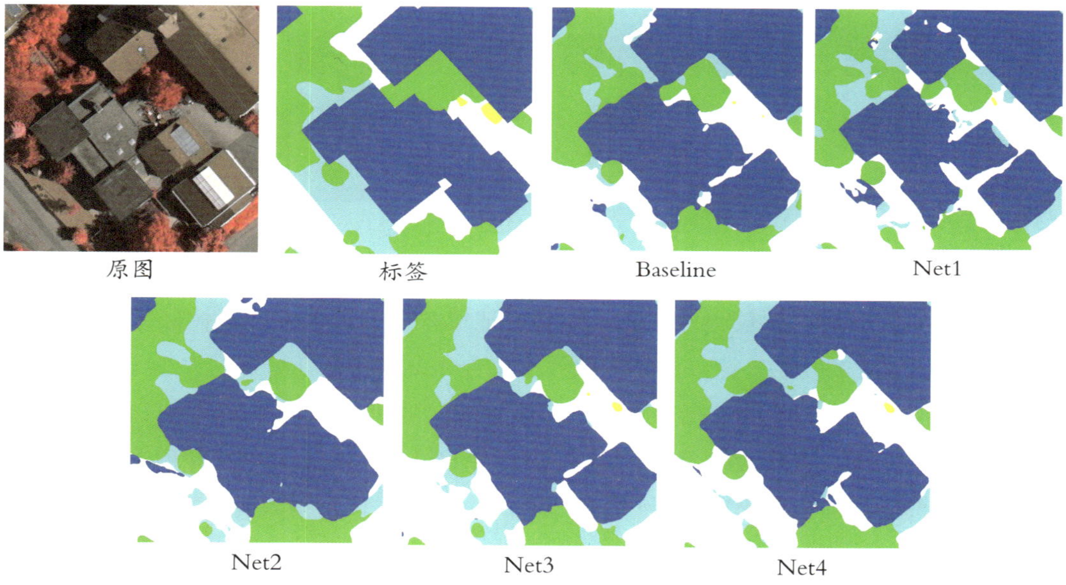

图 8.19　方法结果对比示意图一

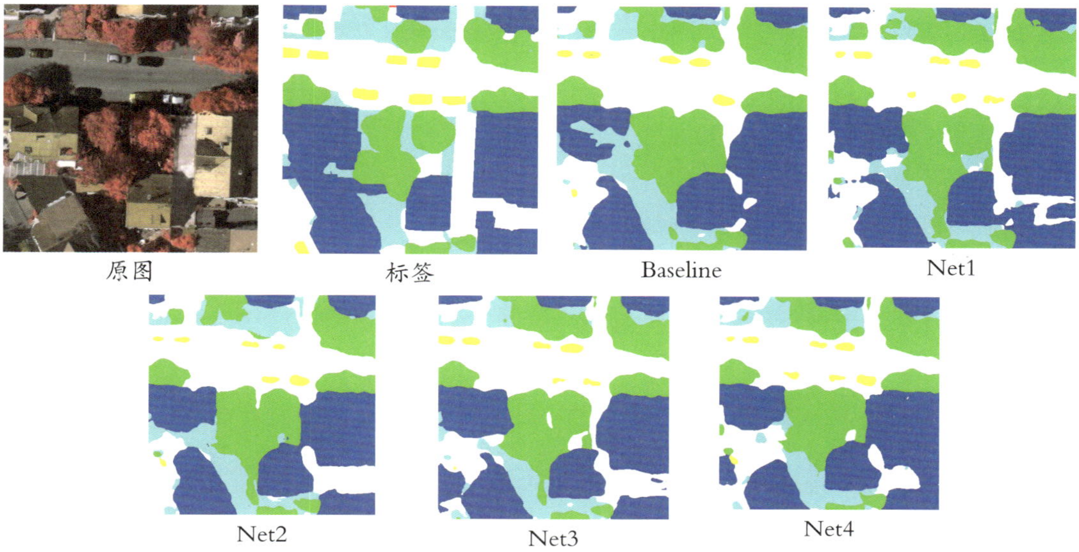

图 8.20　方法结果对比示意图二

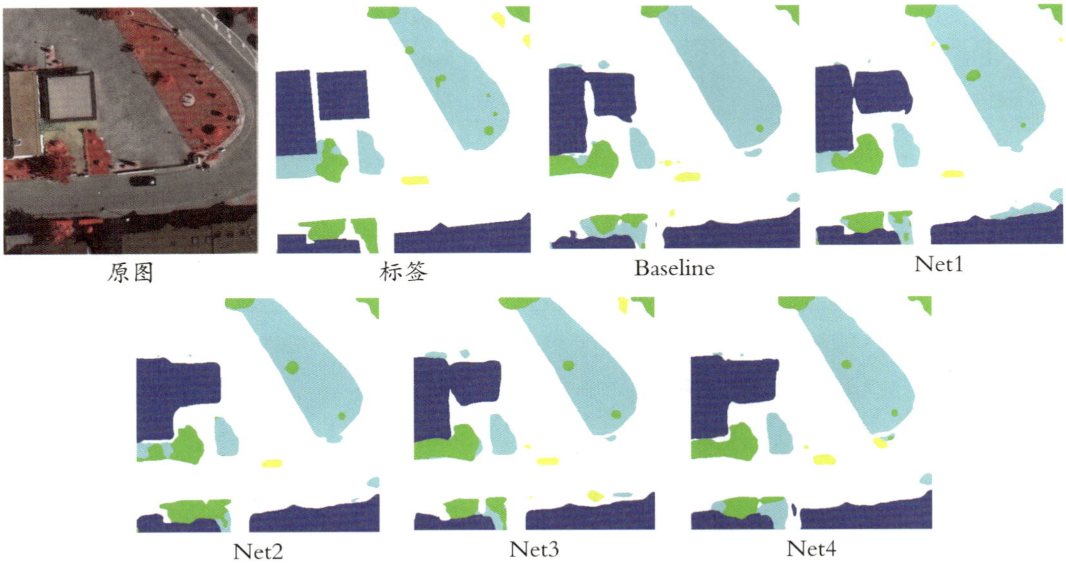

图 8.21　方法结果对比示意图三

因该数据集中数据量较小，因此不能很好地反映我们方法的优越性，第二个数据集更能证明我们方法的效果。该数据集中的数据包含10万张已经裁剪好的大小为256 × 256的数据，因此没有做进一步的数据增强。本节实验通过随机选取的方式，随机选取其中5万张影像作为训练集，随机选取其中1万张影像作为验证集。与上一个实验内容相同，选取HRnet+OCR网络的训练结果作为我们实验的Baselin，实验结果如表8.6所示。

表8.6　第二届全国人工智能大赛数据集实验结果

类别	Baseline	Net1	Net2	Net3	Net4
水体	75.78	75.86	75.46	76.01	76.28
道路	69.13	70.38	71.03	71.06	71.22
建筑物	79.81	81.68	80.96	81.35	81.33
停车场	70.7	70.99	73.25	73.18	73.21
操场	61.02	64.18	65.19	67.48	71.81
普通耕地	81.99	82.84	82.61	82.63	82.76
农业大棚	75.38	77.07	75.88	76.37	76.26
自然草地	52.4	54.21	54.76	54.3	54.16
绿地绿化	57.69	57.78	60.51	60.4	59.87
自然林	66.11	66.71	67.67	67.31	67.59
人工林	54.26	54.89	56.4	55.52	56.34
自然裸土	63.22	59.70	65.36	64.36	64.25
人为裸土	58.8	60.14	61.8	63.06	62.59
其他	40.77	42.35	41.73	42.68	42.03
mIoU	64.79	65.63	66.61	66.84	67.12

部分实验结果如图8.22、图8.23、图8.24所示。

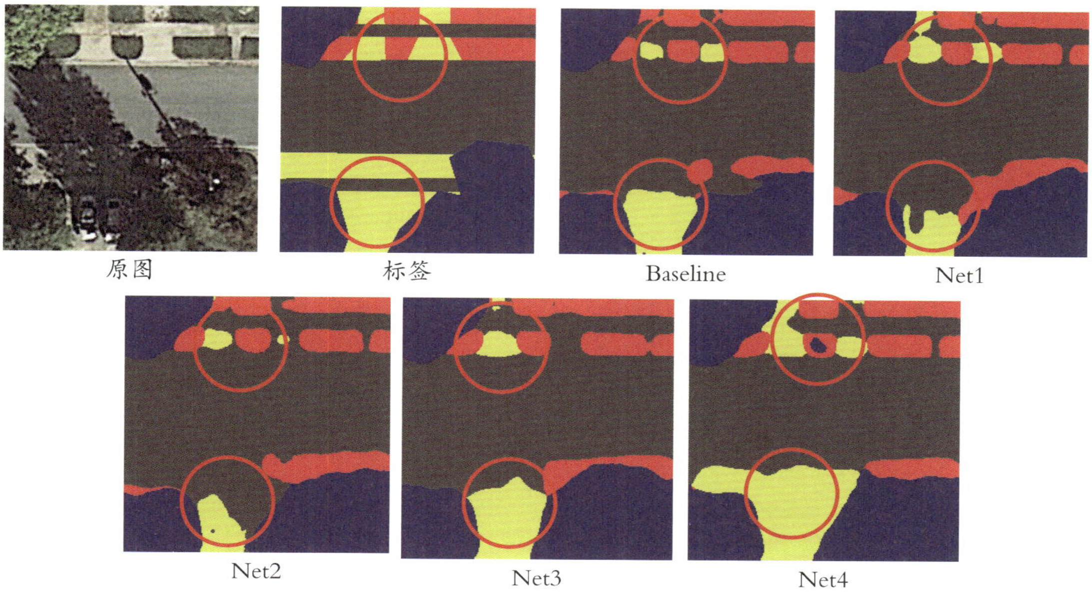

图 8.22　方法结果对比示意图一

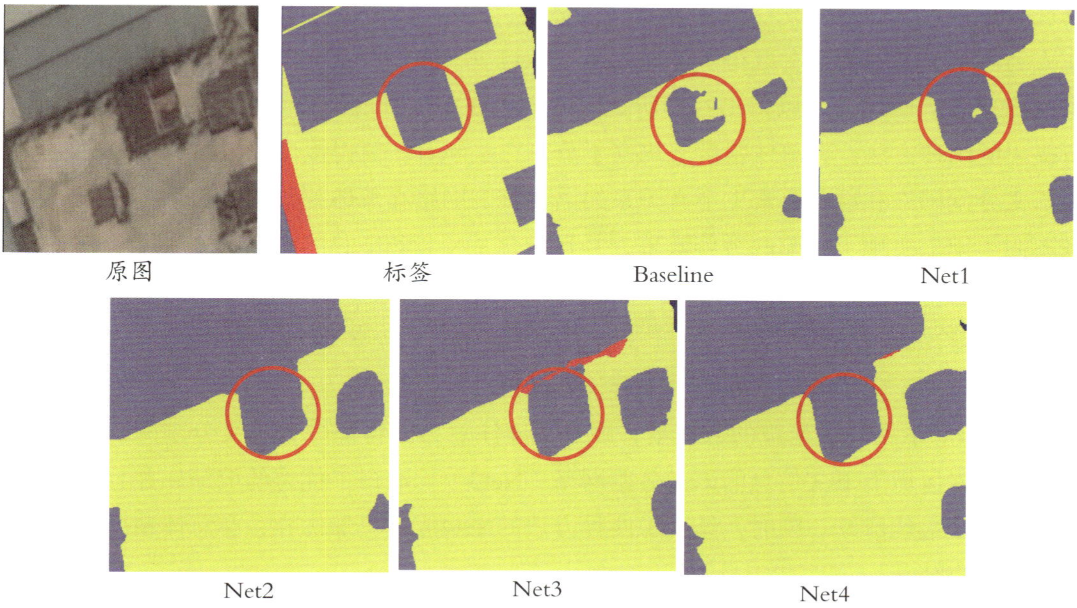

图 8.23　方法结果对比示意图二

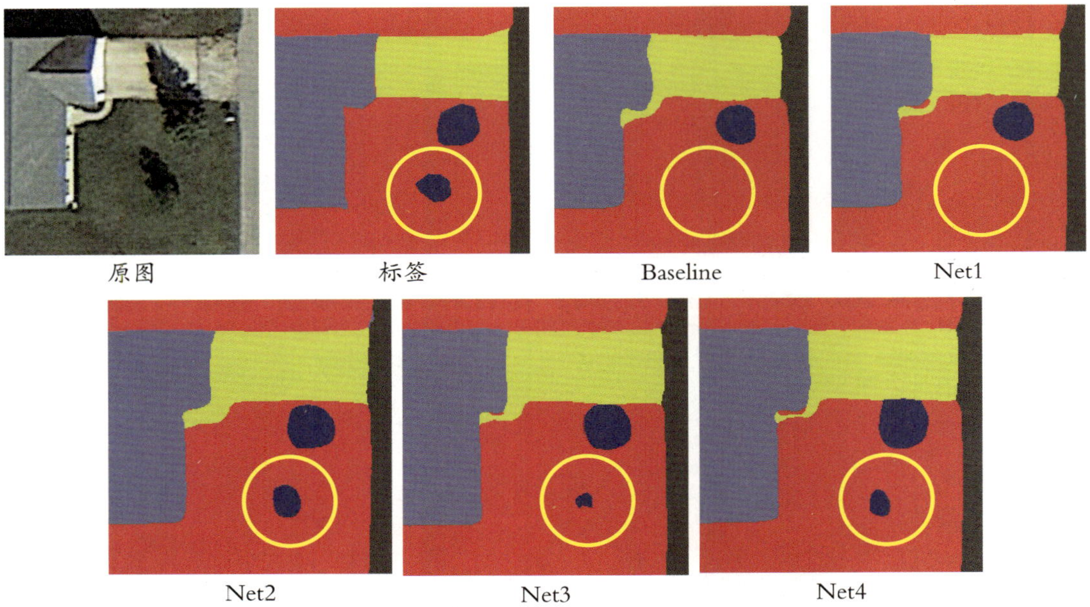

图 8.24　方法结果对比示意图三

Net1、Net2、Net3、Net4的表示均与上一实验相同。通过实验结果，我们可以更加清楚地看出，Net1在建筑物、普通耕地、农业大棚三个类别上取得了最佳成绩；Net2在停车场、自然草地、绿地绿化、自然林、人工林、自然裸土6个类别上取得了最佳成绩；Net3在人为裸土和其他类别上取得了最佳成绩；Net4在水体、道路、操场以及总体精度上取得了最优成绩。由此，可以得出我们所提出的方法在整体性能上要远高于Baseline。并且，所提出的两种方法，在总体精度上均高于分割方法Net1。值得提出的是，顾及尺度注意力的语义分割网络和顾及要素上下文关系的语义分割网络在总体评价指标上均高于Net1，均在不同类别上实现了目前的最佳效果，并且结合了Net2和Net3的Net4方法取得了更加优异的成绩。

8.3.8　实验结果分析

从以上两个数据集的实验结果来看，可以得出以下结论：

（1）对于不同数量级的数据集，顾及尺度注意力的特征融合语义分割网络（Net2）和顾及要素区域上下文信息的语义分割网络（Net3）均取得了优秀的成绩，并且针对不同类别达到了最佳成绩。同时，结合了两种方法的Net4成绩更加优异，在总体精度上取得了目前最好成绩。

（2）顾及尺度注意力的特征融合语义分割网络（Net2），在一定程度上解决了在特征融合阶段，因为不同尺度特征仅仅通过简单相加求和来融合多尺度信息所导致的细节丢失，预测结果错误的问题。并且，在不引入额外尺度信息的基础上，有效地增强了语义分割网络对不同地物在优势尺度上特征的提取融合能力。如图8.23、图8.24，对人工林类别的提取有了很大的改善。

（3）顾及要素区域上下文信息的语义分割网络（Net3），改善了因辐射差异而导致的类内差异和类间相似问题，能够求取要素类别之间的相关关系，并且把要素之间的相关关系融合到网络深层特征中去，从而，使得语义分割网络能够更好地考虑类别与类别间的相关关系，增强语义分割网络对地物要素互相之间共生关系的理解。

（4）在不同数量级的数据集、不同标注标准的真值以及不同输入通道、不同输入分辨率的情况下，我们的方法均取得了优异成绩，体现了其优异性、前瞻性和鲁棒性。

（5）我们发现，在ISPRS Vaihingen 数据集上，Net1的表现要远高于我们所提出的两个方法（Net2和Net3）以及融合方法（Net4）。说明，在图像分辨率较高且标注质量高的情况下，引入额外尺度的输入信息进行多尺度预测结果自适应融合能够取得更好的效果。同时，我们也可以得出，在图像分辨率不高且数据集标注质量不是很好的情况下，我们所提出的顾及尺度注意力的特征融合语义分割网络（Net2）和顾及要素上下文信息的语义分割网络（Net3）能够取得更好的效果。

（6）从第五条结论出发，在数据集规模较大，标注精度不高的时候。充分利用多尺度的特征信息比充分利用多尺度预测结果更加有效。

（7）顾及要素上下文的语义分割方法（Net3）和顾及尺度注意力的特征融合语义分割网络（Net2）在作用机制上互不干扰，并且两种方法能够互相促进，相互改善，从而提升总体精度。

8.4 提取结果输出

8.4.1 网络模型预测结果拼接

深度学习方法训练和测试的影像尺寸具有一定的限制，由于遥感影像尺寸通常是室内/室外影像尺寸的3~4倍甚至更大，因此需要额外的裁切和拼接步骤，才能获取最终全分辨率的分割预测结果。

顾及设备显存的限制，在训练以及预测时，均无法将整景遥感影像，直接输入至神经网络，需将HRRSI（High Resolution Remote Sensing Images）数据集裁减为符合网络训练输入影像尺寸要求的训练样本和标签斑块影像数据集。在使用神经网络进行要素提取的时候，每次只能得到输入斑块大小的预测结果。为保证获取最终整幅卫星影像的典型要素提取结果，需要将裁切好的斑块影像对应的预测结果，按照一定的原则进行拼接。

考虑到神经网络的预测结果，无法保证绝对的正确性，因此将预测影像裁剪为网络训练输入尺寸大小时，应该保留一定重叠度。但是在影像拼接时，重叠区域提取结果存在互相矛盾的情况，从而在最终拼接位置处，容易出现拼接斑块的效应。此时需设置一个优先级列表，在两幅甚至多幅影像的重叠区域，按照优先级列表的排序，决定重叠区域使用哪一幅影像的提取结果。

实际预测的裁剪后的小影像，一般中心部位的预测精度较高，边缘部分预测精度较低，故拼接成完整的大影像时，在某些小影像边缘，会有较为明显的拼接缝，因此采取以下两种方法，处理上述拼接缝问题。

（1）选取小影像的中心部分。由于小影像中心的预测精度较高，可以在预测前，选择一定的重叠执行裁剪，以便于拼接时，只选取影像中心的合适尺寸的部分，进行拼接，以减弱拼接缝现象。

（2）选取滑动窗口，重合部分采用概率图投票方式。在预测前取一定步长，进行滑动窗口裁剪，输出对应的概率图，在拼接成大影像时，对概率图重叠部分进行投票处理，对于重合的几张概率图，通过综合分析确定是否为裸露土壤。

8.4.2 裸露土壤提取结果后处理

为了成图规范，我们以《基础地理信息1:10000地形要素数据规范》（GB/T 33462—2016）、《基础地理信息1:50000地形要素数据规范》（GB/T 33183—2016）等为参考，滤去提取结果中一些面积未达成图要求的区域。

8.4.3 背景掩模遮盖

遥感影像存在背景部分，在提取各种自然资源要素时，会将背景部分一并输入到神经网络中，有时会将背景部分错提。为保证背景部分的准确率，可以制作背景掩膜，获取提取结果后，再进行掩膜覆盖的操作，以解决背景部分错提的问题。

掩膜的作用是保留图上感兴趣的部分，去除不感兴趣的部分。具体来说，生成一幅与原图尺寸一致的图像，感兴趣的部分设置为1，不感兴趣的部分设置为0，最后与原图执行像素级的乘法，获取覆盖掩膜后的图像。

对于遥感影像的背景部分，其特点为各通道上，像素值之和为0，因此通过这个特点，制作背景部分值为0，其余部分值为1的背景掩膜，最后与提取结果执行像素级的乘法，获取掩膜覆盖后的提取结果。

8.4.4 栅格结果矢量化

为便于各要素合并成图展示，以及对计算精度进行精度评价，需要将提取的栅格结果，转为矢量结果。通过GDAL库函数或者借助ARCGIS/ERDAS等遥感软件，进行矢量化操作。

8.5 裸露土壤提取实验结果与分析

8.5.1 裸露土壤数据集

8.5.1.1 大面积裸露土壤数据集

由BJ-1、ZY3、GF-1、GF-2等卫星四波段影像组成，其中ZY3卫星影像分辨率为2m，GF-2卫星影像分辨率为0.8m，均为多光谱和全色融合影像，影像选自国内各个地区。数据集影像约23万张，随机选取19.8万张作为训练集，2000张作为验证集，3万张作为测试集。

8.5.1.2 ZY3与GF-2卫星影像裸露土壤数据集

由ZY3卫星与GF-2卫星四波段影像组成，ZY3卫星影像分辨率为2m，GF-2卫星影像分辨率为0.8m，均为多光谱和全色融合影像，影像选自国内各个地区。数据集影像约24万张，随机选取19.8万张作为训练集，2000张作为验证集，4万张为测试集。

8.5.2 精度评价方式

（1）使用TP（True Positive）表示预测正确的类别，TN（True Negative）表示预测正确的背景；FP（False Positive）表示预测错误的类别，FN（False negative）表示预测错误的背景；则预测正确的数量占预测总数的比例Precision为$\frac{P_{ii}}{\sum_{j=1}^{n} P_{ij}}$，预测正确的数量占实际总数的比例Recall表示为$\frac{P_{ii}}{\sum_{i=1}^{n} P_{ij}}$。

（2）使用P_{ii}表示预测为i类实际为i类的像素数量，P_{ij}表示预测为i类实际为j类的像素数量，则$\sum_{i=1}^{n} P_{ij}$表示为实际为j类的像素总和，$\sum_{j=1}^{n} P_{ij}$表示为预测为i类的像素总和。预测正确的数量占预测总数的比例 Precision表示为$\frac{\mathrm{TP}}{\mathrm{TP}+\mathrm{FP}}$，预测正确的数量占实际总数的比例Recall表示为$\frac{\mathrm{TP}}{\mathrm{TP}+\mathrm{FN}}$。

8.5.3 实验结果与分析

8.5.3.1 模型一

使用实验数据集，数据量23万，数据来源为BJ-1、GF-2、ZY3等卫星，其中训练集19.8万，验证集2000，测试集3万；使用尺度自适应和要素上下文融合方法，分13类（背景、耕地、园地、林地、草地、道路、建筑、水体、构筑物、裸露土壤、地形、堆掘地、地理单元）进行训练。

该模型对实验数据集中2000验证集精度评价如表8.7所示。

表8.7 尺度自适应和要素上下文融合方法的裸露土壤提取整体精度（2000验证集）

指标	裸露土壤
精确率	0.9954
召回率	0.9614

预测影像示例如图8.25、图8.26所示。

（a）裸露土壤真值一　（b）模型预测结果一　（c）原始影像一

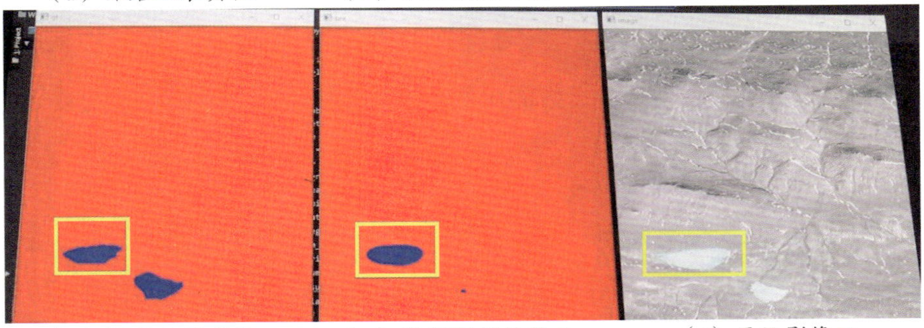

（d）裸露土壤真值二　（e）模型预测结果二　（f）原始影像二

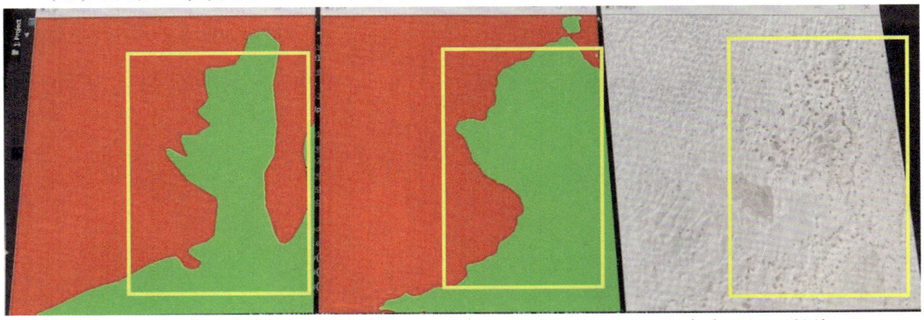

（g）裸露土壤真值三　（h）模型预测结果三　（i）原始影像三

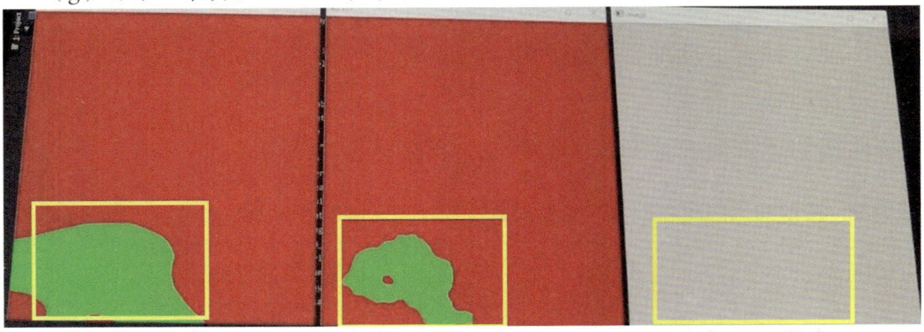

（j）裸露土壤真值四　（k）模型预测结果四　（l）原始影像四

图 8.25　裸露土壤提取模型（预测正确示例）

（黑色为背景，红色为裸露土壤，绿色为植被，蓝色为水体；从左到右依次为真值、预测和影像；方框中为明显提取正确或错误的地区）

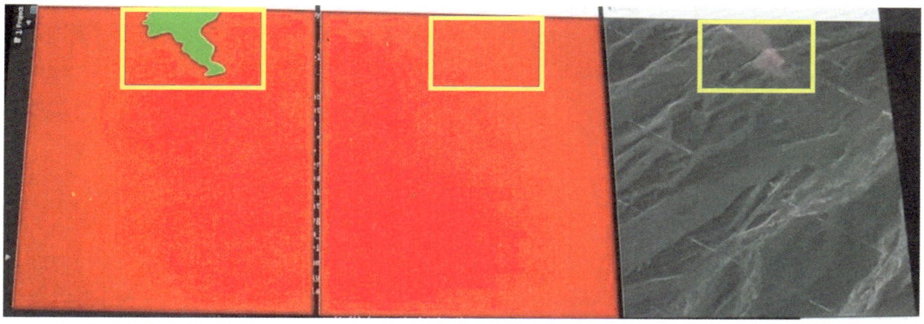

（a）裸露土壤真值一　（b）模型预测结果一　（c）原始影像一

（d）裸露土壤真值二　（e）模型预测结果二　（f）原始影像二

（g）裸露土壤真值三　（h）模型预测结果三　（i）原始影像三

（j）裸露土壤真值四　（k）模型预测结果四　（l）原始影像四

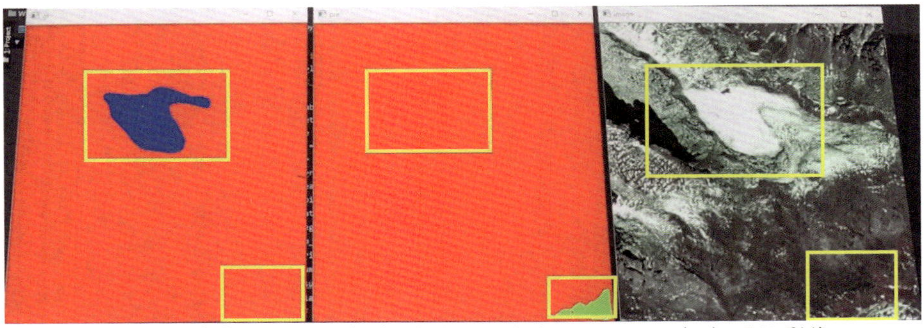

（m）裸露土壤真值五　　（n）模型预测结果五　　（o）原始影像五

图 8.26　裸露土壤提取模型（预测错误示例）

（黑色为背景，红色为裸露土壤，绿色为植被，蓝色为水体；从左到右依次为真值、预测和影像；方框中为明显提取正确或错误的地区）

由提取效果可知，由于数据筛选使得训练集中基本上都是大面积裸露土壤，显然精度极高，对于大面积裸露土壤的提取有一定效果，但是细看实验结果很容易发现，网络为了提高精度，倾向于将影像全部预测为裸露土壤（对于植被、水域特征的学习不够）。因此还需要完善数据筛选方式，让网络尽量学习植被、水体特征。同时该数据集可以考虑作为裸露土壤二级类的实验训练集。

该模型对实验数据集中3万验证集精度评价如表8.8所示。

表8.8　尺度自适应和要素上下文融合方法的裸露土壤提取整体精度（3万验证集）

指标	裸露土壤
精确率	0.9951
召回率	0.9583

8.5.3.2　模型二

使用实验数据集，数据量23万，数据来源为BJ-1、GF-2、ZY3等卫星，其中训练集19.8万，验证集2000，测试集3万；使用边缘约束方法，分13类（背景、耕地、园地、林地、草地、道路、建筑、水体、构筑物、裸露土壤、地形、堆掘地、地理单元）进行训练。

该模型对实验数据集中2000验证集精度评价如表8.9所示。

表8.9　边缘约束方法的裸露土壤提取整体精度（2000验证集）

指标	裸露土壤
精确率	0.9981
召回率	0.9580

预测影像示例如图8.27、图8.28所示。

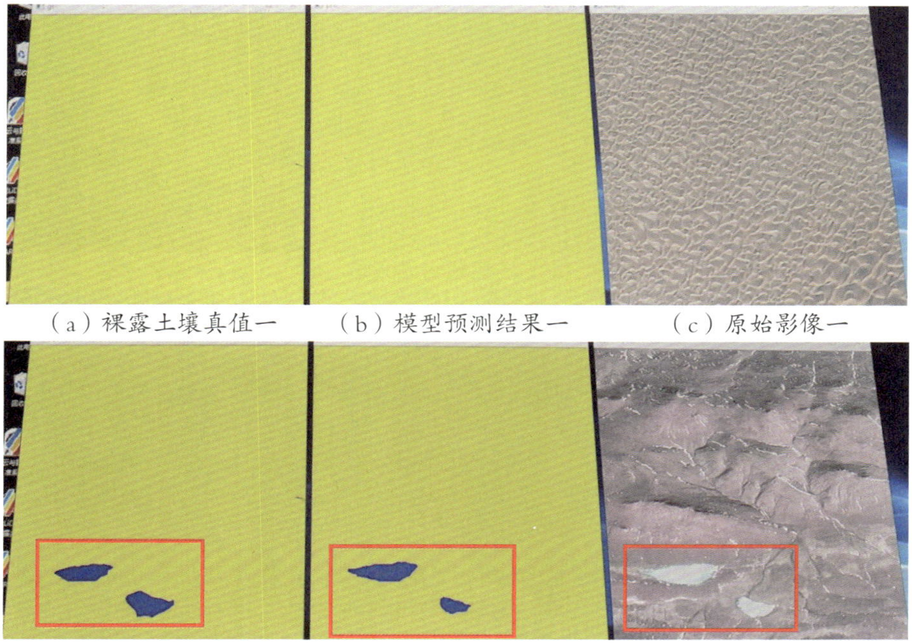

（a）裸露土壤真值一　（b）模型预测结果一　（c）原始影像一

（d）裸露土壤真值二　（e）模型预测结果二　（f）原始影像二

图 8.27　裸露土壤提取模型二预测正确示例

（黑色为背景，黄色为裸露土壤，绿色为植被，蓝色为水体；从左到右依次为真值、预测和影像；方框中为明显提取正确或错误的地区）

（a）裸露土壤真值一　（b）模型预测结果一　（c）原始影像一

图 8.28　裸露土壤提取模型二预测错误示例

（黑色为背景，黄色为裸露土壤，绿色为植被，蓝色为水体；从左到右依次为真值、预测和影像；方框中为明显提取正确或错误的地区）

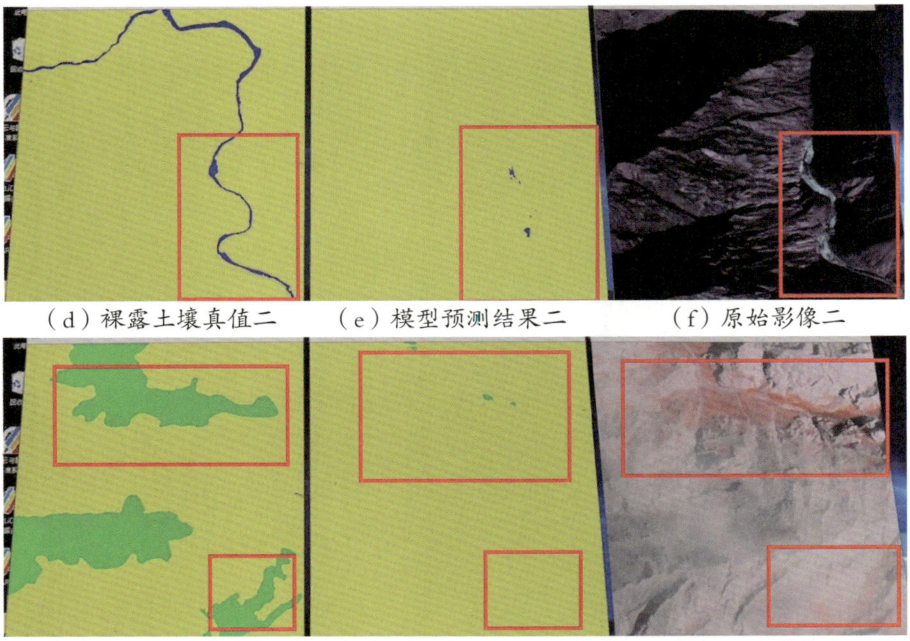

（d）裸露土壤真值二　（e）模型预测结果二　（f）原始影像二

（g）裸露土壤真值三　（h）模型预测结果三　（i）原始影像三

图 8.28　裸露土壤提取模型二预测错误示例

（黑色为背景，黄色为裸露土壤，绿色为植被，蓝色为水体；从左到右依次为真值、预测和影像；方框中为明显提取正确或错误的地区）

第九章

变化监测及特定目标智能提取方法

9.1 复杂特征自然资源要素变化自动提取技术

复杂特征自然资源要素变化自动提取基于多源多时相卫星影像数据，采用深度学习卷积神经网络开展变化提取。生产中时序影像存在多对多的空间匹配关系，使得自然资源要素变化组合后特征复杂，同时变化目标尺度多变，部分变化目标较小，出现数据稀疏问题，需要针对性地构建要素变化自动提取模型，并建立全链路的自然资源要素变化自动提取技术体系。

9.1.1 面向复杂特征要素变化自动提取的卷积神经网络构建

自然资源要素变化提取面临要素变化多样、前后期影像特征复杂等问题，需要针对性地构建复杂尺度特征卷积神经网络，主要采用的构建技术包括以下几种。

9.1.1.1 扩张卷积

针对目标多尺度的特性，采用扩张的卷积核可以指数级地扩大感受野而不丢失分辨率。扩张卷积是常规的利用上采样滤波器的方法，扩张率控制着上采样因子，如图9.1所示，堆叠的以1为扩张率的扩张卷积使得感受野呈现指数级的增长，而滤波器的参数保持线性增长。这意味着扩张卷积可以在任意分辨率图片上高效地提取密集特征。采用越来越大的各种扩张率结合，使得模型具有更大的感受野，同时不增添额外的消耗，也不会过度地对特征映射进行下采样。从而有效地提取目标特征，并保证效率。

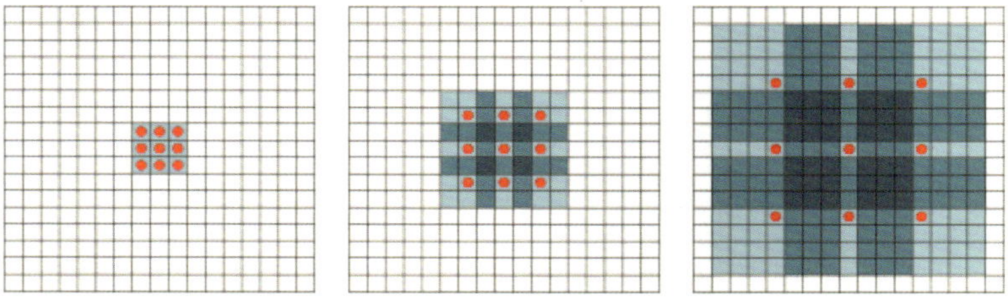

（a）1-dilated　　（b）2-dilated　　（c）3-dilated

图 9.1　不同扩张率的扩张卷积滤波器

[（a）中扩张率为1，每个单元有3×3的感受野；（b）中扩张率为2，每个单元有7×7的感受野；（c）中扩张率为3，每个单元有15×15的感受野]

9.1.1.2 条件随机场

卷积神经网络结构内在的空间转化不变性限制了其应用到分割问题上的准确率（尤其是其在空间位置上的准确性）。调优分割架构的输出并强化其捕捉细粒度信息的一个通用办法就是引入条件随机场（CRF）作为其后处理模块。CRF可结合底层图像信息与多类别推理类别标签，这种结合对于捕捉上下文信息尤其重要，这也是关注于局部细节的CNN所未能考虑到的。

设X与Y是随机变量，$P(Y|X)$是在给定X的条件下Y的条件概率分布。若随机变量Y构成一个由无向图$G=(V,E)$表示的马尔可夫随机场，如式（9.1）所示。

$$P\left(Y_v|X，Y_w，w\neq v\right)=P\left(Y_v|X，Y_w，w\sim v\right) \tag{9.1}$$

对任意结点v成立，则称条件概率分布 $P(Y|X)$为条件随机场。式中，$w\sim v$表示在图G =(V,E)中与结点v有边连接的所有结点w，$w\neq v$表示结点v以外的所有结点，Y_u，Y_u与 Y_w为结点v，u与w对应的随机变量。

条件随机场的参数化形式。设$P(Y|X)$为线性链条件随机场，则在随机变量X取值为x的条件下，随机变量Y取值为y的条件概率如式（9.2）所示：

$$P_{(y|x)}=\frac{1}{Z_{(x)}}exp\left[\sum_{i,k}\lambda_k t_k\left(y_{i-1},y_i,x,i\right)+\sum_{i,l}\mu_l s_l\left(y_i,y_i,x,i\right)\right] \tag{9.2}$$

其中，Z（x）是规范化因子，如式（9.3）所示：

$$Z_{(x)}=\sum_{y}exp\left[\sum_{i,k}\lambda_k t_k\left(y_{i-1},y_i,x,i\right)+\sum_{i,l}\mu_l s_l\left(y_i,y_i,x,i\right)\right] \tag{9.3}$$

式中：t_k 是定义在边上的特征函数，称为转移特征，依赖于当前和前一个位置；s_l 是定义在结点上的特征函数，称为状态特征，依赖于当前位置；λ_k，μ_l 是 t_k，s_l 对应的权值；特征函数 t_k，s_l 取值为1或0：当满足特征条件时取值为1，否则为0。

9.1.1.3　多尺度预测

为了提高模型精度，模型中采用整合上下文知识的多尺度信息，要素变化需要考虑到多期影像的复杂特征，选用不同特性的网络进行预测，并组合最终结果。卷积神经网络中即使非常相似的架构也会对输入图像的像素数量产生较大的影响，而这关系到每个特征映射，使得滤波器将会潜在地检测特定尺度的特征。另外，网络的参数一般都与要解决的问题息息相关，也使得模型向不同尺度的扩展变得更难。因此，使用多尺度网络成为一种可能的解决方案。同时选用多个处理不同尺度的网络，最后将他们的预测结果结合，产生最终输出。

9.1.2　变化自动提取生产流程构建技术

自然资源要素变化监测需要构建全流程高自动化的变化提取生产技术流程，包括任务规划、影像镶嵌配对、变化图斑提取、面向对象去伪、属性计算、矢量化、成果质检与归档。技术流程如图9.2所示。

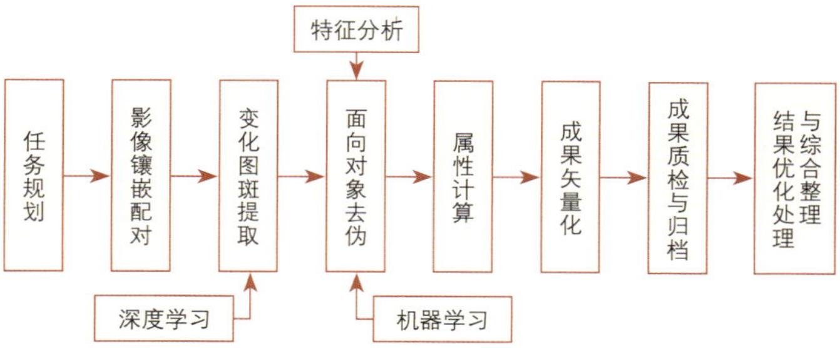

图 9.2　变化自动提取生产关键技术流程

9.1.2.1 任务规划

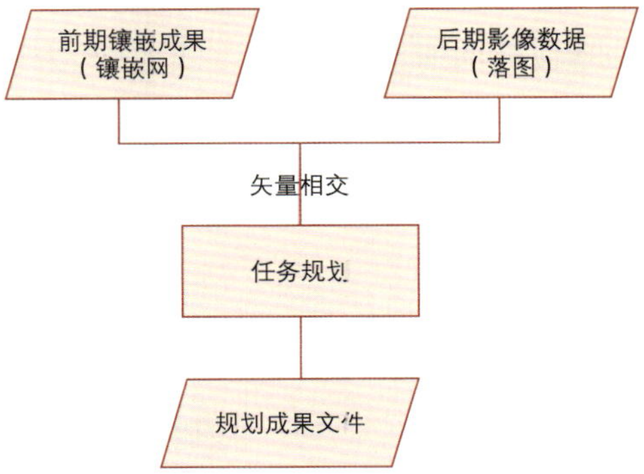

图 9.3 任务规划实现流程图

面向生产任务重、任务区复杂、数据类型多等问题，考虑两期影像的地理位置关系，充分融合运用遥感技术、地理信息技术、计算机技术等，构建任务规划功能，实现对多任务区、多类型文件的任务数据批量优选。任务规划将后期影像范围文件（落图）与前期影像范围（镶嵌网）进行相交任务规划，实现对所需任务数据的快速筛选和管理，支持要素快速变化自动提取等工程化高效运行，主要实现流程如图9.3所示。

9.1.2.2 影像快速镶嵌与两期匹配

为快速实现两期影像的高效匹配，保证两期影像范围相同，需要结合任务规划文件中记录的两期影像信息，采用关联影像匹配、快速镶嵌等技术，实现前期影像的快速镶嵌，为开展变化监测提供地理范围一致的遥感影像。影像镶嵌主要依据任务规划文件确定两期影像的关联关系、多幅影像间的重叠关系，根据新时期影像范围对前期影像进行镶嵌，从而保证两期影像范围一致。主要实现流程如图9.4所示。

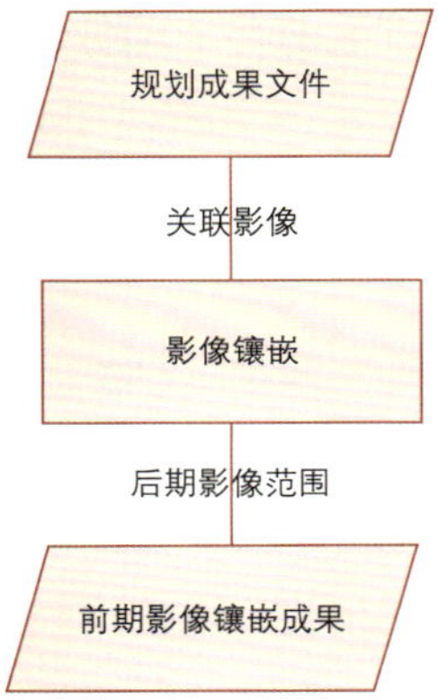

图 9.4 影像快速镶嵌实现流程图

9.1.2.3 面向对象去伪

针对深度学习提取结果需要进行伪提取图斑去除。去伪需要结合提取要素特点及提取结果特点进行定制化设置。例如新增变化图斑提取的目的是提取新增建/构筑物、新增推填土、新增现状地物等，在后时相影像上应表现为建筑物、推填土或线状地物，故应具备较弱的植被指数信息和较强的建筑物特征信息；与此同时，通过前后时相影像在数据源、辐射差异、色彩差异等问题，进而导致伪提取，去伪模块引进时序影像对比统计策略，利用关键特征因子进行相似性判断，相似性较强的作为伪图斑进行去除。

面向要素变化自动提取图斑去伪的处理流程如图9.5所示。

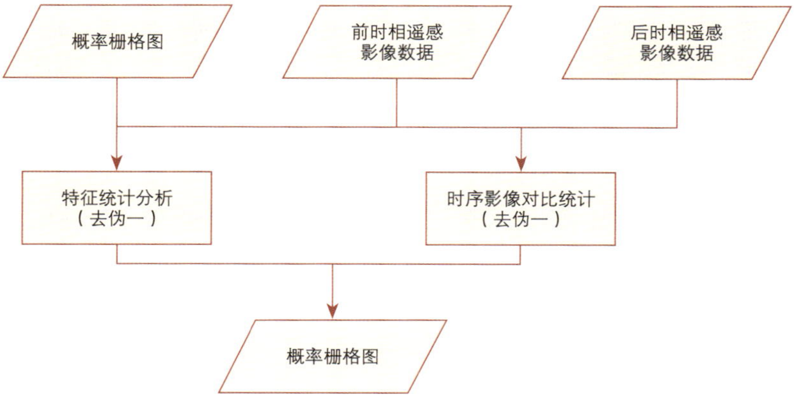

图 9.5　面向对象去伪实现流程图

9.1.2.4　要素变化自动提取成果属性设计

每日处理要素变化自动提取数据图斑属性如表9.1所示。

表9.1　变化自动提取图斑单景数据属性

序号	字段名称	字段代码	字段类型	字段长度	小数位数	备注
1	监测图斑编号	JCBH	Text	10		
2	图斑类型	TBLX	Text	5		监测类型代码
3	数据源	SJY	Text	10		可以不填
4	前时相影像名	QSXYXM	Text	50		变化图斑提取时，前时相影像对应的文件名。现状提取可以不填
5	后时相影像名	HSXYXM	Text	50		后时相影像文件名
6	中心点X坐标	XZB	Double	15	1	
7	中心点Y坐标	YZB	Double	15	1	
8	监测面积	JCMJ	Double	15	1	单位：亩
9	备注	BZ	Text	100		

对于季度等要素变化自动提取合成数据图斑属性如表9.2所示。

表9.2　变化自动提取图斑合成数据属性

序号	字段名称	字段代码	字段类型	字段长度	小数位数	备注
1	监测区代码	JCQDM	Text	6		合成区域的代码，行政辖区为行政区划代码，定制任务可以不填
2	监测区名称	XMC	Text	30		合成区域的名称，行政辖区为行政区名称，定制任务为定制任务名称。
3	监测图斑编号	JCBH	Text	10		

续表

序号	字段名称	字段代码	字段类型	字段长度	小数位数	备注
4	图斑类型	TBLX	Text	5		监测类型代码
5	数据源	SJY	Text	10		可以不填
6	前时相	QSX	Text	20		合成数据的开始日期
7	后时相	HSX	Text	20		合成数据的结束日期
8	中心点*X*坐标	XZB	Double	15	2	
9	中心点*Y*坐标	YZB	Double	15	2	
10	监测面积	JCMJ	Double	15	1	单位：亩
11	备注	BZ	Text	100		

9.1.2.5　成果矢量化

针对深度学习 提取变化图斑的结果——概率栅格图进行栅格处理和矢量化处理，以保障最终的变化自动提取成果形式为矢量。考虑到深度学习提取的变化图斑结果为概率栅格图，不能仅仅只做矢量化处理，需要在矢量化处理模块基础上升级栅格处理策略：二值化、最大最小分析、去小面和矢量的抽稀平滑处理。其中二值化处理是将概率栅格图结果0-1二值化处理，结合模型结果特点，设置二值化阈值，二值化阈值处理结果0值为背景区，1值为目标区，即新增变化区域；针对二值图进行的Majority和Minority分析采用类似于卷积滤波的方法将较大类别中的虚假像元归到该类中，定义一个变换核尺寸，主要分析（Majority Analysis）用变换核中占主要地位（像元数最多）的像元类别代替中心像元的类别。如果使用次要分析（Minority Analysis），则用变换核中占次要地位的像元的类别代替中心像元的类别。经过Majority和Minority分析的二值栅格成果会减少地物边缘的锯齿感和地物内部的小洞和缝隙问题，保证了提取变化图斑的完整性；去小面处理将变化图斑最小上图面积等因素进行阈值设置，对于较小面积的结果不进行矢量化处理；矢量的抽稀平滑主要是为了解决矢量成果的锯齿状和节点多等问题，保证成果的美观性。面向新增变化图斑提取的升级矢量化模块的处理流程如图9.6所示。

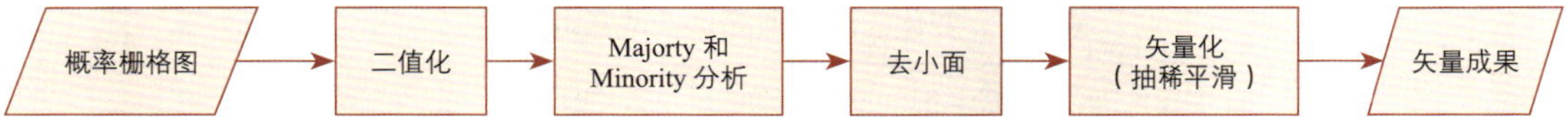

图 9.6　成果矢量化流程

9.1.2.6　成果质检与归档

为了提升产品成果质量，需要对产品成果进行质检，质检包括：

（1）图形检查：完成图形更新，利用图形质检工具对成果进行检查，包括重面检查、面空洞检查、面缝隙检查、面拓扑检查等，避免出现重面、空洞、缝隙、拓扑错误等问题。

（2）属性更新：完成图形质检，对所有图斑进行属性赋值，完善各属性项。

（3）属性检查：完成属性赋值后，对所有图斑进行属性空值检查，避免出现属性值漏填的情况。

为了提升对成果的有效管理，对生产成果的组织模式统一设计并进行归档管理。监测成果整理按照全国、省、市、县四种粒度。

（1）对于每日成果命名参考：后时相影像文件名_变化图斑名称。

（2）对于合成成果命名参考：①月度合成，行政区划代码_2019M01_变化图斑名称（现状和变化类型分别对应后缀）；②季度合成，行政区划代码_2019S01_变化图斑名称（现状和变化类型分别对应后缀）；③定制合成，定制任务名称_合成数据开始日期_合成数据结束日期_监测类型代码。

9.1.2.7 结果优化处理

深度学习自动提取成果往往不能满足业务成果的精度需求，需要综合利用数据的多维特征，对自动提取结果进行精化处理。处理包括两部分，一是规则化处理，二是多维特征去伪处理。

规则化处理主要是对成果进行平滑及合理性处理、栅格矢量转换等，包括：

（1）二值化处理。深度学习结果的原始输出为概率图，抽检样本测试二值化阈值与模型正检率及查全率的关系，对于变化图斑考虑高正检率需求，选择较高的概率图二值化阈值。

（2）小图班去除。结合具体业务按需进行小图斑去除，例如变化图斑业务需求，选择0.6亩（约400m^2）作为最小上图图斑面积，对不符合该上图面积的图斑进行去除。

（3）合理性处理。实现对深度学习结果滤波处理、最大最小分析等处理，减少结果椒盐现象。

（4）成果矢量化。结合各提取要素特点进行矢量化方案设置及成果转化。

9.1.2.8 变化成果综合整理

不同业务对监测图斑有不同的需求，要素提取成果一般是逐景处理，缺乏业务属性，需要按需进行综合整理。

（1）综合分析与优化。利用传统机器学习、专业遥感影像分析方法进行综合分析，进一步补充漏提区域，减少误提区域，优化成果数据。

（2）成果合成。可以选择图斑的时间、行政区划范围或指定坐标范围等生成合成成果。

（3）成果质检及修整。提供自动化的监测图斑质检及修整，如拓扑关系处理、重面处理等。

9.2 自然资源特定目标自动提取技术

自然资源特定目标监测业务通常面向全国、省域等大范围对特定目标进行自动提取，面临实际生产中样本制作工作量巨大、目标样本数量相对较少、自然资源要素类别可能不足等困难。为此我们开展了多维样本增强、高效高精度自动提取模型构建和小样本条件下深度学习模型高可信迭代技术研发，以实现面向大范围海量数据的特定目标智能提取。

9.2.1 多维样本增强

9.2.1.1 常规增强

数据样本的多样性对于提高算法模型的精度和泛化能力非常关键。常规数据增强已经被证实是非常有效的提升样本多样性的手段。常规数据增强就是将数据通过某种变换操作，从而生成新的数据。采用的方式有：

（1）随机几何变换，包括随机裁剪（带约束）、随机扩展、平移变换、随机水平翻转和随机缩放（随机插值）。

（2）随机颜色抖动，包括亮度、色调、饱和度、对比度、噪声扰动、图像模糊等。

9.2.1.2 辐射增强

考虑到样本来源影像的多样性，为了使模型训练更加泛化，需要对不同通道采用更加丰富的辐射增强处理，包括直方图均衡化增强。

1）基于直方图均衡化的图像增强

直方图均衡化是利用累积函数对灰度值进行调整，实现对比度增强。具体而言，将原始图像的灰度图从比较集中的某个灰度区间均匀分布在整个灰度空间中，实现对图像的非线性拉伸，重新分配图像像素值。

均衡化过程：直方图均衡化保证在图像像素映射过程中原来的大小关系保持不变，即较亮的区域依旧较亮，较暗的区域依旧较暗，只是对比度增加，不能明暗颠倒；保证像素映射函数的值域在0~255之间。累积分布函数是单增长函数，并且值域是0~1。累积分布函数实现过程：比较概率分布函数和累积分布函数，前者的二维图像是参差不齐的，后者是单调递增的。直方图均衡化过程中，映射方法如式（9.4）所示：

$$S_k=\sum_{j=0}^{k}\frac{n_j}{n}\quad k=0,1,2\cdots,L-1 \tag{9.4}$$

式中：n是图像中像素的总和；n_j是当前灰度级的像素个数；L是图像中可能的灰度级总数。

2）基于拉普拉斯算子的图像增强

利用拉普拉斯算子进行图像增强本质是利用图像的二次微分对图像进行蜕化，在图像领域中微分是锐化，积分是模糊，利用二次微分对图像进行蜕化即利用邻域像素提高对比度。典型的拉普拉斯算子卷积核如图9.7所示。

0	−1	0
−1	5	−1
0	−1	0

图 9.7　拉普拉斯算子卷积核

3）基于对象Log变换的图像增强

对数变换可以将图像的低灰度值部分扩展，显示出低灰度部分更多的细节，将其高灰度值部分压缩，减少高灰度值部分的细节，从而达到强调图像低灰度部分的目的。变换方法如式（9.5）所示：

$$s = c\log_{v+1}(1+v\times r)\quad r\in[0,1] \tag{9.5}$$

对数变换对图像低灰度部分细节增强的功能可以从对数图上直观理解。对于不同的底数，底数越大，对低灰度部分的扩展就越强，对高灰度部分的压缩也就越强。

4）基于伽马变换的图像增强

伽马变换主要用于图像的校正，将灰度过高或者灰度过低的图片进行修正，增强对比度。变换公式就是对原图像上每一个像素值做乘积运算，如式（9.6）所示：

$$s = cr^{\gamma}\quad r\in[0,1] \tag{9.6}$$

伽马变换对图像的修正作用是通过增强低灰度或高灰度的细节实现的，从伽马曲线可以直观理解。γ值以1为分界，值越小，对图像低灰度部分的扩展作用就越强，值越大，对图像高灰度部分的扩展作用就越强，通过不同的γ值，就可以达到增强低灰度或高灰度部分细节的作用。

9.2.1.3　样本泛化

遥感影像目标类型极其复杂，涵盖绿地、建设用地、耕地等，可能与目标存在同谱异物现象，形成大量的与目标样本相似的干扰目标，这些干扰目标容易被误检为目标。为了降低误检测率、误识别率，提高网络模型的泛化能力，需要在数据集中添加一定数量的负样本。负样本在目标检测任务中指的是不包含任何目标的背景图像。负样本添加就是在数据集中添加不包含目标的背景图像，例如添加 GF1、GF2 及 ZY3 影像中类似或不同的图像。具体的做法是：

（1）将样本裁切过程中的不包含任何目标的切片作为负样本库，从中随机挑选一定数量的图像。

（2）以判图员的经验为准寻找易混目标，将其所在区域的图像裁切出来。

（3）测试大量的未标注图像，由专业判图员将检测错误的目标（虚警）所在区域裁切出来。

正负样本必须放在一起训练，不能单独训练负样本，负样本图像的数量不能过多，否则经过训练，网络模型会把所有图像中的目标都识别为背景，正负样本的比例设置为 1∶5 左右。

9.2.2 高效高精度自动提取模型构建

模型主干网络的选取综合考虑实时性及性能，采用DeepLabV3+模型，以修改后的ResNet-34为主干网络。将原始ResNet-34主干网络7×7卷积模板改为两层3×3卷积模板，这样在节省参数的同时获得了相同感受野以及更多网络非线性能力。将修改后的主干网络在IMAGENET数据集上进行预训练，然后采用预训练参数对DeepLabV3+模型主干网络进行初始化。

DeepLabV3+模型从底层生成低层次但高分辨率的特征，从顶层生成高级别、低分辨率的特征。最后，模型将不同层级的特征进行融合，以预测分割结果。一般分割性能会随融合特征级别的增加而提高，但也会存在分割性能趋于饱和的问题。在遥感影像中，类似单栋塑料大棚等地物的尺寸一般较小，低层次特征引入能够在一定程度上解决小尺寸目标难以提取的问题，但也容易造成提取到的目标存在孔洞问题。造成该问题的主要原因是低层次特征引入过程中未能充分考虑感受野及特征非线性问题。因此，我们的优化方向之一是采用低层次特征引入模块在引入特征的同时尽可能地增大感受野及增强特征非线性表达能力。另外一个优化方向是通过构建辅助损失将更多的空间分辨率信息嵌入到高层特征中。相应的网络模型结构图如图9.8所示。

需要指出的是，经优化设计后的网络模型较大，占用显存较多。为了使网络得到充分的训练，我们采用多卡并行训练。多卡训练如果采用标准的批归一化，由于单卡数据量有限，往往会影响模型的收敛效果。因此我们采用跨卡同步批归一化，这样可以使用全局的样本进行归一化，相当于增大了批量。

9.2.2.1 低层次特征引入模块

低层次特征引入模块主要起到两个作用：一是增大感受野，二是增强非线性。如图9.9所示，低层次特征引入模块的结构采用金字塔池化结构，包括4条并行通路。其中前3条通路首先采用自适应池化，将特征图降采样，接着经过两个卷积层，最后采用双线性内插法将特征图上采样，得到与输入尺寸相同的特征图。第四条通路由空洞卷积实现，输入输出尺寸不变。

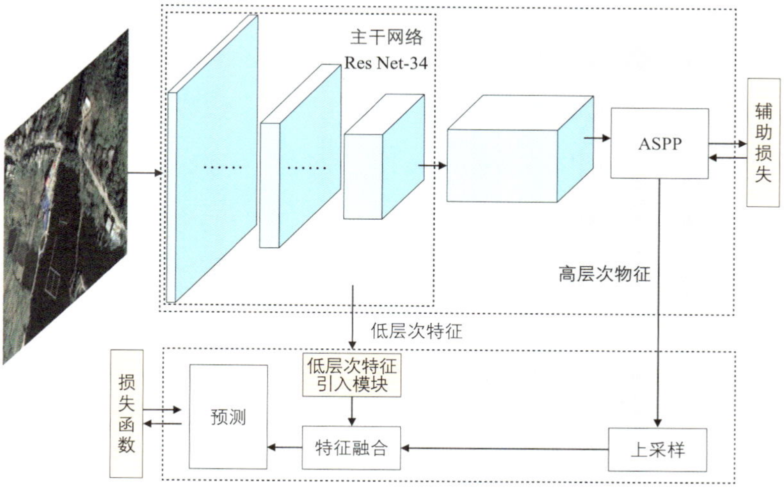

图 9.8　算法网络结构示意图

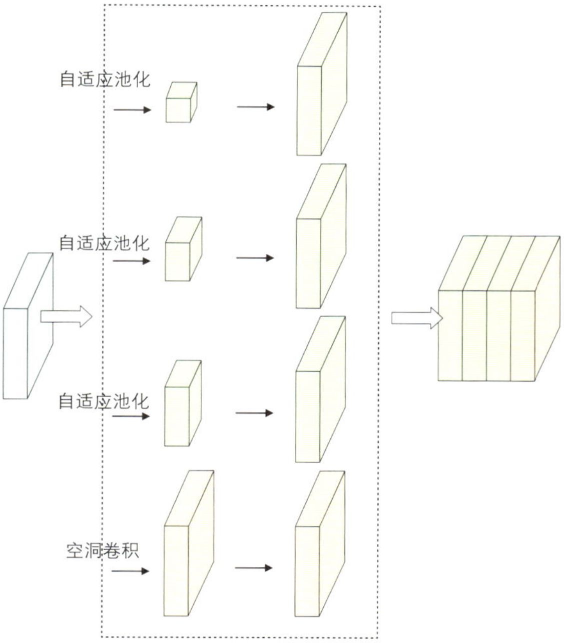

图 9.9　低层次特征引入模块示意图

9.2.2.2　辅助损失

网络训练过程中除了采用常规损失函数loss1以外，本方案还构造另一个辅助损失loss2，并引入一个权重参数来控制loss2的权重，辅助损失可以帮助模型优化学习过程。如图9.10所示，本方案中的辅助损失作用于高层次特征重组后的特征图，从而实现将更多空间分辨率信息嵌入到高层特征中的目的。

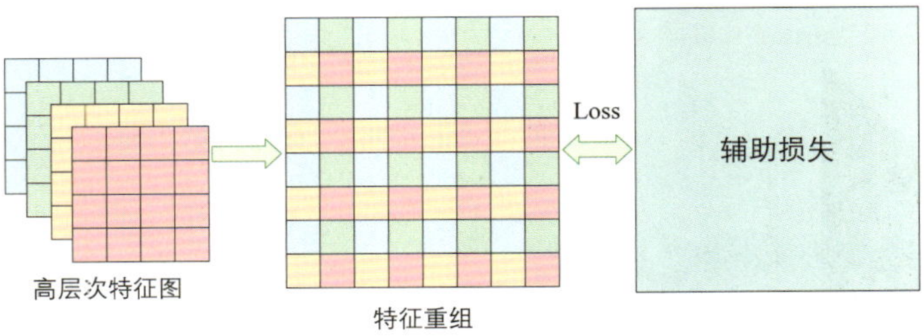

图 9.10　辅助损失通路结构示意图

9.2.2.3　跨卡同步批归一化

跨卡同步批归一化的核心是全局统计特征图的均值和方差。如图9.11所示，具体的实现过程是在前向运算的期间，各个GPU加速卡单独计算出均值和方差，然后跨卡求出全局的均值和方差即可得到正确的均值和方差，同理在后向运算的时候只需同步一次，求出相应的梯度。

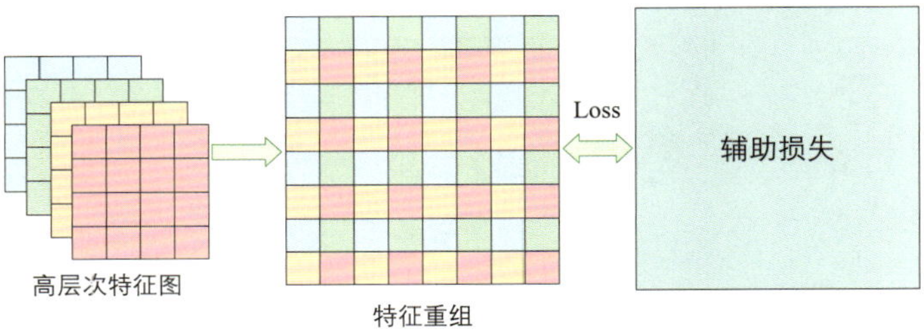

图 9.11　跨卡同步批归一化计算过程示意图

9.2.3　小样本条件下深度学习模型高可信迭代法

自然资源特定目标监测中常面临样本难以获取的问题，针对自动提取中的小样本问题，需要构建相应的特征挖掘策略与模型迭代方法。以遥感影像建筑物检测与UNet网络模型为例，建筑物深度学习检测需要大量建筑物类型内部特征差异小、建筑物与分建筑物类型之间特征差异大的样本数据作为支撑，实际工作中很难快速获取到所需数量和质量的海量样本，严重制约了基于遥感影像的建筑物深度学习检测方法的工程化应用。为了提高建筑物深度学习检测遥感影像样本数据的构建效率和效果，常规做法是采取边标记样本边训练网络的方式，首先标记少量建筑物样本，然后快速训练验证样本的精度、数量等可用性，再根据样本验证结果有针对性地补充样本，例如补充验证效果不好的正样本、补充伪变化的负样本等，之后再次快速训练验证样本的可用性，重复以上步骤直到样本数据达到工程化应用所需的数量和质量要求。可以看出，在很少量样本的条件下，验证建筑物深度学习检测遥感影像样本数据的精度，对整个深度学习样本数据构建的效率和可用性至关重要。

基于UNet等U型网络的深度学习模型凭借需要训练样本相对少、训练效率较快的优势，一直是基于深度学习的遥感影像自动建筑物检测的研究热点技术之一。然而，基于U型网络的建筑物深度学习检测方法存在样本过少而无法完全覆盖建筑物全部类导致检测精度不高的缺点，尤其是道路、水泥路面等地类，严重削弱了U型网络需要训练样本相对少的优势，难以直接用于在很少量样本的条件下实现样本数据验证、并指导后续样本补充等工作。

针对以上存在的问题，提出了一种小样本条件下建（构）筑物深度学习模型高可信迭代法。

9.2.3.1　训练样本数据集准备

根据影像分辨率和建筑物平均尺寸，对初始构建的小训练样本采集数据集（Train Image，TI）中的每一景影像TI_i（i=1, 2,⋯, n，n为TI中影像的数量），根据影像分辨率确定邻域尺度，逐影像计算MBI特征TI_{i_MBI}，并将特征影像TI_{i_MBI}作为单独波段增加到对应的影像TI_i中，合成一景新的训练样本采集影像$newTI_i$（$newTI_i = [TI_{i1}, TI_{i2},\cdots, TI_{ik}, TI_{i\_MBI}]$，K为$TI_i$的波段数），将新合成的全部影像$newTI_i$（$i$=1, 2,⋯, n）作为新的训练样本采集数据集（newTI），如式（9.7）、式（9.8）、式（9.9）所示：

$$TI_{i\_MBI} = \frac{\sum_d \sum_s TI\_DMP_i(d,s)}{D \times S} \tag{9.7}$$

$$TI\_DMP_i^{(d,s)} = \left| TI_i^{(d,s)}(b) - TI_i^{(d,s-\Delta s)}(b) \right| \tag{9.8}$$

$$S = \frac{BS}{PS \times 2} \tag{9.9}$$

式中：i为训练样本采集数据集中的第i景影像；D、S分别表示TIi影像中像元邻域窗口的方向和尺度；$TI_DMP_i^{(d,s)}$为多尺度差分形态序列；$TI_i^{(d,s)}$表示在邻域窗口的方向为d、尺度为s下亮度影像进行的基于开重建的高帽变化；Δs为相邻尺度间的尺度差分；BS为建筑物的平均长度；PS为影像分辨率。

9.2.3.2　影像MBI特征计算

对测试影像（Process Image，PI），计算该影像的MBI特征PI_{MBI}，并将特征影像PIMBI作为单独波段增加到影像PI中，合成一景新测试影像newPI（newPI = [PI_1, PI_2, ⋯, PI_k, PIMBI]）。

9.2.3.3　样本标签数据集制作

对新的训练样本采集数据集newTI中的每一景影像$newTI_i$（i=1, 2, ⋯, n），进行建筑物样本标记生成对应的标签影像TI_Label_i，标记时需要将建筑物的完整轮廓范围全部标记出来，标记范围内灰度值用1填充，标记范围外的灰度值用0填充，全部标签影像TI_Label_i组成样本标签采集数据集TI_Label。

9.2.3.4 训练样本裁切

用固定大小TS×TS的矩形窗口，对newTI、TI_Label中的每一对样本采集数据和标签采集数据$newTI_i$、TI_Label_i进行裁切，将全部裁切结果作为训练样本数据集TD、标签集LD，如式（9.10）所示：

$$TS = INT\left(\sqrt{\frac{MGB\times1024\times1024\times1024\times8}{12\times(K+1)\times GR}}\Big/256\right)\times256 \tag{9.10}$$

式中：MGB为GPU卡显存容量（单位：Gb）；K为TI影像波段数；GR为影像灰度位数；INT为取整函数。

9.2.3.5 样本数据剔除

对训练样本数据集TD、标签集LD中的每一对影像TD_j、LD_j（j=1，2，⋯，l，l为样本数据集中样本的数量），计算每个LD_j样本中非建筑物像元占全部像元数的比例P_j，如式（9.11）所示：

$$P_j = \frac{SP\_\text{Building}}{TS\times TS} \tag{9.11}$$

式中：SP_Building为LD_j中建筑物的像元数。如果P_j>0.95，则删除TD_j、LD_j样本对，否则保留该样本对。

9.2.3.6 建筑物检测深度学习模型迭代训练

构建由编码、多尺度特征、跳连、解码、特征合成、分类、其他等模块构成的U形语义分割深度学习模型框架，并利用编码深度（ED）、卷积核数量（KN）、多尺度深度（MD）、多尺度步长（MS）、特征合成域大小（FCD）、损失类型（LT）、池化类型（PT）、激活类型（AT）等8个参数定义具体U型模型，将所有保留的样本输入网络模型进行参数训练，获得针对建筑物检测深度学习模型，并对新的测试影像newPI进行处理，获得影像的建筑物检测样本数据验证结果。

（1）对于编码深度（ED），根据样本大小（Sample）计算最大编码深度ED_max。如式（9.12）、式（9.13）所示：

$$ED \in [2, ED\_max] \tag{9.12}$$

$$ED\_max=MIN（FLOOR（LOG2（Sample\_H/8）），FLOOR（LOG2（Sample\_W/8））） \tag{9.13}$$

式中：LOG2为2为底的对数；FLOOR为向下取整函数；MIN为最小值函数，Sample_H为Sample的高度，Sample_W为Sample的宽度。

（2）对于卷积核数量，根据初始卷积核数量（IntialKN），确定编码、多尺度特征构建、解码三个阶段的卷积核数量。如式（9.14）、式（9.15）、式（9.16）所示：

$$KN\_Encoder\ i = IntialKN \times 2（i-1）\quad（9.14）$$

$$KN\_MFC\ i = IntialKN \times 2（ED-1）\quad（9.15）$$

$$KN\_Decoder\ i = IntialKN \times 2（ED-i）\quad（9.16）$$

式中：KN_Encoder为编码模块层卷积核数量；KN_MFC为多尺度特征构建模块层卷积核数量；KN_Decoder为解码模块层卷积核数量；i为第i层。

（3）对于多尺度深度（MD），根据最小检测面积（MinArea）、遥感影像空间分辨率（Resolution，R）来确定。

$$[FACTORIAL（MD）, FACTORIAL（MD+1）] = SQRT（MinArea）/ R / 3 \quad（9.17）$$

式中：SQRT为开方函数；FACTORIAL为阶乘函数。

（4）对于多尺度步长（MS），根据多尺度深度来确定。如式（9.18）所示：

$$MSi = i \times 3 \quad（9.18）$$

式中：i为第i个尺度层。

（5）对于特征合成域大小（FCD），由编码深度和多尺度深度确定。如式（9.19）所示：

$$FCD \in \{1, ED+MD-1\} \quad（9.19）$$

（6）对于损失函数类型（LT），有交叉熵损失函数（CELoss）、Dice损失函数（DiceLoss）、局部损失函数（FocalLoss）等可选。如式（9.20）所示：

$$LT \in \{CELoss, DiceLoss, FocalLoss, \cdots\} \quad（9.20）$$

（7）对于池化方式类型（PT），有最大值池化（MaxPool）、平均值池化（AvePool）等可选。如式（9.21）所示：

$$PT \in \{MaxPool, AvePool, \cdots\} \quad（9.21）$$

（8）对于激活方式类型（AT），有修正线性激活（Relu）、漏洞修正线性激活（LeakyRelu）、截断修正线性激活（ClippedRelu）等可选。如式（9.22）所示：

$$AT \in \{Relu, LeakyRelu, ClippedRelu, \cdots\} \quad（9.22）$$

9.2.3.7 建筑物检测深度学习模型验证

将所有保留的样本输入网络模型，利用minibatch梯度下降方式进行参数寻优训练，获得针对建筑物检测深度学习模型，并对新的测试影像newPI进行处理，获得影像的建筑物检测样本数据验证结果。minibatch梯度下降参数寻优，通过批量小样本进行梯度下降方式获得参数的局部最优值。如式（9.23）所示：

$$
\begin{aligned}
&\text{Repeat}\{\\
&\quad \text{for i} = 1:\text{m}\{\\
&\quad \theta_j := \theta_j - a\tfrac{1}{b}\sum_{k=1}^{l+b-1}(h_\theta(x^{(k)}) - y^{(k)})x_j^{(k)}\\
&\quad (\text{for j} = 1:\text{n})\\
&\quad \text{i+} = \text{minibatch};\\
&\quad \}\\
&\}
\end{aligned}
\tag{9.23}
$$

其中：j为各损失函数AT的具体计算公式，可以为Relu，LeakyRelu，ClippedRelu等；$h(x^{(k)}) = \theta_0 + \theta_1 x_1$；m为迭代次数，n为minibatch数量，minibatch为每次小样本个数。

U形深度学习模型的建筑物检测样本数据验证方法流程如图9.12所示。

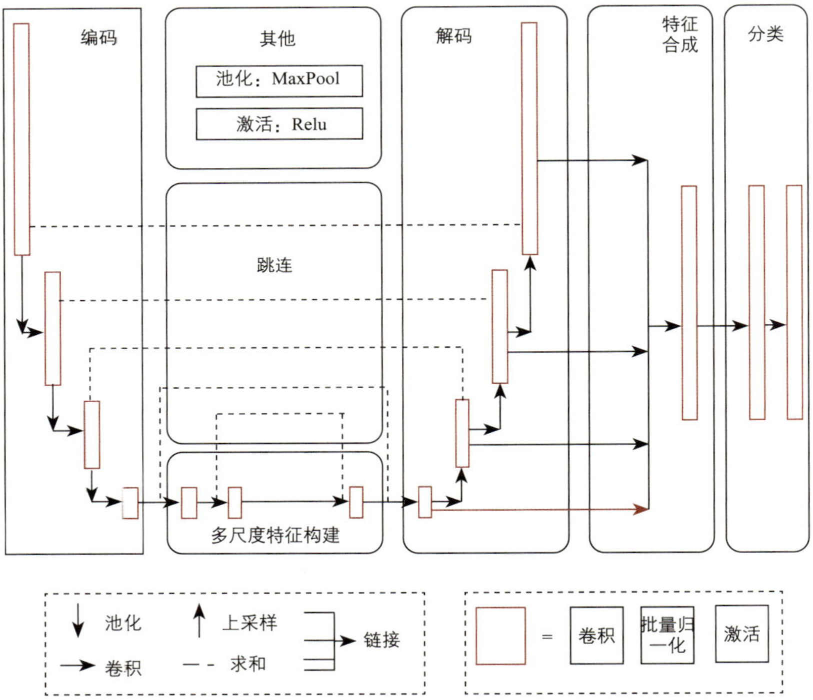

图 9.12　U 形深度学习语义分割模型框架图

本方法结合传统遥感影像地物特征在地物表达方面的优势和U形深度学习模型在样本少、效率高方面的优势，针对原始影像中不同建筑物目标内部差异大、建筑物与其他目标之间相似度高、极少样本无法有效代表建筑物与其他目标的差异性等问题，通过MBI建筑物指数的加入，有利于缩小建筑物类型的内部特征差异、拉大建筑物与非建筑物类型的之间特征差异，有利于深度学习语义分割模型的参数寻优，同时通过语义分割模型框架的设计，能根据需要便捷地指定具体U型网络，在少量样本的情况下，也能保障建筑物深度学习检测精度，从而实现高效率、高精度的建筑物检测样本数据快速验证，为后面的样本补充提供真实有效参考信息。

与现有基于深度学习的遥感影像建筑物样本数据验证方法相比，本方案具有以下优势：

（1）成本低：总体上采用U形神经网络深度模型，且U形网络模型采用框架式设计便于自定义具体网络，对样本需求量少，人工标记样本的工作量少、成本低，适用于建筑物检测样本数据的快速验证。

（2）精度高：MBI特征能较好地缩小不同建筑物间的特征差别、扩大建筑物与非建筑物间的特征差别，在样本较少无法覆盖全部建筑物类型的情况下，也能达到0.54~0.65以上的验证精度，相较于传统UNet检测验证方法的绝对精度提高2~15个百分点。

（3）效果稳定：分别采用3349、9803、20275有效样本时，本方案的精度分别为0.5441、0.5814、0.6549，随着样本数量的增加，精度稳步提升，能更好地说明样本的可用性，真正起到样本验证，为后续样本补充提供参考的效果；而传统的UNet检测验证方法，精度分别为0.5225、0.4395、0.6471，精度时高时低，极不稳定，无法满足样本快速验证的需要。本方法与传统UNet模型深度学习方法的精度比较如表9.3所示。

表9.3　本方法与传统UNet模型深度学习方法的精度比较

样本采集影像数量/景	裁切后样本数量/个	剔除后样本数量/个	样本大小/像元	方法	IoU
15	5415	3349	256×256	本方法	0.5441
			256×256	传统UNet方法	0.5225
50	18050	9803	256×256	本方法	0.5814
			256×256	传统UNet方法	0.4395
100	36100	20275	256×256	本方法	0.6549
			256×256	传统UNet方法	0.6471

图 9.13　测试影像建筑物深度学习检测样本数据验证结果

第十章 自然资源智能解译典型应用

10.1　全国地表水遥感监测

地表水是人类赖以生存和社会发展中不可替代的战略资源，全面掌握其空间分布特征，定期跟踪其动态变化情况，对于提升水资源管理与保护水平，促进水资源合理开发利用，深化水循环和水平衡研究具有重要意义。

卫星遥感具有客观、宏观、快速、及时等特点，在地表水调查与监测方面具有重要优势，国外在利用卫星遥感开展水资源调查与监测方面开展了大量的研究和应用工作，特别是利用美国陆地卫星（Landsat），欧洲哨兵卫星（Sentinel），美国冰、云和陆地高程卫星（ICESat-1）数据在全球或区域尺度上的湖泊、河流、水库、湿地等水资源调查监测方面发布了很多成果，如GlobalSurfaceWater、THU Surface Water、THUFROM-GLC10、Global Lakesand Wetlands Database（GLWD）等。国内利用卫星遥感在水资源调查监测方面开展了很多研究，并进行了一些专题性或区域性应用工作，但之前受限于国产卫星数量和能力，全国性、大区域的卫星遥感地表水资源调查及监测业务化应用还不多。近年来随着陆地遥感卫星数量不断增多，尤其自2010年高分专项实施以来，高分卫星的陆续发射积累了海量遥感数据，随着我国对地观测体系不断完善，逐步形成了立体、多维、高中低分辨率结合的全球综合观测能力，使得全国尺度、高频次地表水监测成为可能。当前，我国陆地范围2m分辨率卫星影像云量小于20%，季度覆盖率达90%以上，秦岭—淮河一线以北地区基本可实现月度覆盖，秦岭—淮河一线以南多数地区基本可实现双月度覆盖，西南获取困难区域基本可实现季度覆盖，全国年度覆盖率约99.8%；亚米分辨率卫星影像季度覆盖率约为30%～50%，年度覆盖率约78.7%；16m分辨率覆盖率约99.9%。充分发挥高分卫星遥感客观、宏观、快速等优势，构建全国地表水卫星遥感监测技术体系，可为全面掌握我国地表水资源时空分布状况、变化特征和发展趋势提供基础信息。本章探索了基于国产高分卫星遥感的全国地表水卫星监测技术体系，建立了监测技术方法流程，开展了2020年度全国十大江河流域1265条三级以上河流、相关联的2128座水库以及2953个 1km^{2}以上湖泊丰水期、枯水期监测应用试验示范，为掌握我国地表水资源时空分布状况、变化特征和发展趋势提供了技术支撑，对提升自然资源治理能力水平和促进国产高分卫星遥感广泛深入应用具有重要意义。

本章以水资源保护和开发利用为目标，提出全国地表水卫星遥感监测技术体系框架。该技术框架充分发挥自然资源卫星遥感影像优势，建立高分辨率地表水资源遥感监测本底数据库，实现全国范围河流、水库、湖泊水面、水量、水位、流量变化监测，在此基础上开展综合监测分析，为全面掌握全国地表水时空分布状况、变化特征、变化原因和发展趋势提供基础信息。

10.1.1　监测体系框架

充分发挥自然资源卫星遥感影像优势，建立高分辨率地表水资源遥感监测本底数据库，实现全国范围河流、水库、湖泊水面、水量、水位、流量变化监测，在此基础上开展综合监测分析，为全面掌握全国地表水时空分布状况、变化特征、变化原因和发展趋势提供基础信息。

针对不同区域、不同监测对象，统筹获取激光、光学、雷达等多源遥感影像，收集整理全国土地调查、地理国情监测、湿地调查等行业专题数据。在开展数据处理的基础上，采用水体信息自动提取技术、水位、水量以及流量变化反演等技术手段，获取江河湖库塘等水资源要素的二维与三维信息，实现全国地表水高频次、业务化监测，全国地表水卫星遥感监测技术体系框架如图10.1所示。

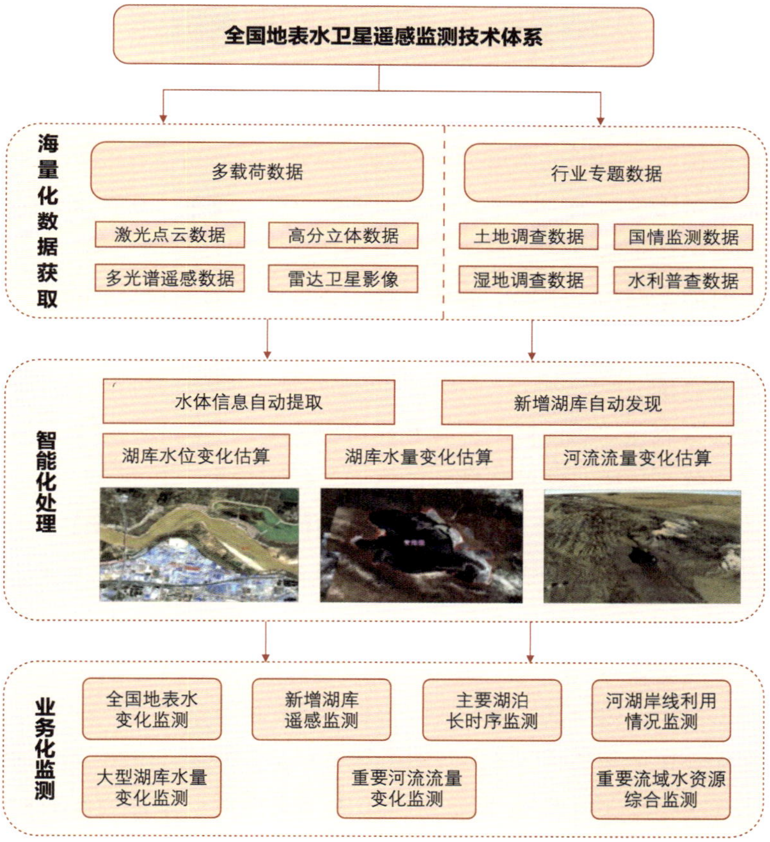

图 10.1 全国地表水卫星遥感监测技术体系框架

10.1.2 监测内容

（1）全国地表水变化遥感监测。以2m分辨率影像为主，对全国五级以上河流、5000m^{2}以上湖泊、水库以及1000m^{2}以上坑塘进行丰水期和枯水期两期监测，水体监测面积精度90%以上。

（2）新增湖库遥感监测。发现全国范围5000m^{2}以上新增湖泊、水库，更新全国湖泊、水库数据库；针对新增人工湖泊开展持续追踪监测，为“圈水造湖”督察提供信息支撑。监测频次为每个季度1次，水体监测面积精度90%以上。

（3）主要湖泊长时序监测。结合中国湖泊编目数据，对全国1km^{2}以上湖泊进行个数和面积长时序变化监测，根据数据情况基本监测频次为5年1次。

（4）大型湖泊水量监测。采用资源三号（ZY3）、高分七号（GF-7）等卫星立体观测数据，生成全国10km^{2}以上大型湖泊枯水期高精度DSM数据。结合中国湖泊编目数据，估算20世纪60年代以来水量变化情况；结合丰水期、枯水期每年两期监测数据，估算年内丰水期、枯水期水量变化情况。

（5）重要河流流量变化监测。充分发挥资源三号和高分七号立体测图优势，综合利用机载Lidar和地面水文站观测数据，构建河道三维立体模型，建立流量与三维河道关系模型，反演重要河段丰水期与枯水期的流量变化情况。

（6）河湖岸线利用情况监测。基于2m分辨率影像，构建自然和人工岸线分类体系，结合高精度地形数据、全国国土调查、地理国情监测、自然资源常态化监测数据等专题数据，开展全国湖泊岸线监测，获取自然、人工岸线长度、滩涂占用情况及变化信息。

（7）重要流域水资源综合监测。重要流域水资源年度综合监测以2m分辨率影像为主，开展流域内河流、湖泊、水库、坑塘、湿地、冰川等水资源要素的范围、面积、空间分布动态监测；开展湖泊、水库水量变化监测；开展冰川厚度、体积和储量变化监测。

10.1.3 监测技术方法

基于自然资源常态化遥感监测，充分利用已有地表水遥感监测资料，发挥多源多传感器卫星遥感技术优势，运用成熟的遥感智能解译和反演技术，开展全国地表水卫星遥感监测。主要技术流程包括数据获取、影像处理、专题信息提取、信息核实、数据库建设、数据分析、产品制作和应用服务等，技术路线如图10.2所示。

（1）数据获取与处理。收集整理第一季度、第三季度2m级卫星影像数据，根据每日推送的卫星影像数据（GF-1、GF-1B/C/D、GF-2、GF-6、ZY3-01/02、GF-7等）筛选全国一版卫星影像，进行正射纠正、融合等处理；收集整理重要流域1986年以来丰水期的Landsat、Sentinel等中分辨率卫星影像数据，筛选形成历史影像数据集，进行正射纠正、融合等处理；收集地理国情监测数据、全国国土调查数据、湿地调查数据、水利行业数据；按照监测指标抽取水域要素中的河流、湖泊、水库、坑塘信息，形成全国地表水卫星遥感监测对象数据；收集整理开源地图（OSM）数据、DSM数据、公报数据、中国湖泊编目数据、气象、水文等专题数据，进行空间化处理以及格式整合、属性结构整合等处理。

（2）水体信息自动提取。以高分系列、Landsat等卫星影像为数据源，采用基于海量遥感影像多种子点快速区域生长技术，利用现有河流、湖泊、水库矢量信息对海量影像进行水体切片，对相应的种子面切片计算水体提取最优门限并输出水体指数提取的指数图

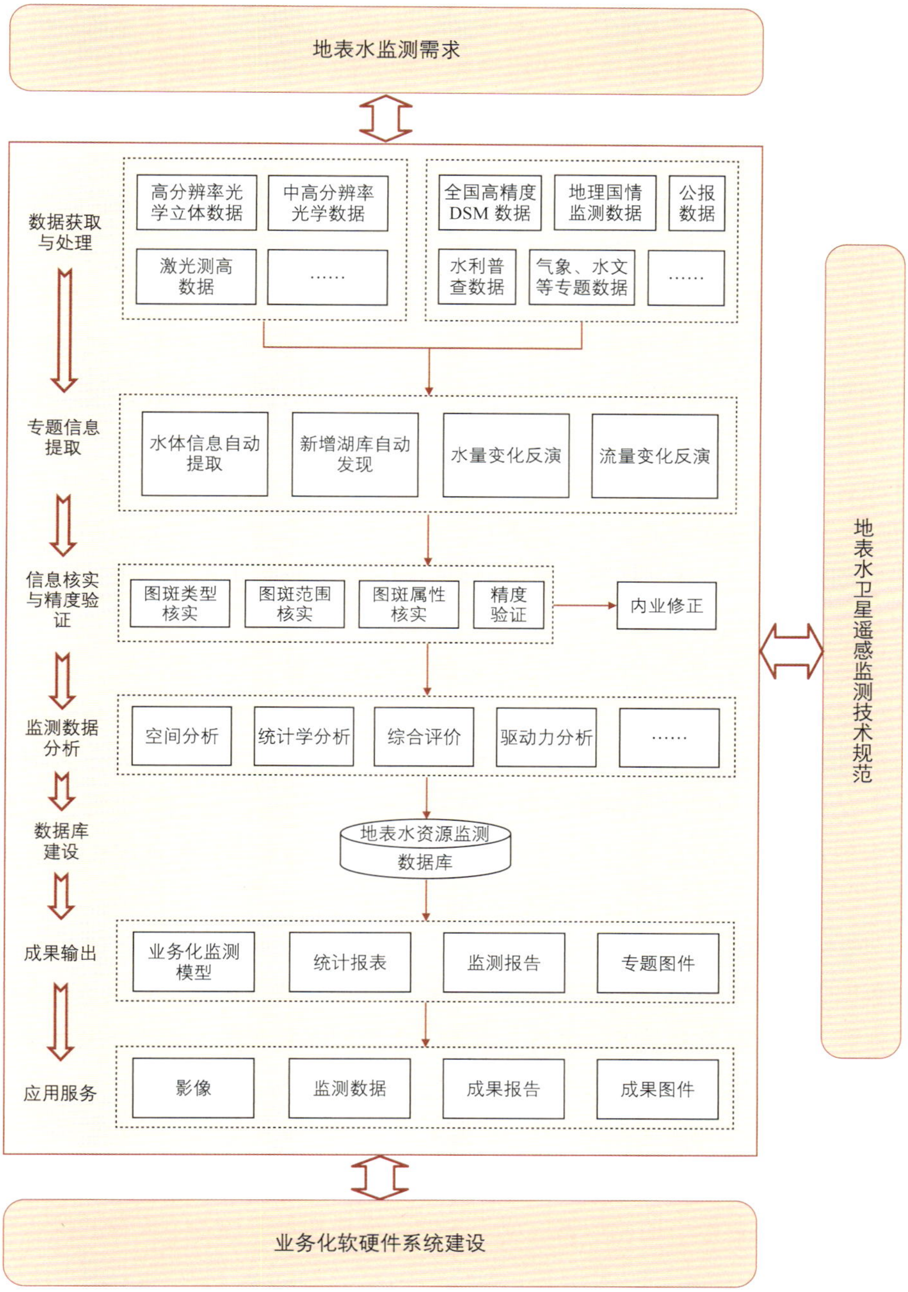

图 10.2　全国地表水卫星遥感监测技术路线

像，结合提取门限和指数图像提取河流、湖泊、水库自动提取结果。

（3）新增湖库自动发现技术。全国新增湖泊、水库自动提取利用遥感图像模式识别、机器学习等技术实现。基于海量遥感影像数据，实现在少量人工参与的情况下，自动完成全国新增湖泊、水库的条件判断、发现、边界提取、水体编号、搜集统计等一系列操作步骤，且新增水体识别精度、边界提取精度均满足业务化生产要求。

（4）水量变化反演。利用资源三号、高分七号立体数据以及激光测高数据获取湖库高精度DSM数据。通过地理信息系统（GIS）空间分析，建立库容—面积关系；读取当前片区两个时期的湖泊面积及其库容—面积关系，反推出当前时间段内湖库的库容，计算两个时间段的湖库库容的差值，作为湖库水量相对变化量。

（5）流量变化反演。利用资源三号、高分七号立体数据以及激光测高数据获取河道枯水期高精度DSM数据。利用水文站监测数据，基于河道横断面模型，利用物理和经验模型，构建河道横断面、高程和流量间的关系模型，结合水面水位进行流量变化估算。

10.1.3.1　信息核实与精度验证

针对地表水自动提取图斑，利用ArcGIS系统，采用人机交互方法，叠加自动提取图斑与当期影像，结合遥感解译经验，客观对比图斑与当期影像是否一致，剔除错提图斑、补充明显遗漏图斑、图斑属性标记、图斑边界编辑与质量检查。

10.1.3.2　地表水资源监测数据分析

利用全国河流、湖泊、水库等地表水高频次监测数据，与行政区划、流域等统计单元数据进行叠加分析，开展地表水现状以及年内、年际变化统计；利用20世纪60年代以来全国湖泊水面、水量监测数据，进行时间序列变化分析，结合气象、水文、人类活动等数据，分析变化原因；利用重点流域河流、湖泊、水库、冰川、湿地等水资源综合监测数据，分析多种水资源要素变化过程，挖掘变化驱动力，为水资源管理提供技术和信息支撑。

10.1.3.3　地表水资源监测数据库建设

开展数据库设计、监测数据成果收集、数据预处理、监测数据空间化与整体处理、数据入库检查等工作，在此基础上，进行全国地表水监测本底数据入库、全国地表水监测数据入库，满足全国地表水监测数据成果建库与管理需求。

10.1.3.4　成果输出与应用服务

在监测成果统计分析的基础上，编制监测图件和监测报告，为政府事业单位、行业用户、科研用户供遥感影像、监测数据、成果报告、成果图件等服务，支撑我国水资源管理利用和流域生态保护。

10.1.3.5　全国地表水卫星遥感监测平台建设

收集历史江河湖库塘、湿地、冰川等数据，构建水资源监测本底数据库和业务数据库；利用卫星影像开展全国河流、湖泊、水库、坑塘常态化监测以及重要流域水资源综合监测，形成地表水监测成果数据库，并实现持续更新；基于国产高分卫星影像、Landsat等多源卫星影像数据，构建一套高效的数据处理、模型构建、成果展示的地表水业务化监测系统，为地表水监测提供平台支撑。

地表水遥感监测业务系统架构如图10.3所示。

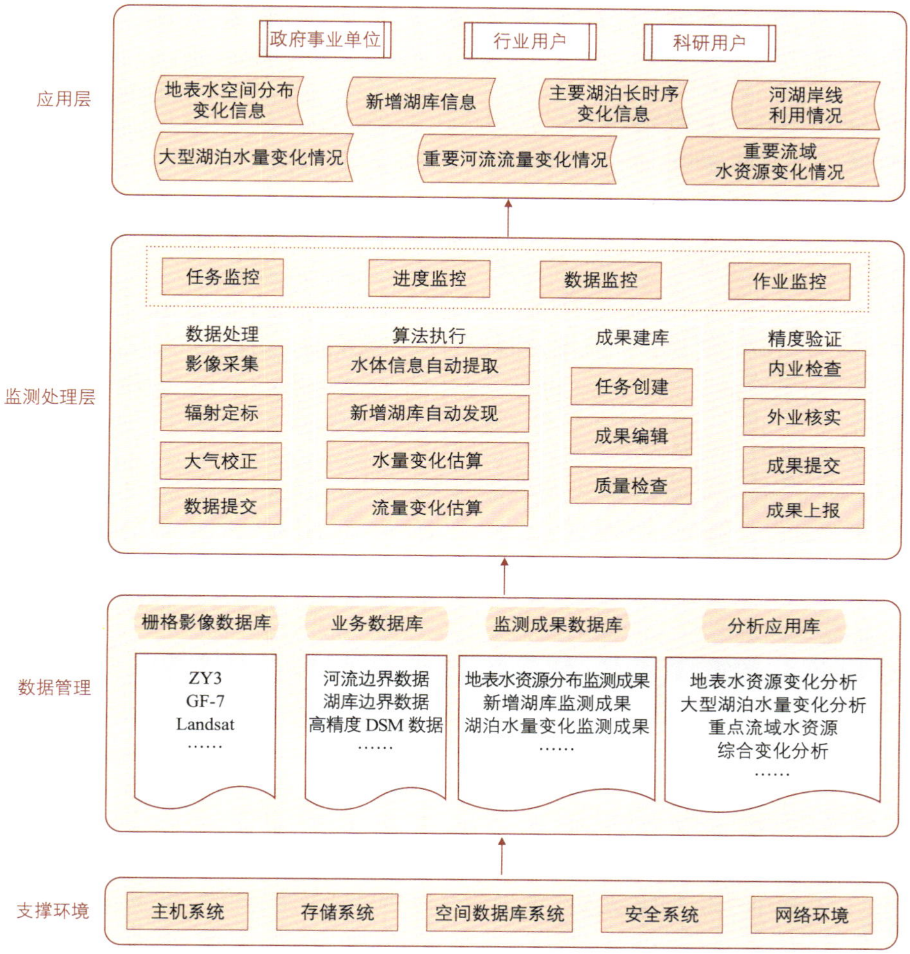

图 10.3　全国地表水卫星遥感监测业务系统架构图

10.1.4　应用试验示范

基于本章提出的监测技术框架，采用2m级国产高分遥感卫星数据开展了2020年度全国十大江河流域1265条三级以上河流、相关联的2128座水库以及2953个 1km²以上湖泊丰水期、枯水期监测应用试验示范。

10.1.4.1　丰水期监测结果

2020年丰水期全国河流、水库、湖泊水域监测面积分别为33671.60km²、14276.14km²、83854.52km²，共计131802.26km²。从流域分布看，水域面积主要集中在内流区域诸河、长江流域、黑龙江流域，水域面积分别为47998.89km²、36061.23km²、18144.16km²，其次为西南西北国际河流、黄河流域、淮河流域，水域面积分别为

8001.97km^2、6026.34km^2、5803.44km^2；再次为珠江流域、浙闽台诸河、海河流域、辽河流域，水域面积分别为4910.64km^2、2068.84km^2、1438.56km^2、1348.19km^2。

从省（自治区、直辖市）分布看，水域面积主要集中在西藏、青海、黑龙江，水域面积分别为33906.46km^2、16495.43km^2、12459.05km^2，其次为新疆、江苏、湖北，水域面积分别为8460.83km^2、7962.96km^2、6729.83km^2；再次为内蒙古、江西、安徽，水域面积分别为6340.00km^2、6145.62km^2、6055.46km^2。

河流水域面积最大的为长江流域，面积为13665.62km^2，占比为40.58%；其次为黑龙江流域，面积为6399.08km^2，占比为19.00%；河流水域面积最小的为辽河流域，面积为622.45km^2，占比为1.85%；其次为海河流域，面积为715.87km^2，占比为2.13%。

水库水域面积最大的为长江流域，面积为4578.95km^2，占比为32.07%；其次为珠江流域，面积为2494.30km^2，占比为17.47%；最小的为内流区域诸河，面积为421.43km^2，其次为海河流域，面积为573.82km^2。

湖泊水域面积最大的为内流区域诸河，其次为长江流域，面积分别为45769.99km^2、17816.66km^2，占比分别为54.58%、21.25%；最小的为浙闽台诸河，其次为辽河流域，面积分别为17.16km^2、103.25km^2。

10.1.4.2 丰枯期变化分析

相比枯水期，全国地表水丰水期总面积增加6.49%。不同水资源要素水域面积增减情况不同。水域面积增加最多的流域为长江流域、西南西北国际河流、黄河流域，增加面积分别为8369.73km^2、685.63km^2、631.18km^2；水域面积增加幅度最大的流域为长江流域、黄河流域、西南西北国际河流，增幅分别为30.22%、11.70%、9.37%。相比枯水期，水域面积增加最多的省份为江西、湖南、湖北，增加面积分别为3197.63km^2、2077.49km^2、1246.30km^2；水域面积增加幅度最大的省份为江西、湖南、宁夏，增幅分别为108.47%、63.15%、27.38%。水域面积减少最多的省份为新疆、吉林、内蒙古，减少面积分别为1042.63km^2、483.22km^2、465.69km^2；水域面积减少幅度最大的省份为山西、海南、吉林，减幅分别为19.73%、18.29%、17.50%。

10.2 冰川监测

10.2.1 概况

掌握冰川变化情况对于研究全球气候变化具有重要意义。传统的冰川调查方法需要实地外业考察，存在耗时费力、难以大面积调查的局限性。基于遥感影像的监测方法能够快速准确地获取冰川空间分布，且成本低廉，因此成为冰川监测的研究热点，具有时间跨度长、光谱分辨率高、幅宽大等优点的Landsat影像，是开展大尺度范围冰川监测的重要数据源。目前，基于遥感影像的冰川监测方法主要有两类：①波段组合阈值方法，如归一化雪指数（NDSI, Normalized Snow Index）指数、自动冰川提取指数（AGEI, Automated

Glacier Extraction Index）等，该类方法通过对冰川敏感的特征波段进行数学运算方式组合，通过设定阈值，自动或半自动提取冰川范围；②传统机器学习分类方法，利用极大似然、决策树分类、神经网络、支持向量机等机器学习分类器，依靠人工勾选的样本像素进行学习，然后用于冰川提取，取得了一定的实验效果。以上两种方法在局部区域或单一影像上都能够达到较好的效果，但是对于大尺度范围，由于云阴影、山体阴影、水面结冰产生的同物异谱、同谱异物等复杂场景，难以达到较好的鲁棒性和较高的精度。

深度学习方法能够从样本中自动学习特征，目前可以实现端到端的训练、预测，在一些遥感影像地物提取中取得了较好的效果。例如一种编码—解码语义分割网络，其主要思路是对现有能有效提取部分阴影遮挡区域的道路网络，展示了深度学习方法的强大应用潜力。利用UNet深度学习语义分割网络，提取了不同尺度冰川断裂线。然而，通用深度学习语义分割网络未对冰川特征等进行针对性设计，在阴影遮挡等复杂场景区域，容易造成漏提取或误提取现象，在一定程度上影响了整体提取精度。针对这一问题，本节设计了一种适合冰川提取的上下文感知语义分割网络，并利用Landsat7、Landsat8多源遥感影像进行试验，通过与传统波段组合方法、其他深度学习语义分割网络进行对比，验证了本节网络的有效性与鲁棒性。本节主要创新点如下：

（1）引入深度学习语义分割方法进行冰川提取，改善了传统冰川提取方法存在的结冰水面误提取和提取结果存在“噪声”“空洞”的问题。

（2）针对冰川的本身特点，在通用深度学习语义分割网络的基础上，改进设计了一种有效的上下文感知深度学习语义分割网络，有效提高了冰川的提取精度。

10.2.2　上下文感知深度学习语义分割网络

针对冰川影像上存在的阴影遮挡等复杂场景，现有冰川提取算法难以有效解决的问题，设计了一种上下文感知的深度学习语义分割网络，主要分为三个部分：编码层、上下文信息提取层、解码层。

通用自然图像深度学习语义分割网络，如Segnet、UNet等，主要利用编码与解码两个关键部分实现图像像素级分割。该类网络实现了像素级的类别判定，但是在上下文信息方面仍然存在一定的不足，直接使用通用语义分割网络进行冰川提取，对于高山背阳面阴影、水面结冰等复杂场景，提取的冰川结果会存在一定程度的误提取和漏提取。针对这类问题，本节基于通用深度学习语义分割网络，改进设计了一种对上下文信息敏感的语义分割网络，网络整体架构如图10.4所示。网络架构分为三层：编码层、上下文信息提取层、解码层，其中上下文提取层主要目的是学习更为有效的上下文信息，以得到更高精度的提取结果。

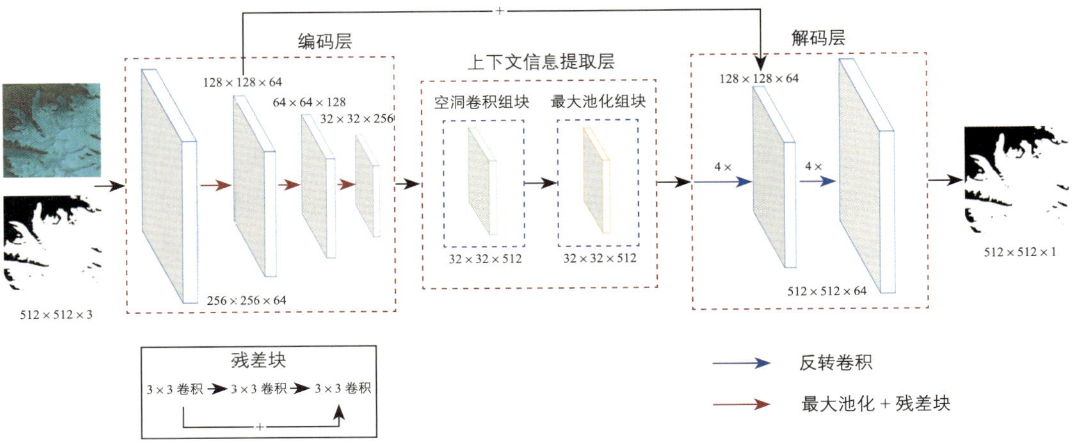

图 10.4　冰川提取语义分割网络

10.2.2.1　编码层

编码层作为主干特征提取部分，特征提取的优劣对于后续地物区分具有重要的意义。目前语义分割网络中常用的主干特征提取网络有VGG16、resnet18、resnet50、resnet101等。相关研究表明，resnet残差网络理论上能够设计成极深的网络，且有效解决了传统神经网络随着深度加深，出现的梯度消失问题，最终学习到的特征将更加有效，但是随着网络深度的不断加深，对硬件算力需求也更高，同等硬件条件下训练时间也会相应增加，为了取得精度与效率两者之间的平衡，本节采用resnet50残差网络作为主干特征提取网络。在具体的语义分割网络设计中，由于原始的resnet50网络是图像块分类网络，与语义分割网络差距较大，因此将原始resnet50中的全连接层、分类层去除，并将最后一个最大池化层步长更改为1，将最终的特征图大小更改为原图的1/16，最终输出的特征作为下一网络层的有效输入。

10.2.2.2　上下文信息提取层

上下文信息提取层是上下文感知语义分割网络的核心部分。该部分设计的主要目的是改善冰川影像上存在的山体阴影、结冰湖泊等同物异谱、同谱异物问题。上下文信息提取层主干分为空洞卷积组块和最大池化组块。普通的卷积块，例如3 × 3、5 × 5等，只能感知相邻像素信息，为了获取更大尺度的上下文信息，则需要扩大卷积核大小，但是会大大降低计算效率，空洞卷积有效解决了这一问题，该卷积块巧妙地利用空洞卷积进行大卷积核运算，在提高计算效率的同时，能够学习更为有效的上下文语义特征。对于通用的语义分割网络，空洞卷积块只是作为独立网络层进行网络设计，对于阴影遮挡、结冰湖泊等复杂场景，单一尺度的卷积模块，仍然难以提取足够的上下文特征，针对这一问题，本节通过级联的方式，组合多个不同尺度的空洞卷积模块，并行组成空洞卷积组块，然后以跳跃连接的方式对多尺度上下文信息特征进行融合，提取更为稳健的上下文特征，改善单一尺度层特征表达不足。空洞卷积组块结构如图10.5所示。

在提取不同尺度语义特征基础上，语义分割网络通常采用单一尺度最大池化层进行特征降维与聚合，对于复杂的上下文特征地物，容易造成部分语义特征丢失。本节通过设计多个不同大小的最大池化层，以级联的方式进行多尺度特征提取，改善单一层特征学习的不足，最大池化组块的具体设计如图10.6所示。具体地，将输入特征通过四个不同大小的最大池化模块，大小分别为2、3、5、6，然后利用1×1反转卷积块实现特征图大小一致，最后将输入特征与四个最大池化特征进行特征叠加，实现对不同尺度地物的特征学习。

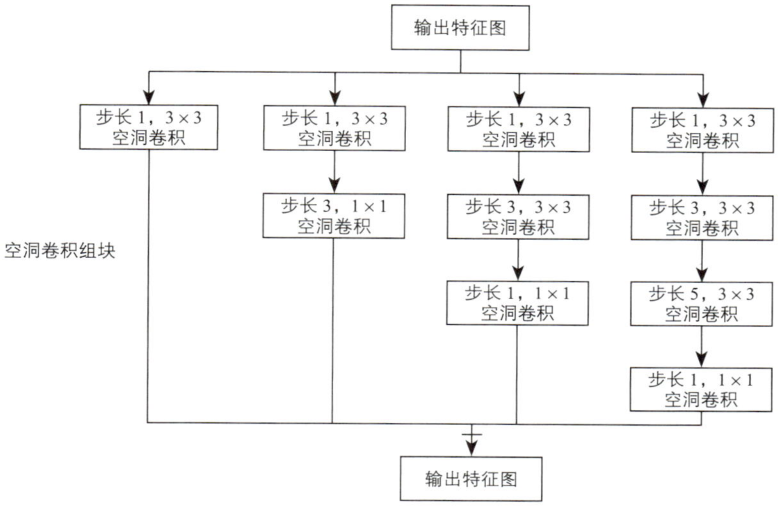

图 10.5 空洞卷积组块

从设计目的上来说，空洞卷积组块主要是在提高计算效率的同时，获取不同尺度的冰川语义特征，通过连接不同深度的空洞卷积层来获取更为丰富的特征，而最大池化组块的目的是聚合不同尺度的语义特征，从而获取有效的全局信息，基于这两个模块，得到更为有效和鲁棒的上下文语义信息，从而提高冰川提取精度。

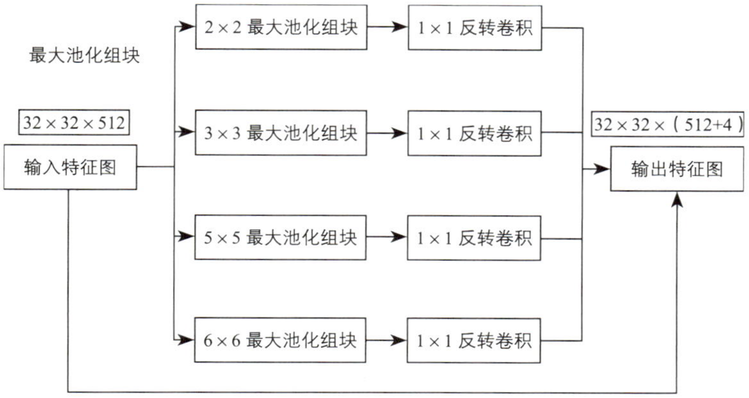

图 10.6 最大池化组块

10.2.2.3 解码层

解码层主要采用反转卷积（上卷积）、最大池化上卷积等方法，实现特征的上采样，最终目的是实现像素级图像分割。本节采用经典的反转卷积方法，实现特征图上采样。为了提高计算效率与减少网络参数数量，当特征经过上下文信息提取层后，连接一个4倍大小的反转卷积模块实现特征图上采样，同时将解码层相同大小的特征与该层特征进行跳跃连接，学习更加稳健的特征，提高最终的冰川提取精度。为了得到与原图分辨率一致的概率输出图，最后同样采用一个4倍大小的反转卷积模块，实现语义分割结果与原始图像大小一致性的目的。

10.2.2.4 损失函数

对于冰川提取二分类问题，采用交叉熵损失函数进行评定。该函数公式如式（10.1）所示：

$$L=-\frac{1}{n}\sum_{i}^{n}(y_i\log a_i+(1-y_i)\log(1-a_i)) \tag{10.1}$$

式中：y_i表示第i个像素的真实值；a_i表示sigmoid函数输出的概率，值域为（0,1），越接近于1，属于冰川的概率越大。通过不断学习网络权值参数，使L的值趋于最低，从而达到网络收敛的目的。

对于冰川提取二分类问题，采用交叉熵损失函数进行评定。该函数公式如式（10.2）所示：

$$L=-\frac{1}{n}\sum_{i}^{n}(y_i\log a_i+(1-y_i)\log(1-a_i)) \tag{10.2}$$

式中：y_i表示第i个像素的真实值；a_i表示sigmoid函数输出的概率，值域为（0,1），越接近于1，属于冰川的概率越大。通过不断学习网络权值参数，使L的值趋于最低，从而达到网络收敛的目的。

10.2.3 试验结果与分析

中国西藏地区具有海拔高、冰川覆盖范围大、类型复杂的特点，本节选择该地区的Landsat系列影像进行冰川提取试验。为了减少季节性积雪对冰川的影响，选择2000年、2015年、2018多年夏季Landsat7、Landsat8不同传感器数据作为试验数据，试验数据情况见表10.1所示。

由于冰雪在短波红外波段、近红外波段、绿波段呈现较大的光谱反射差异，因此利用这三个波段进行假彩色组合，然后进行均值方差归一化处理，最后灰度拉伸至0~255范围，完成多源影像预处理。选择Landsat影像的局部区域，进行裁剪、背景去除等处理，作为训练样本。训练标签基于专家知识人工勾画实现，由于计算机硬件显存限制，将所有训练样本、训练标签裁剪至512像素×512像素大小，共得到831个训练样本块。部分样本影像与标签如图10.7所示，右边两景为Landsat8假彩色影像，左边两景为Landsat7影像，样本包含了山体阴影遮挡、结冰湖面等容易产生误提取的情况，以提高模型对冰川的识别能力。样本数据与验证数据数量如表10.1所示，其中手工勾画区域作为真值参考。已有相关研究表明，随着样本数量的增加，精度会呈现一定程度的提高，因此在实际训练中，采用随机旋转、反转、噪声添加等方式，对已有冰川样本进行有效扩充。

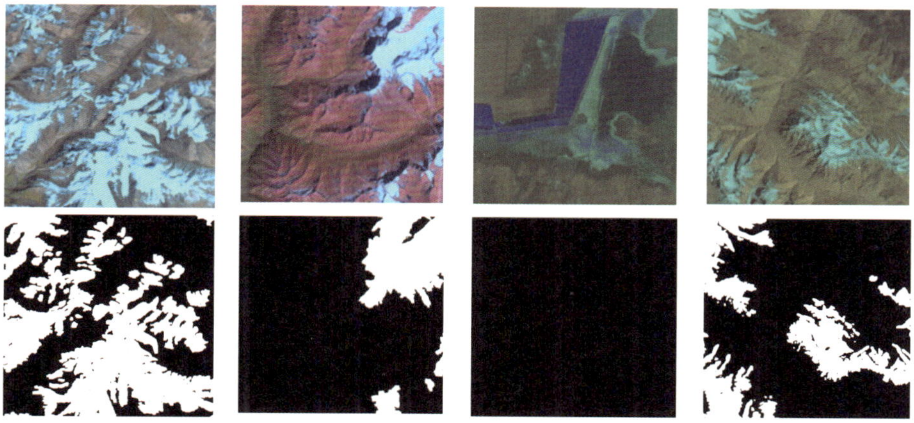

图 10.7　训练样本与标签

表10.1　试验数据

试验数据		采用波段	景数
样本数据	L7	（B6 B4 B2）	4
	L8	（B7 B5 B3）	9
验证数据	L7	（B6 B4 B2）	36
	L8	（B7 B5 B3）	92

深度学习平台采用MATLAB2019a，硬件采用NVIDAQuadroP40008GGPU单显卡、32GDDR4运行内存。网络训练参数为：最大迭代次数为60，初始学习率为0.005，批量样本数为8个，采用随机梯度下降方式进行参数寻优，整体持续训练时长为8.1小时。

10.2.3.1　总体提取效果

为了验证本节设计的冰川提取语义分割网络的有效性，分别采用自动冰川提取指数（AGEI, Automatic Glacier Extract Inex）、UNet、MSCFF（MSCFF, Multi-scale Convolution Feature Fusion）进行冰川提取，并用准确率、召回率、F1-score等语义分割精度评价指标进行精度评价，三个指标计算公式如式（10.3）至式（10.5）所示。AGEI自动冰川提取指数方法的核心思想是：利用冰川在短波红外、近红外、红波段的光谱差异构建冰川特征波段指数，然后设定阈值提取冰川边界，具体的参数设置为2。UNet深度学习语义分割网络原本是用于医学图像处理领域，由于其具有训练样本少、精度高等特点，在遥感领域也得到了较为广泛的应用，是一种通用成熟的语义分割网络。MSCFF深度学习语义分割网络是武汉大学于2019年提出的新型云检测语义分割模型，其主要思想是利用多尺度上下文特征进行云提取，在中高分辨率多源遥感影像，有效提取了云与云阴影信息。由于云层的几何形状、上下文信息与冰川较为类似，因此本节的语义分割网络与MSCFF语义分割网络，两者可比性较高。UNet与MSCFF语义分割网络，在参数设置中，同样选择随机梯度下降算法进行参数寻优，批量训练样本个数为8，最大迭代次数分别为40次和60次。

准确率：accuracy=（TP+TN）/（TP+TN+FP+FN）（10.3）

召回率：recall= TP/（TP+FN）（10.4）

F1-Score：F1=2TP/（2TP+FN+FP）（10.5）

式中：TP表示像素标签为冰川，预测也为冰川；TN表示像素标签为背景，预测也为背景；FP表示像素标签为背景，预测为冰川；FN表示像素标签为冰川，预测为背景。

对每一景验证数据进行精度评价取平均值，各方法的最终总体精度评价如表10.2所示。可以看出，本方法在三个指标均取得最高值，证明了本方法的有效性和鲁棒性。为了更为有效地对比算法效果，选取了验证数据集中包含湖面结冰、山体阴影、云阴影等复杂场景的遥感影像，分别与AGEI方法、其他语义分割网络方法进行对比。

表10.2　本方法与其他方法精度对比

方法	准确率	召回率	F1-score
AGEI	0.8856	0.7249	0.4187
UNet	0.9648	0.8321	0.6037
MSCFF	0.9791	0.8247	0.6152
本方法	0.9863	0.8674	0.6541

10.2.3.2　与AGEI方法对比

选择ID为L7_142039_20000926的Landsat7影像进行对比，对比结果如图10.8所示。从实验结果可以看出，AGEI方法不仅将部分结冰水面、河流[图10.8（a）蓝色区域所示]，影像边缘区域[图10.8（a）红色区域所示]提取为冰川，而且提取结果具有较多的“噪声”“空洞”，尤其是冰川与其他地物邻接区域较为严重[图10.8（a）中黄色区域所示]，这是传统波段组合方法难以解决的问题；本方法冰川提取结果有效区分了结冰水面与河流，且提取冰川区域边缘平滑，与真值图像较为接近，视觉效果更为理想。

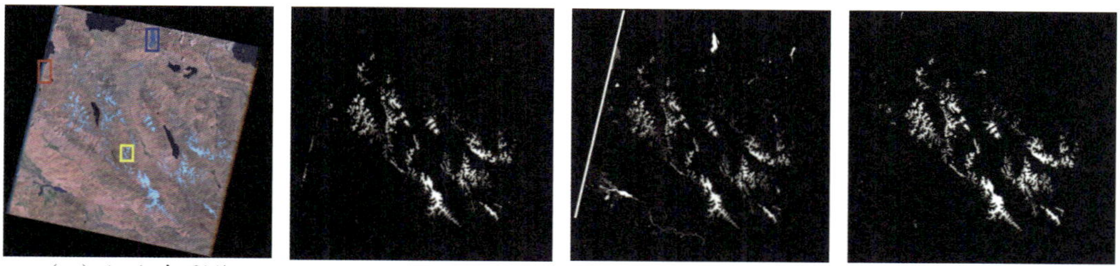

（a）假彩色影像 （b）真值影像 （c）AGEI提取结果 （d）本方法提取结果

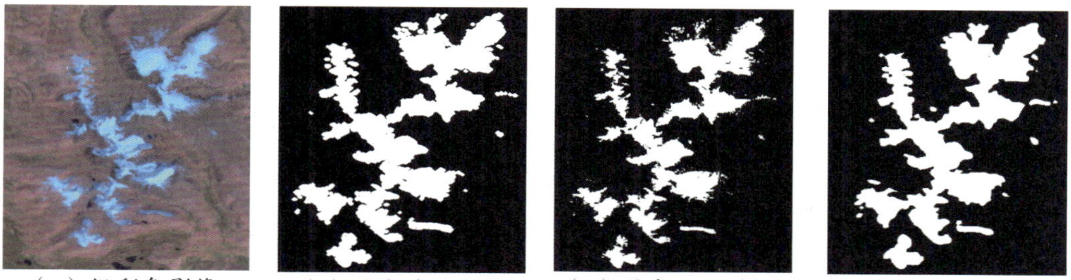

（e）假彩色影像（黄色区域） （f）局部真值影像 （g）局部AGEI提取结果 （h）局部本方法提取结果

图 10.8　不同算法提取结果

从图10.8（a）局部区域定性分析来看（黄色区域），AGEI算法提取的冰川区域，内部出现局部空洞现象，这是由于夏季积雪融合，冰川类型更为复杂，而仅依靠冰川在不同波段的光谱差异进行区分，难以得到高精度提取结果，普适性较低。AGEI算法通过设定阈值的方式进行冰川与非冰川区域判定，对于内部常年积雪区域能够得到较好的实验效果，但是对于冰川与裸土的边界区域，则无法有效区分，容易出现漏提取与误提取现象，因此边界区域出现了“锯齿”现象。本节的上下文感知语义分割网络，通过学习冰川像元的多尺度上下文信息，能够感知不同冰川类型的语义信息，因此有效消除了内部“空洞”现象，改善了边界“锯齿”现象。

定量精度评价结果如表10.3所示，可以看出，本方法冰川提取精度在准确率、召回率、F1-Score三个指标均高于AGEI指数方法，验证了深度学习语义分割方法相比于传统波段方法更有效。

表10.3　本方法与现有冰川提取方法精度对比

方法	准确率	召回率	F1-Score
AGEI	0.9786	0.9373	0.5968
本方法	0.9837	0.9974	0.6749

10.2.3.3　与其他语义分割方法对比

选择ID分别为LC08_L1TP_146037_20150908、L7_143038_20000613的Landsat8、

Landsat7影像进行对比试验，对比结果如图10.9所示。可以看出：①在Landsat7影像上，UNet网络提取效果精度较低，主要是由于将部分结冰水面误识别为冰川；②Landsat7影像的边缘部分，UNet和MSCFF网络均产生了误识别现象；③针对黄色矩形区域，MSCFF和本方法均能有效识别出结冰水面，主要是由于两个方法均采用了多层空洞卷积模块，提取了更为稳健的上下文信息，而UNet网络只是通过普通卷积块提取特征，对空间上下文信息感知不足，因此产生了误识别现象；④Landsat8影像上，从局部山体阴影遮挡区域来看，UNet网络在阴影区域出现的漏提取现象较为严重，MSCFF网络同样存在少量漏提取区域，而本节网络则有效提取了不同阴影区域的冰川。

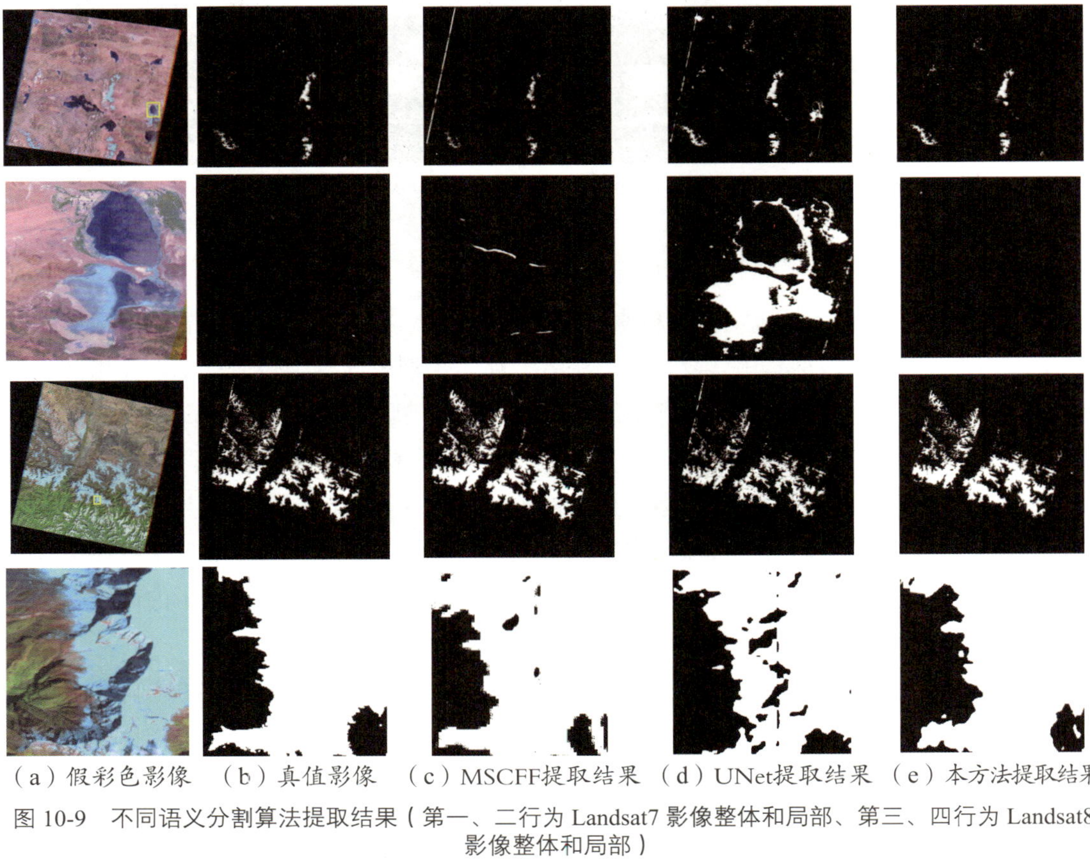

（a）假彩色影像 （b）真值影像 （c）MSCFF提取结果 （d）UNet提取结果 （e）本方法提取结果

图 10-9 不同语义分割算法提取结果（第一、二行为 Landsat7 影像整体和局部、第三、四行为 Landsat8 影像整体和局部）

图10.9中Landsat7影像的湖面出现了结冰现象，与冰川光谱特征极为相似，但是内部纹理与冰川区域存在一定差异，随着湖泊深度的不断增加，纹理特性更为光滑。Landsat8影像上存在的山体阴影现象，是影响冰川提取精度的主要因素，从提取的局部效果来看，UNet网络结冰湖泊误提取较为明显，MSCFF网络提取效果较好，仅在湖泊边界区域出现少量误提取。对于山体阴影现象，MSCFF网络同样取得了较UNet网络更为有效的结果，但是对于山体阴影，两者提取的结果内部出现了“空洞”现象。从语义分割网络架构进行

分析，MSCFF网络设置了多个空间特征感知模块，并且采用了膨胀卷积的方式进行特征提取，然后对不同尺度提取的语义特征进行跳跃连接，实现了多尺度特征融合，这种方式架构上形式优美，且能有效获取上下文信息，但是网络架构宽度较为有限，仅在上一层特征上进行单一尺度特征提取，本方法设计的上下文感知模块，则采用级联方式，在同一网络层，设置多个尺度的特征提取模型，获取的语义信息更为丰富，因此提取结果的视觉效果更为理想，尤其是结冰湖面、山体阴影等复杂场景。

定量精度评价如表10.4所示，可以看出，本方法在三个指标方面，均取得了更优的试验结果。对于Landsat7影像上，UNet语义分割网络由于产生了部分误提取现象，因此与本方法相比F1-Score指标较低，而MSCFF语义分割网络容易产生小面积冰川漏提取现象，因此与本方法相比，召回率较低。

表10.4 不同语义分割方法的精度

	Landsat7影像冰川提取精度			Landsat8影像冰川提取精度		
算法	准确率	召回率	F1-Score	准确率	召回率	F1-score
UNet网络	0.9873	0.9150	0.5833	0.9890	0.8889	0.8327
MSCFF网络	0.9922	0.8048	0.5826	0.9898	0.8426	0.8363
本方法	0.9946	0.9261	0.7692	0.9913	0.9092	0.8665

主要参考文献

陈垦，苗放，杨文晖，等. 2014. 国土资源动态遥感监测原型系统设计与实现 [J]. 物探化探计算技术，36(3): 368-374.

方臣，胡飞，陈曦，等. 2019. 自然资源遥感应用研究进展 [J]. 资源环境与工程，33(4): 563-569.

龚健雅. 2018. 人工智能时代测绘遥感技术的发展机遇与挑战 [J]. 武汉大学学报(信息科学版)，43(12): 1788-1796.

胡翔云，张祖勋，张剑清. 2002. 航空影像上线状地物的半自动提取 [J]. 中国图像图形学报：A 辑，7(2): 137-140.

匡文慧. 2019. 全球城市人居环境不透水面与绿地空间特征制图 [J]. 中国科学：地球科学，49(7): 1151–1168.

李大军，何维龙，郭丙轩，等. 2019. 基于 Mask-RCNN 的建筑物目标检测算法 [J]. 测绘科学，44(10): 172-180.

李德仁，童庆禧，李荣兴，等. 2012. 高分辨率对地观测的若干前沿科学问题 [J]. 中国科学：地球科学，42(6): 805-813.

李德仁，王密，沈欣，等. 2017. 从对地观测卫星到对地观测脑 [J]. 武汉大学学报(信息科学版)，42(2):143-149.

李峰，尤淑撑，魏海，等. 2017. 遥感影像区域覆盖最优数据集的筛选模型 [J]. 无线电工程，47(10): 4-9.

李婷，程博，尤淑撑. 2016. 基于半监督鉴别分析的高分辨率 SAR 影像建筑区提取 [J]. 遥感技术与应用，31(2): 239-246.

李燕，余旭初. 2002. 基于启发式图搜索的遥感影像道路半自动提取 [J]. 测绘学院学报，19(4): 268-271.

刘立，文学虎，李平，等. 2020. 面向重点建设项目的空天地一体动态监测框架设计 [J]. 地理信息世界，27(1): 118-121.

刘顺喜，王忠武，尤淑撑. 2013. 中国民用陆地资源卫星在土地资源调查监测中的应用现状与发展建议 [J]. 中国土地科学 (4): 6-8.

潘红播，张过，唐新明，等. 2013. 资源三号测绘卫星影像产品精度分析与验证 [J]. 测绘学报，42(5): 738-744.

唐新明，谢俊峰，付兴科，等. 2017. 资源三号 02 星激光测高仪在轨几何检校与试验验证 [J]. 测绘学报，46(6): 714-723.

王腾. 2019. 自然资源卫片执法系统设计与实现 [J]. 地理空间信息，17 (7): 75-77.

王忠武，王志盼，尤淑撑，等. 2020. Landsat 影像冰川提取的上下文感知语义分割网络法 [J]. 测绘学报，49(12) :1575-1582.

翁敏，王令琦，苏世亮，等. 2019. 面向自然资源统一监管的地图产品设计 [J]. 地理信息世界，26(4) : 24-27.

尤淑撑，何芸. 2020. 自然资源遥感监测体系建设现状与发展展望 [J]. 无线电工程，50(5): 343-348.

尤淑撑，刘克，杜磊，等. 2021. 基于国产高分遥感卫星全国地表水遥感监测应用 [J]. 卫星应用 (6): 6.

尤淑撑，刘顺喜，徐宗学. 2011. 星载高分辨率 SAR 土地利用调查监测应用潜力评价 [J]. 中国农学通报，27(8)：460-463.

尤淑撑，张锐，董丽娜，等．2020. 自然资源卫星遥感常态化监测框架设计及关键技术 [J]. 地理信息世界，27(5): 115-120, 128.

张煜，张祖勋，张剑清．2000. 几何约束与影像分割相结合的快速半自动房屋提取 [J]. 武汉测绘科技大学学报，25(3): 238-242.

张志刚，尤春芳．2019. 基于 3S 技术的自然资源一体化监测调查体系探索 [J]. 北京测绘，33(4): 476-479.

张祖勋，张剑清，胡翔云．2001. 基于物方空间几何约束最小二乘匹配的建筑物半自动提取方法 [J]. 武汉大学学报（信息科学版），26(4): 290-295.

Bau T C, Sarkar S, Healey G. 2010. Hyperspectral region classification using a three-dimensional gabor filterbank[J]. IEEE Transactions on Geoscience and Remote Sensing, 48(9):3457-3464.

Bertasius G, Shi J, Torresani L. 2015. High-for-low and low-for-high: Efficient boundary detection from deep object features and its applications to high-level vision[C]. Proceedings of the IEEE International Conference on Computer Vision: 504-512.

Bovik A C, Clark M, Geisler W S. 1990. Multichannel texture analysis using localized spatial filters[J]. IEEE Transaction Pattern Analysis and Machine Intelligence, 12(1): 55-73.

Camargo F F, Sano E E, Almeida C M, et al. 2019. A comparative assessment of machine-learning techniques for land use and land cover classification of the Brazilian tropical savanna using ALOS-2/PALSAR-2 polarimetric images[J]. Remote Sensing, 11(13): 1600.

Carranza-García M, García-Gutiérrez J, Riquelme J C. 2019. A framework for evaluating land use and land cover classification using convolutional neural networks[J]. Remote Sensing, 11(3): 274.

Chu H, Li D, Acuna D, et al. 2019. Neural turtle graphics for modeling city road layouts[C]. Proceedings of the IEEE International Conference on Computer Vision: 4522-4530.

Diakogiannis F I, Waldner F, Caccetta P, et al. 2020. ResUNet-a: A deep learning framework for semantic segmentation of remotely sensed data[J]. ISPRS Journal of Photogrammetry and Remote Sensing, 162: 94-114.

Fazan A J, Dal P A P. 2011. Extração semiautomática de contornos de telhado de edifícios com base em snakes e programação dinâmica [J]. Boletim De Ciências Geodésicas, 17(3): 340-360.

Fu J, Liu J, Tian H, et al. 2019. Dual attention network for scene segmentation[C]. Proceedings of the IEEE Conference on Computer Vision and Pattern Recognition: 3146-3154.

Gong P, Li X, Wang J, et al. 2020. Annual maps of global artificial impervious area (GAIA) between 1985 and 2018[J]. Remote Sensing of Environment, 236: 111510.

Gong P, Li X, Zhang W. 2019. 40-Year (1978–2017) human settlement changes in China reflected by impervious surfaces from satellite remote sensing[J]. Science Bulletin, 64(11): 756-763.

Grote A, Butenuth M, Gerke M, et al. 2007. Segmentation based on normalized cuts for the detection of suburban roads in aerial imagery[C]. 2007 Urban Remote Sensing Joint Event: 1-5.

Guy G, Medioni G, 1997. INference of surface, 3D curves, and junctions from sparse, noise, 3D date[J] IEEE Transactions on Pattern Analysis and Machine Intelligence, 19(11): 1265-1277.

Hansen M C, DeFries R S, Townshend J R G, et al. 2000. Global land cover classification at 1km spatial resolution using a classification tree approach[J]. International Journal Remote Sensing, 21(6-7): 1331-1364.

He K, Zhang X, Ren S, et al. 2016. Deep residual learning for image recognition[C]. Proceedings of the IEEE conference on computer vision and pattern recognition: 770-778.

Huang X , Zhang L . 2009. Road centreline extraction from high - resolution imagery based on multiscale structural features and support vector machines[J]. International Journal of Remote Sensing, 30(8): 1977-1987.

Huang X, Yuan W, Li J, et al. 2017. A new building extraction postprocessing framework for high-spatial-resolution remote-sensing imagery[J]. IEEE Journal of Selected Topics in Applied Earth Observations and Remote Sensing, 10(2): 654-668.

Julien B, Huber C, Studer M, et al. 2020. Water resource monitoring exploiting Sentinel-2 satellite and Sentinel-2 satellite like time series[J]. Journal of Geodesy and Geoinformation Science, 3(4): 41-49.

Jung M, Henkel K, Herold M, et al. 2006. Exploiting synergies of global land cover products for carbon cycle modeling[J]. Remote Sensing of Environment, 101(4): 534-553.

Liu C, Zhang Q, Luo H, et al. 2019. An efficient approach to capture continuous impervious surface dynamics using spatial-temporal rules and dense Landsat time series stacks. Remote Sensing of Environment, 229: 114-132.

Liu X, Huang Y, Xu X, et al. 2020. High-spatiotemporal-resolution mapping of global urban change from 1985 to 2015[J]. Nature Sustainability, Nature, 3(7): 564-570.

Long J, Shelhamer E, Darrell T. 2015. Fully convolutional networks for semantic segmentation [C]. Proceedings of the IEEE Conference on Computer Vision and Pattern Recognition (CVPR): 3431-3440.

Loveland T R, Reed B C, Brown J F, et al. 2000. Development of a global land cover characteristics database and IGBP DISCover from 1 km AVHRR data[J]. International Journal of Remote Sensing, 21(6-7): 1303-1330.

Maggiori E, Tarabalka Y, Charpiat G, et al. High-resolution aerial image labeling with convolutional neural networks[J]. IEEE Transactions on Geoscience and Remote Sensing, 2017, 55(12): 7092-7103.

Mosinska A, Kozinski M, Fua P. 2020. Joint segmentation and path classification of curvilinear structures[J]. IEEE Transactions on Pattern Analysis and Machine Intelligence, 42(6):1515-1521.

Pal M. 2005. Random forest classifier for remote sensing classification[J]. International Journal of Remote Sensing, 26(1): 217-222.

Reba M, Seto K C. 2020. A systematic review and assessment of algorithms to detect, characterize, and monitor urban land change[J]. Remote Sensing of Environment, 242: 111739.

Sahar L, Krupnik A. 1999. Semiautomatic extraction of building outlines from large-scale aerial images[J]. Photogrammetric Engineering and Remote Sensing, 65(4): 459-465.

See L, Schepaschenko D, Lesiv M, et al. 2015. Building a hybrid land cover map with crowdsourcing and geographically weighted regression[J]. ISPRS Journal of Photogrammetry and Remote Sensing, 103: 48-56.

Sherrah J. 2016. Fully convolutional networks for dense semantic labelling of high-resolution aerial imagery[J]. arXiv preprint arXiv:1606.02585.

Shrivastava A, Gupta A, Girshick R. 2016. Training region-based object detectors with online hard example mining [J]. arXiv preprint arXiv:1604.03540.

Sun K, Xiao B, Liu D, et al. 2019. Deep high-resolution representation learning for human pose estimation[J]. arXiv preprint arXiv:1902.09212.

Talukdar S, Singha P, Mahato S, et al. 2020. Land-use land-cover classification by machine learning classifiers for satellite observations—A review[J]. Remote Sensing, 12(7): 1135.

Tan M, Le Q V. 2019. EfficientNet: Rethinking model scaling for convolutional neural networks[J]. arXiv preprint arXiv: 1905.11946.

Tao A , Sapra K , Catanzaro B . 2020. Hierarchical multi-scale attention for semantic segmentation[J]. arXiv preprint arXiv:2005.10821.

Tarabalka Y, Chanussot J, Benediktsson J A. 2010. Segmentation and classification of hyperspectral images using minimum spanning forest grown from automatically selected markers[J]. IEEE Transactions on Systems, Man, and Cybernetics, Part B (Cybernetics), 40(5):1267-1279.

Teichmann M T T, Cipolla R. 2018. Convolutional CRFs for semantic segmentation[J]. arXiv preprint arXiv:1805.04777.

Tompson J, Jain A, Lecun Y, et al. 2014. Joint training of a convolutional network and a graphical model for human pose estimation. arXiv preprint arXiv: 1406.2984.

Tuia D, Volpi M, Copa L, et al. 2011. A survey of active learning algorithms for supervised remote sensing image classification[J]. IEEE Journal of Selected Topics in Signal Processing, 5(3): 606-617.

Vali A, Comai S, Matteucci M. 2020. Deep learning for land use and land cover classification based on hyperspectral and multispectral earth observation data: A review[J]. Remote Sensing, 12(15): 2495.

Wang J, Sun K, Cheng T, et al. 2021. Deep high-resolution representation learning for visual recognition[J]. IEEE Transactions on Pattern Analysis and Machine Intelligence, 43(10): 3349-3363.

Wang X, Girshick R, Gupta A, et al. 2018. Non-local Neural Networks[J]. arXiv preprint arXiv:1711.07971.

Xu Y, Yu L, Peng D, et al. 2020. Annual 30-m land use/land cover maps of China for 1980–2015 from the integration of AVHRR, MODIS and Landsat data using the BFAST algorithm. Science China (Earth Sciences), 63(9): 1390-1407.

Xue N, Bai S, Wang F D, et al. 2021. Learning Regional Attraction for Line Segment Detection[J]. IEEE Transactions on Pattern Analysis and Machine Intelligence, 43(6): 1998-2013.

Yi Z, Mi J, Ma Z F. 2019. Integration of SAR polarimetric features and multi-spectral data for object-based land cover classification[J]. Journal of Geodesy and Geoinformation Science, 2 (4): 64-72.

Yu L, Wang J, Gong P. 2013. Improving 30 m global land-cover map FROM-GLC with time series MODIS and auxiliary data sets: A segmentation-based approach[J]. International Journal of Remote Sensing, 34(16): 5851-5867.

Yuan Y, Chen X, Wang J. 2020. Segmentation transformer: Object-contextual representations for semantic segmentation[J]. arXiv preprint arXiv:1909.11065.